U0197680

青藏高原人类活动大数据挖掘

杜云艳　许　珺　王振波等　著

科学出版社
北　京

内 容 简 介

本书基于卫星遥感、基础地理信息，以及新浪微博、腾讯定位和百度迁徙等多源地理大数据，采用大数据时序分析、自然语言处理、机器学习、GIS空间分析和时空统计分析等手段，开展青藏高原现代人类活动的时空模式及人类潮汐式旅游与商业活动对生态环境压力与影响的系统性研究。主要内容包括：青藏高原人群动态分布及节日响应、青藏高原人类活动的节律模式解析、青藏高原人群移动的时空模式挖掘、青藏高原空间语义认知与旅游活动分析、青藏高原数字足迹与生态环境应用和青藏高原典型区域生态环境质量的演化分析等。

本书可供地理信息科学、遥感科学、自然地理学、生态学和地图学等相关领域的本科生、研究生和学者参阅。

审图号:GS 京(2022)0853 号

图书在版编目(CIP)数据

青藏高原人类活动大数据挖掘 / 杜云艳等著. —北京：科学出版社，2023. 3

ISBN 978-7-03-073351-1

Ⅰ. ①青… Ⅱ. ①杜… Ⅲ. ①数据处理-应用-青藏高原-人类活动影响-自然环境-研究 Ⅳ. ①X24-39

中国版本图书馆 CIP 数据核字（2022）第 182311 号

责任编辑：杨逢渤 / 责任校对：樊雅琼

责任印制：吴兆东 / 封面设计：无极书装

科学出版社 出版

北京东黄城根北街 16 号

邮政编码：100717

http://www.sciencep.com

北京中科印刷有限公司 印刷

科学出版社发行 各地新华书店经销

*

2023 年 3 月第 一 版 开本：787×1092 1/16

2023 年11月第二次印刷 印张：14

字数：330 000

定价：188.00 元

（如有印装质量问题，我社负责调换）

序

青藏高原是迄今世界上最高、最大和最年轻的高原，其上氧气稀薄，太阳辐射强烈，动植物资源贫乏，恶劣的生存环境对人类的生存繁衍是极大挑战。然而，大量出土文物等表明高原上早就有人类生存。人类在青藏高原的足迹可追溯到旧石器时代，早在中更新世晚期，古人类就已经开始探索青藏高原。末次冰盛期结束以后，随着温度上升与亚洲季风的加强，人类频繁活动于青藏高原海拔 3000 米左右区域，甚至抵达海拔 4000 米以上的高原腹地。全新世中晚期以后，农牧人群逐步定居高原，青藏高原地区形成自给自足的农牧混合经济。自此，高原先民诗意地栖息在高原上，形成了独特的民族文化。

泛第三极是地球上生态环境最脆弱和人类活动最强烈的地区，保护泛第三极地区资源环境的可持续性将为“一带一路”建设提供重要科技支撑。青藏高原地区作为泛第三极的核心区域，是全球气候变暖最强烈的地区，也是未来全球气候变化影响不确定性最大的地区，自然受到全球广泛关注。我国于 2017 年 8 月 19 日正式启动的第二次青藏高原综合科学考察研究的目标就是根据国家重大需求和国际科学前沿，揭示过去 50 年来环境变化的过程与机制及其对人类社会的影响，预测这一地区地球系统行为的不确定性，评估资源环境承载力、灾害风险，提出“亚洲水塔”与生态屏障保护、第三极国家公园群建设和绿色发展途径的科学方案，为生态文明建设和“一带一路”建设服务。

人类活动是对自然环境产生影响的重要因素之一，尤其是青藏高原这样生态环境脆弱的地区，生态环境受人类活动的扰动更明显，且一旦遭到破坏很难得到恢复。在过去的几十年中，随着市场机制的深入推进和青藏高原城镇化的发展，大量流动人口的涌入造成人口的快速增长和人类活动的急剧增强。1990 ~2010 年，青藏高原的人类活动强度增加了 28.43% ~31.45%，青藏高原人类活动强度平均增幅为全球同期的 3 倍以上。快速的城镇化和外来人口的集聚带动了经济发展的同时，也造成了巨大的生态环境压力，对当地文化造成冲击。

鉴于青藏高原地区地域辽阔、人口分布不均匀、生态环境脆弱等特殊的自然和人文条件，笔者通过发展大数据感知的前沿技术手段和方法，采用多种众包采集的位置数据、人口迁徙、网络文本、遥感影像等数据，利用时空数据挖掘、自然语言处理、机器学习、空间分析等方法首次系统性地识别与分析了青藏高原现代人类活动的时空分布及模式，从新的视角刻画了青藏高原现代人类活动，把传统的青藏高原人类活动研究从年际尺度提升到年内的公里格网尺度，为精细化认识青藏高原现代人类活动奠定了科学基础。

大数据研究是近年来新兴的研究领域。受数据获取所限，本书中只涉及近年人类活动大数据，研究限于青藏高原现代人类活动。事实上，青藏高原漫长的人类发展过程中留下了浩瀚的历史文献资料，提供了研究青藏高原历史人类活动的文本大数据。信息技术的发展为此提供了新契机。若能将大数据研究的方法和手段用于历史文献资料的挖掘和分析，必将为研究青藏高原地区历史及现代人类活动的时空演变，以及政治、经济、文化的发展提供重大助力。

杜云艳

前　言

千山之巅、万水之源的青藏高原一直是中华儿女魂牵梦绕的圣地，其独有的自然景观、浓郁的民族特色和深厚的宗教文化根基造就了青藏高原“世界旅游目的地”的美誉。在这一方圣地上既有横贯中国西部的唐蕃古道，又有宏大深邃的佛光闪闪；作为“地球第三极”，美丽而神秘的青藏高原吸引着世界的目光。当过量游客短时间内涌入自然圣境，当商业行为迅速遍布雪域高原，城镇加速扩张，草场严重退化，冰川悄然消融，全球最为宝贵而又脆弱的生态系统面临着严重威胁。2020 年 8 月，习近平总书记在中央第七次西藏工作座谈会上强调：“保护好青藏高原生态就是对中华民族生存和发展的最大贡献。”总书记的重要讲话为进一步做好青藏高原生态文明建设提供了行动指引，也为我们开展科学研究指明了方向。

深入开展青藏高原人类活动对生态环境的影响研究，探明人类活动的干扰程度，是地理学研究服务国家重大战略需求的重要使命。由于青藏高原地理环境的特殊性和生态的脆弱性，其生态环境一旦遭受破坏，恢复十分困难。近年来诸多学者聚焦于青藏高原年尺度上的人类活动对生态系统的影响并取得了非常显著的研究成果，但受数据获取手段的限制，这些研究中反映人类活动的指征数据（如人口统计、人口流动、社会经济、城镇化发展、土地利用等）通常时空粒度较粗；此外，受青藏高原高寒缺氧等气候条件限制，传统基于统计调查的数据收集方式存在巨大困难且偏差较大，同时会出现数据缺失、统计粒度粗、时间连续性低等问题，因而难以从精细时空尺度上探索青藏高原人类活动的时空变化，更难以探测青藏高原年内尺度的人类活动对生态环境的压力与影响。随着互联网与通信技术的发展，智能手机定位、社交媒体签到、图片位置信息等位置大数据的出现，为快速感知人类活动的时空动态变化提供了新的数据源，这些新兴的数据源为发现人群动态分布、人类活动的时空模式及探明青藏高原不同时空尺度的人类活动对生态环境的干扰程度提供了新的途径。

为此，本书基于卫星遥感、基础地理信息，以及新浪微博、腾讯定位和百度迁徙等多源地理大数据，采用大数据时序分析、自然语言处理、机器学习、GIS 空间分析和时空统计分析等手段，针对性地开展了青藏高原人类活动模式及其生态环境影响的多源大数据分析，以全新视角解析了多源地理大数据中所揭示的人类活动节律模式、人群的时空动态分布及不同尺度的人群迁徙模式和旅游活动所蕴藏的空间语义认知等内容。主要内容编排如下：第一章介绍青藏高原自然地理环境与人类活动概况；第二章介绍基于大数据的人类活动研究现状；第三章系统性地介绍本书研究所使用的多源大数据以及所采用的大数据分析方法；第四章围绕人群的动态分布及其在节假日期间的动态变化进行具体的分析；第五章解析青藏高原人类活动节律模式；第六章从青藏高原内部以及青藏高原与中国其他区域城市间两个尺度开展人群移动时空模式挖掘；第七章从社交媒体数据的文本信息分析青藏高原空间语义认知与旅游活动；第八章在深入剖析当前人类活动的生态环境效应的人类足迹方法利弊的基础上，提出数字足迹的概念及定量获取方法，并针对青藏高原的自然保护区开展数字足迹的动态变化模式的挖掘，为年内尺度的生态环境压力的评估提供思路；第九章基于多源遥感大数据，借助 Google Earth Engine（GEE）平台开展青藏高原人地关系比较典型的两个区域的生态环境时空演化遥感监测。

本书主要研究内容分别得到中国科学院战略性先导科技专项（A 类）“泛第三极环境变化与绿色丝绸之路建设”中的项目 4-课题 4-子课题 1“青藏高原城镇化的生态环境影响与风险调控”、科学技术部“十三五”重点研发计划项目“地理大数据挖掘与时空模式发现”课题 5“地理大数据典型事件发现与预警”等项目的共同支持。许珺、冯险峰、王振波、易嘉伟副研究员、黄慧萍研究员和王楠博士分别对部分内容进行了探索性研究。在上述研究项目的支持下，作者对先期研究成果进行了内容扩充和系统化地整理，研究生千家乐、涂文娜、胡蕾、徐阳、刘子川、武爽、孔玲玲和王晓悦等先后参与了本书的文本与图件材料处理工作。

青藏高原以其强大的魅力吸引着我们这个年轻的研究团队年复一年地深入其中。一群充满活力的年轻人用当前最先进的科技手段探索着这一片神秘的土地，用他们的汗水和奋斗尝试着去揭开她神秘的面纱。但由于大数据、人工智能和地理信息等相关领域的技术发展日新月异，对青藏高原的大数据挖掘与分析研究任重而道远，本书呈上我们已经取得的部分研究成果，所述内容难免有不妥之处，敬请读者不吝指正。

作　者

2021 年 6 月 6 日于北京

目　录

第一章 青藏高原自然地理环境与人类活动概况

青藏高原位于我国的西南部，包括西藏和青海 2 省区全部，以及四川、云南、甘肃和新疆 4 省区部分地区，位于 26°00′N ~ 39°47′N，73°19′E ~ 104°47′E，南北宽 300 ~ 1500 千米，东西长约 2800 千米，总面积约 258.2 万平方千米（图 1.1）。

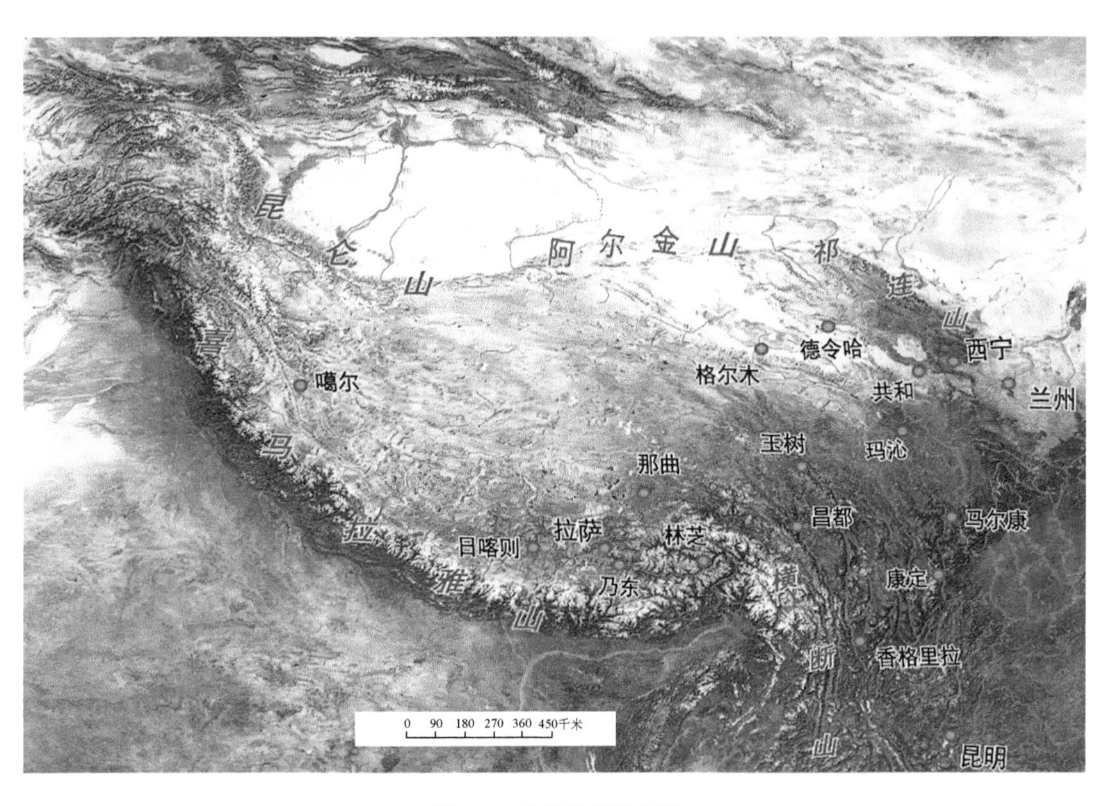

图 1.1　青藏高原景观图

青藏高原是中国乃至亚洲重要的生态安全屏障，直接影响着中国季风气候的形成和演变，是北半球气候变化的启动区和调节区，在全球大气循环、水循环中扮演重要角色。青藏高原被誉为“世界屋脊”“地球第三极”“亚洲水塔”，独特的自然环境特征决定了青藏高原地区是国家生态安全的制高点和平衡点，蕴藏着巨大的生态系统服务功能与价值，每年可创造近万亿元的服务价值，在人类生存与发展中起着至关重要且无可替代的作用，其生态状况直接关系到国家的生态安全战略。这一具有全球意义的世界上海拔最高的陆地自然生态系统又是人类活动与地表过程的强烈敏感区，具有物种多样性、不可替代性、不可逆转性和效应快速扩散性特征。

随着人口增长、经济发展、矿产资源开发、农牧业发展、城镇化进程的推进及旅游业发展和交通设施建设等人类活动，青藏高原局部地区人为扰动大，且缺乏应有的保护，给青藏高原地区的生态环境造成了负面影响，凸显了社会经济发展与生态保护的矛盾。1990年以来，随着国家对产业和资源开发的有效控制、生态建设与环境治理的有序推进，尤其是在退牧还草、游牧民定居、绿色产业建立、生态安全屏障保护与建设、草原生态保护补贴与奖励机制等一系列项目和政策密集出台的情况下，从2000年起环境状况开始趋于改善（闵庆文和成升魁，2001；樊杰和王海，2005）。但必须看到，在气候变化情景下，随着青藏高原自身的社会经济不断发展，与外界的交流日渐增多，其脆弱敏感的生态系统仍然面临较大压力，高原的可持续发展面临诸多挑战。

第一节　青藏高原的自然地理特征

青藏高原是地球上一个独特的地理单元，地处我国第一级地势阶梯，是亚洲诸多大河的发源地。晚近地质时期的强烈隆升，高亢的地势、广袤的面积和中低纬度的位置决定了青藏高原自然环境的主要特征，并明显区别于三大自然区中的东部季风区和西北干旱区。青藏高原周边基本由大断裂带控制，并由一系列高大山系和山脉组成。喜马拉雅山脉自西北向东南延伸，呈向南突出的弧形耸立在青藏高原的南缘，与印度、尼泊尔和不丹毗邻，俯瞰着南亚次大陆的恒河与阿萨姆平原。其北缘的昆仑山、阿尔金山和祁连山与亚洲中部的塔里木盆地及河西走廊相连；西部为喀喇昆仑山脉和帕米尔高原，与西喜马拉雅山的克什米尔地区、巴基斯坦、阿富汗和塔吉克斯坦接壤；东南部经由横断山脉连接云南高原和四川盆地；东部及东北部则与秦岭山脉西段和黄土高原相衔接。

一、地形地貌

青藏高原地貌由高耸的山脉、辽阔的高原面、星罗棋布的湖盆、众多的内外流水系等排列组合而成，其地势大致为自西北向东南倾斜。青藏高原的山系虽平均海拔超过5500米，但在内部也形成了明显的区域差异，即西北部海拔超过5000米；高原中部黄河、长江源地区海拔约4500米；到东南部的四川阿坝藏族羌族自治州（简称阿坝州）和甘肃西南地区，则降至3500米左右。高原内部地势面起伏和缓。

青藏高原的形成与地球上最近一次强烈的、大规模的地壳变动——喜马拉雅造山运动密切相关。在至今400万~300万年的时间内，青藏高原大面积、大幅度地抬升，成为地球上地质历史最新的高原。青藏高原自然环境的发育过程仍处于年青性的阶段，在地形与土壤发育上表现尤为突出。地形发育的年青性主要表现为高原边缘山地活跃的外营力作用和强烈切割的地形，内、外流水系的转变及广泛的现代侵蚀与堆积。在高原边缘，河流纵剖面普遍存在三级侵蚀裂点、河流横剖面存在多级的谷中谷形态。正是由于隆起抬升的速度快、幅度大，高原边缘山地地貌外营力以侵蚀作用占绝大部分。陡峭的山地、深切的河谷、间断的古高原夷平面残留是边缘山地的主要地貌类型。高原面的边缘被强烈切割形成青藏高原的低海拔地区，山、谷及河流相间，地形破碎。青藏高原各处高山参差不齐，落差极大，海拔 4000 米以上的地区占青海全省面积的 60. 93%，占西藏全区面积的 86. 1%。相对于高原边缘区的起伏不平，高原内部反而存在一个起伏度较低的区域。

根据青藏高原不同地区的地形地貌特点，可将其分为藏北高原、藏南谷地、柴达木盆地、祁连山地、青海高原、川藏高山峡谷区 6 个亚（高原）区。青藏高原边缘区存在一个巨大的高山山脉系列，根据走向可分为东西向和南北向。东西向山脉占据了青藏高原的大部分地区，是主要的山脉类型（按走向划分）；南北向山脉主要分布在高原的东南部及横断山区附近，这两组山脉组成了地貌骨架，控制着高原地貌的基本格局东北向的山脉平均海拔高度普遍偏高，除祁连山山顶海拔高度为 4500 ~ 5500 米外，昆仑山、巴颜喀拉山、喀喇昆仑山等山顶海拔均在 6000 米以上。许多次一级的山脉也间杂其中。两组山脉之间有平行峡谷地貌，还分布有数量广泛的宽谷、盆地和湖泊。

二、气象气候

青藏高原的隆升使西风发生绕流，并通过“放大”海陆热力差异导致亚洲夏季风增强，影响了全球气候系统，从而改变了地球行星风系，避免了亚洲东部和南部出现类似北非和中亚等地区的荒漠景观，成为我国及东南亚地区气候系统稳定的重要屏障；青藏高原是北半球气候变化的启张器和调节器。该区的气候变化不仅直接驱动中国东部和西南部气候的变化，而且对北半球具有巨大的影响，甚至对全球的气候变化也具有明显的敏感性、超前性和调节性。

青藏高原的气候具有辐射强烈、日照多、气温低、积温少、降雨分布不均、多冰雹等特点。其高海拔所导致的相对低温和寒冷突出，使其成为地球上同纬度最寒冷的地区。其地表气温远比同纬度平原地区低，为全国的低温中心之一（马耀明等，2014）。而高原所处纬度较低、海拔高、空气稀薄、大气干洁、多晴天等因素决定该地区太阳辐射强的特点。青藏高原的年日照总时数为 2500 ~ 3200 小时，年太阳辐射总量为 140 ~ 180 千卡/厘米^2，年平均气温由东南的 20℃，向西北递减至-6℃以下，年降水量因南部湿热气流和地形影响逐步由 2000 毫米递减至 50 毫米以下。

三、河流水文

青藏高原的隆升使其成为黄河、长江、雅鲁藏布江、澜沧江、印度河、怒江和伊洛瓦底江七条亚洲重要河流的发源地，孕育了印度文明和中华文明，造福了亚洲人民，被称为“亚洲水塔”。依河流归宿，青藏高原的水系可分为外流水系和内流水系，祁连山—巴颜喀拉山—念青唐古拉山—冈底斯山是该地区内外流水系分界线。

青藏高原的外流水系主要位于高原东部及东南部，可分为太平洋水系和印度洋水系，太平洋水系包括长江、黄河和澜沧江等。长江是中国第一大河，金沙江位于长江上游，其源头有楚玛尔河、沱沱河、通天河、布曲和当曲五条较大的河流。河源区地势平坦开阔，河流比降小、流速慢，中小型咸淡水湖泊众多。湖周围有沼泽化草甸分布，流至玉树的直门达，河流开始下切，地势相对高差变大，成为高山峡谷地貌。印度洋水系主要为怒江和雅鲁藏布江。怒江发源于唐古拉山，上游河谷大致呈东西走向，两岸地势平缓，河谷较宽，湖泊、沼泽广布。雅鲁藏布江发源于杰马央宗冰川，依次穿越高原亚寒带、高原温带、山地亚热带和低山热带。

青藏高原的内流水系多分布在高原西北部腹地，主要是羌塘高原和柴达木盆地及局部小块的封闭湖盆。内流水系的发育受湖盆地形的影响，大部分流域面积不大，通常在几十至几百平方千米。该水系北有昆仑山、唐古拉山，南部有冈底斯山、念青唐古拉山；东部和西部也有高山分布，形成了一个巨大的封闭区域。水系内部高原面保持比较完整，低山和丘陵纵横交织、形成众多的向心水系。由于远离海洋，是本区降水量最少的地区，加之蒸发强度大，造成地表径流贫乏，河流一般短小，大部分是季节性河流。常流河大多短浅，只有极少数的径流量较丰。该水系的河流多注入内陆湖泊，还有不少河流汇集水量被入渗与蒸发损耗。

青藏高原湖区共有大小湖泊1500多个，其中大于10平方千米的湖泊有346个，总面积为42 816.10平方千米，约占全国湖泊总面积的49.5%。其中内流水系区湖泊面积大、湖泊率高，最为典型的是藏北大湖区，湖泊面积超过2.2万平方千米，占青藏高原湖泊总面积的48%，是中国湖泊面积最大、最集中的地区之一。青藏高原的湖泊以咸水湖和盐湖为主，较著名的湖泊有纳木错、青海湖、察尔汗盐湖、鄂陵湖等。

青藏高原的水资源以河流、湖泊、冰川、地下水等多种水体形式存在，并以河川径流为主体，年均水资源总量为6386.6亿立方米，水资源储量占中国的22.71%。

青藏高原的隆升使其成为除南北极外全球最大的冰川聚集中心。这里是我国现代冰川的集中分布地区，发育有现代冰川36 793条，冰川面积为49 873.44平方千米，占我国冰川总面积的84.0%，平均年融水量约360亿立方米。其中青藏高原的海洋型冰川主要分布于西藏东南部横断山系，亚大陆型冰川主要分布于高原东北部和南部，极大陆型冰川主要分布于高原腹地及西部。不同性质冰川本身所具有的地质地貌作用的特征差异很大。藏东南的海洋型冰川由于其补给和消融水平都比较高，夏日冰川大量消融，在其他条件的配合下会形成下游巨大的冰川泥石流，成为严重的自然灾害。广大高原内部的亚大陆型和极大陆型冰川的补给与消融及其运动的速度远不及海洋型冰川，地质地貌作用要弱得多。青藏高原冰冻圈的进退不但对区域环境和生态产生重大影响，同时也影响全球海平面变化。

四、土壤和植被

青藏高原现代土壤发育仍处于新的成土过程中。高原迅速抬升，使成土条件分阶段向高寒方向转化，土壤发育也在不断与新的环境相适应。在活跃的山地侵蚀与堆积作用下，地表物质迁移频繁，土壤发生层的物质组成相当不稳定，土壤发育常受到土层剥蚀或掩埋，成土过程多具间断性。在青藏高原独特的成土环境下，大部分土壤具有土层薄、粗骨性强、风化程度较低的特点。越是干旱、高寒和坡度陡峭的地域，土壤发育的这些特点越突出。

同时，该地区分布着全球中低纬地区面积最大、范围最广的多年冻土区，其占中国冻土面积的70%。其中青南—藏北冻土区在整个高原分布最广，约占青藏高原冻土区总面积的57.1%。除多年冻土外，青藏高原在海拔较低区域内还分布有季节性冻土，即冻土随季节的变化而变化，冻结、融化交替出现，呈现出一系列融冻地貌类型。另外，青藏高原上冰川及其雕塑的冰川地貌也广泛分布。

青藏高原的隆升对生物圈的演化有极其重要的影响，为物种的起源、分化与全球扩散创造了条件，影响了动植物的演替，使其成为全球山地物种形成、分化与集散的重要中心之一。

在植物区系上整个青藏高原区除其南缘可划归古热带植物区外，绝大部分都属于泛北极植物区。其东南部属中国–喜马拉雅森林植物亚区，北部的柴达木盆地属亚洲荒漠植物亚区，而高原内部腹地则是一个独特的青藏高原植物亚区。整个青藏高原区的植物种类十分丰富，据粗略估计高等种子植物可达10 000种左右，但高原内部的生态条件差异悬殊，植物种类数量的区域变化十分显著。从植被类型来看，青藏高原由东南向西北缓缓倾斜，随着水热条件在空间上的分配呈现出森林、草甸、草原和荒漠的植被分布特点，同时也呈现出常绿阔叶林、针阔混交林、暗针叶林、灌丛草甸等的垂直地带性的立体结构特点。

五、青藏高原自然地理区划

青藏高原的存在对高原本身及其邻近地区的自然环境和人类活动产生着深刻的影响。青藏高原面积广大，内部环境差异十分显著，受大地势结构和大气环流的影响，在温度、水分条件组合上呈现共同特征，具有地带性植被和土壤的范围较大的自然地域，自然地带内垂直自然带谱的性质和结构类型组合相似，这是青藏高原自然地域系统中最主要的基本地域单元。郑度和赵东升（2017）根据地形、气候、植被和土壤的差异，将青藏高原划分为10个各具特色的自然区（表1.1），包括果洛那曲高原山地高寒灌丛草甸区、青南高原宽谷高寒草甸草原区、羌塘高原湖盆高寒草原区、昆仑高山高原高寒荒漠区、川西藏东高山峡谷针叶林区、青东祁连高山盆地针叶林草原区、藏南高山谷地灌丛草原区、柴达木盆地荒漠区、昆仑山北翼山地荒漠区和阿里山地荒漠区。

表 1.1　青藏高原自然区

温度带	干湿地区	自然区
高原亚寒带	半湿润地区	果洛那曲高原山地高寒灌丛草甸区（IB1）
	半干旱地区	青南高原宽谷高寒草甸草原区（IC1）
		羌塘高原湖盆高寒草原区（IC2）
	干旱地区	昆仑高山高原高寒荒漠区（ID1）
高原温带	湿润半湿润地区	川西藏东高山峡谷针叶林区（IIAB1）
	半干旱地区	青东祁连高山盆地针叶林草原区（IIC2）
		藏南高山谷地灌丛草原区（IIC1）
	干旱地区	柴达木盆地荒漠区（IID2）
		昆仑山北翼山地荒漠区（IID3）
		阿里山地荒漠区（IID1）

青藏高原的自然地理特征与分异，对各类土地资源的形成与分布产生深刻影响。青藏高原地区土地利用类型以各类草地和裸土裸岩为主，且有明显的空间差异，东南部地区以林地为主，高原北部的地区则以裸岩石砾地或戈壁为主；整个高原的中部是阿里、羌塘地区，人烟稀少，以草地为主，农业用地则分布在聚落周围。人类活动主要在河谷地带，主要集中在西藏的一江两河地区、东北部的草原及东南部的林地地区。

青藏高原的耕地主要分布在柴达木盆地的绿洲、青东甘南的黄湟谷地、藏南的雅鲁藏布江中游干支流谷地；青藏高原地区有林地面积为 27.4 万平方千米，集中分布在高原东南湿润、半湿润的山地；牧草地在青藏高原区土地利用中占绝对优势，占全区土地总面积的 58.5%，该区的牧草地绝大多数为天然草地；青藏高原的城市用地、农村居民点和工矿用地、交通用地面积占全区土地总面积的 0.1%，远低于全国平均水平；而水域和冰川则占全国水域冰川总面积的 43.3%，集中分布在藏北、青南；未利用土地主要包括荒草地、盐碱地、沼泽地、沙地、裸土地、裸岩等类型，其面积占全区土地面积的 25.8%，主要分布在藏北那曲和阿里地区、青东甘南地区（据 2015 年土地利用数据计算）。

第二节　青藏高原的生态与环境

青藏高原区域特殊的地理位置、丰富的自然资源、重要的生态价值构成了我国的生态安全屏障。青藏高原保存了珍稀独特的高寒生态系统，集中分布了许多特有的珍稀野生动植物，是世界上生物物种最主要的分化和形成中心。其独特复杂的生态导致高原生物区系地理成分复杂、特有种丰富、珍稀濒危物种多，且物种地域分布极不均匀。从东南到西北，随着海拔和纬度的升高，在热量和水分驱动下，高原植被生态系统类型也发生了重大变化，分布着森林、灌丛、草甸、草原和荒漠等生态系统。近几十年乃至上百年来，在气候变化和人类活动的双重影响下，青藏高原生态系统的结构和功能以及重要物种的种群数量与结构均发生了深刻的变化（张宪洲等，2015b）。

青藏高原是北半球气候变化的启动区和调节区，显著影响我国东南部地区的气候系统。由于青藏高原地壳活动活跃，气候环境复杂，生态环境十分脆弱，随着经济社会发展进程加快，高原区域生态保护和经济发展的矛盾日益显现，生态安全面临严峻挑战。加强青藏高原生态建设与环境保护，对于维护国家生态安全，促进青藏高原区域可持续发展，维护边疆稳定和民族团结，全面建设小康社会具有重要战略意义（张惠远，2011）。在全球变化和人类活动的综合影响下，亚洲正经历着许多生态环境问题，青藏高原的生态环境问题尤为突出（Yasunari et al.，2013；Yao et al.，2012）。青藏高原呈现出生态系统稳定性降低、资源环境压力增大等问题，突出表现为冰川退缩显著、土地退化形势严峻、水土流失加剧、生物多样性威胁加大与珍稀生物资源减少、自然灾害增多等。这些问题严重影响了青藏高原区域生态安全屏障功能的发挥（孙鸿烈等，2012）。

一、气候变化

青藏高原作为全球气候变化的驱动机和放大器，是专家学者关注的重点。科学家从区域尺度对高原的气温、降水、湖泊和冰川变化开展了大量的研究工作，得出了较一致的认识：青藏高原在1997～2000年开始加快变暖并有湿化现象等科学结论（姚檀栋，2019；吴绍洪等，2005；戴升等，2013；郑然等，2015；段安民等，2016）。

1. 气候暖湿化

在过去2000年的时间尺度上，青藏高原的温度变化整体呈波动上升趋势，但出现了时间长度不等的冷、暖变化，其中公元3～5世纪、15～19世纪较为寒冷，12世纪中叶～14世纪末较为温暖。20世纪以来气候快速变暖，近50年来的变暖超过全球同期平均升温率的2倍，达到每10年升高0.3～0.4℃，是过去2000年中最温暖的时段（姚檀栋和戴玉凤，2015），而青藏高原的降水量在南部和北部的变化方式存在显著差异，甚至呈现相反的趋势，近期表现为北部明显增加，南部有减小趋势。但青藏高原降水量与温度的对应关系整体上表现为暖湿和冷干的组合特征，在过去2000年中，整体上呈变湿的趋势。公元8世纪初～10世纪末为一个持续时间较长的干旱期，而13世纪末～16世纪末为相对湿润期。近期降水量总体呈现增加趋势，每10年增加2.2%。

2. 气候变暖导致自然灾害频发

敏感的高原环境背景，形成了多种自然灾害，且受灾区域范围广大，青藏高原是我国自然灾害类型最多的地区之一。青藏高原气候变化剧烈，气象灾害频发，根据气象站点资料的分析，青藏高原东部大到暴雪过程平均次数近几十年来呈明显的增加趋势，增长率为0.234次/10年，1967～1970年为1.5次/年，1991～1996年增加到2.4次/年，20世纪90年代以后进入雪灾的频发期（周陆生等，2000），气候变暖被认为是其主要原因（董安祥等，2001）。近几十年来，由于冰川融化和人类工程活动增强，地质灾害频繁爆发，高原南部喜马拉雅山中段的冰湖溃决，泥石流灾害发生频率明显增加。波密地区近40年的资料研究表明，1993年以后泥石流活动加强（孙鸿烈等，2012）。2000年 Landsat ETM 影像数据监测显示，青藏高原范围内地质灾害点共计3259个，崩塌、滑坡主要分布在雅鲁藏布江中游、三江流域、横断山区和湟水谷地；泥石流主要集中在祁连山、昆仑山、喀喇昆仑山和喜马拉雅山冰雪分布地区。在雅鲁藏布江大拐弯处不到20千米江段范围内，1989～2000年新增大型和巨型崩塌和滑坡8处（方洪宾，2009）。自然灾害的频繁发生严重影响了青藏高原区域交通运输业、水利水电和农牧业生产的稳定发展（孙鸿烈等，2012）。

二、水资源和水环境

1988年以来，联合国教育、科学及文化组织，联合国环境规划署，联合国开发计划署，以及世界气象组织（WMO），国际水文科学协会（IAHS）等陆续实施了一系列国际水科学方面的合作项目和研究计划，从全球、区域和流域等不同尺度研究变化环境下的水循环及其变化检测与归因、水资源变化趋势、影响评估模型及气候变化阈值等问题（陶涛等，2007；刘昌明等，2008；王国庆等，2008；张彧瑞等，2012；李峰平等，2013；宋晓猛等，2013）。青藏高原的水循环加强是水体应对过去2000年中气候变暖和变湿的响应（姚檀栋和戴玉凤，2015）。

1. 冰川退缩

由于全球变暖，青藏高原冰川自20世纪90年代以来呈全面、加速退缩趋势（青藏高原冰川冻土变化对区域生态环境影响评估与对策咨询项目组，2010）。在过去2000年中相对寒冷的气候阶段，青藏高原冰川普遍前进，主要发生在3个时段：公元200～600年、800～1150年和1400～1920年；20世纪以来的增温使青藏高原冰川整体后退，至2000年，青藏高原的冰川面积相对于20世纪80年代时的面积减少了约20%，其中以喜马拉雅山和藏东南地区冰川后退与物质亏损最为显著；但由于同期降水量的增加，青藏高原北部冰川后退幅度较南部小，在喀喇昆仑和西昆仑地区，冰川较为稳定，甚至出现了冰川前进和物质余盈。

近50年来，青藏高原的积雪呈现先增加后减少的变化：1960～1990年青藏高原的积雪日数和雪水当量均呈增加趋势，积雪时间增加了13天，雪水当量增加了1.5毫米；1990年以来出现减少趋势，1990～2004年积雪时间减少了20天，雪水当量减少了1.2毫米。

但各区域冰川消融程度不同，藏东南、珠穆朗玛峰北坡、喀喇昆仑山等山地冰川退缩幅度最大（施雅风和刘时银，2000；姚檀栋等，2004）。对藏东南帕隆藏布上游5条冰川变化的监测结果显示，冰川末端退缩幅度在5.5～65米/年。其中，阿扎冰川末端1980～2005年以平均65米/年的速率退缩、帕隆390号冰川末端在1980～2008年以平均15.1米/年的速率退缩（杨威等，2010）。珠穆朗玛峰国家自然保护区冰川面积在1976～2006年减少15.63%，珠穆朗玛峰绒布冰川末端退缩幅度在（9.10±5.87）～(14.64±5.87)米/年（聂勇等，2010）。希夏邦马地区抗物热冰川面积1974～2008年减少了34.2%，体积减小了48.2%（马凌龙等，2010）。冰川退缩导致地表裸露面积增加、冰湖增多。冰湖溃决并引起滑坡、泥石流发生频率及强度与范围增加。冰川融化使得一些湖泊水位上升，湖畔牧场被淹。冰川融化不仅直接影响河流、湖泊、湿地等覆被类型的面积变化，而且涉及更广泛的水文、水资源（姚檀栋等，2004）与气候变化（孙鸿烈等，2012）。

2. 湖泊湿地、河流径流量的变化

青藏高原是我国“五大湖区”之一，由于气候变化的影响，湖泊、湿地和河流径流量也相应发生变化。研究表明，20 世纪 90 年代以前，青藏高原湖泊的数量和面积较为稳定。之后，湖泊的数量增加、面积扩张。1990 ~ 2010 年，面积大于 1 平方千米的湖泊数量由 1070 个增加到 1236 个；总面积由 39 700 平方千米增加到 47 400 平方千米。2003 ~ 2009 年，湖泊水位平均以 0.14 米/年的速率上升，湖泊水量以 8.0 皮克/年的速率增加，青藏高原的湖泊变化存在显著的南北差异，北部湖泊水位显著上升，南部的雅鲁藏布江流域湖泊水位显著下降（陈德亮等，2015）。

青藏高原河流径流量在 20 世纪 80 年代 ~ 21 世纪初整体呈现减少趋势，但是 21 世纪初以来，一些河流径流出现增加趋势。以雅鲁藏布江、怒江和澜沧江为例，20 世纪 60 年代为丰水期，70 年代和 80 年代为枯水期，除澜沧江外，90 年代以来为丰水期。冰川、冻土的加速消融可能是 90 年代以来青藏高原南部河流径流量增长的主要原因（陈德亮等，2015）。

3. 局部地区水污染较为严重

青海东部、川滇河谷等地区的主要城市水污染严重，特别是湟水流域西宁下游段，民和桥断面（青海—甘肃）和小峡桥断面，水质均为劣Ⅴ类。湟水流域和柴达木盆地等部分地区城镇大气污染较重，西宁、大通大气中二氧化硫的浓度年平均值超过国家二级标准。畜禽养殖、农药、化肥、地膜等农村污染在局部地区日益显现。旅游业的快速发展也增加了生活垃圾的产量和处理难度，对城市和部分景区的环境质量造成了明显影响（张惠远，2011）。近 20 年来拉萨河流域水环境变化的主要驱动因子为降水量、牲畜存栏数、人口数、农村人口数和国民生产总值等，农牧非点源污染是拉萨河流域的主要污染源，要重点关注和管控（张惠芳等，2019）。

三、土壤环境问题

在全球气候变化和人为活动的不利影响下，青藏高原出现了冻土退化、土地沙化、草地退化以及土壤盐渍化等问题。近年来的一系列的治理和生态工程，减缓了土壤沙化、草地退化等速度，部分地区已逐渐改善。

1. 冻土退化和沙漠化

在全球气候变化和人为活动的不利影响下，土地退化主要表现在冻土退化和土地沙化及草地退化方面。

随着气候变暖，青藏高原多年冻土活动层以 3.6 ~ 7.5 厘米/年的速率增厚，同时冻土层上限温度也以每 10 年约 0.3℃的幅度升高。气候变暖引起青藏高原北部多年冻土面积的减少和冻土分布海拔下界升高，特别是在多年冻土边缘地带的岛状冻土区发生了明显的退化（青藏高原冰川冻土变化对区域生态环境影响评估与对策咨询项目组，2010）。冻土活动层深度加深增大了地表基础的不稳定性，给区域的工程建设带来危害。

2009 年国家林业局开展的第四次全国荒漠化和沙化监测工作的结果显示，西藏自治区沙化土地总面积由 1995 年的 20.47 万平方千米（占全区国土总面积的 17.03%）增加到 2009 年的 21.62 万平方千米（17.98%）。沙化土地主要分布于山间盆地、河流谷地、湖滨平原、山麓冲洪积平原及冰水平原等地貌单元。沙化使土层变薄，土壤质地粗化、结构破坏、有机质损失，土地质量下降，草地、耕地及其他可利用土地面积减少。另外，土地沙化后，处于裸露和半裸露状态的沙化土地，缺乏植被保护，易形成风沙，对交通及水利工程设施产生影响，甚至形成沙尘天气，进而影响我国中部和东部地区（孙鸿烈等，2012）。

青藏高原的草地退化和土地盐渍化现象一度比较严重。各类退化草地面积约有 63.7 万平方千米，草地退化严重地区包括三江源、祁连山北麓区、甘南高原、川西高原等地。青藏高原沙化土地面积分布范围大，类型多，沙化程度差异大，沙化土地面积为 36.3 万平方千米。水土流失土地面积约为 18 万平方千米，以轻度和中度侵蚀为主。西藏、青海共有盐渍化土地 2.7 万平方千米（张惠远，2011）。

2. 水土流失严重

青藏高原地理环境复杂，水土流失类型多样，伴随着气候变化和人类活动加剧，水土流失日趋严重。西藏芒康县措瓦乡的森林砍伐、尼洋河流域以及扎囊县等地区的土地开垦导致生态环境恶化、水土流失加重、山洪和泥石流频繁爆发（李代明，2001）。2000 年调查显示，西藏水土流失面积达 103.42 万平方千米，其中冻融侵蚀面积占水土流失总面积的 89.11%，水力和风力侵蚀分别占水土流失总面积的 6.00% 和 4.89%（孙鸿烈等，2012）。由于草地牲畜过载、工矿资源开发等人类活动加剧，20 世纪 90 年代末，青海年输入黄河的泥沙量达 8814 万吨，输入长江的泥沙量达 1232 万吨。据 2005 年调查，青海水土流失面积为 38.2 万平方千米（占青海总面积的 52.89%），其中黄河、长江、澜沧江三江源头地区水土流失面积分别占水土流失总面积的 39.5%、31.6%、22.5%，目前仍以 3600 平方千米/年的速度在扩大，成为水土流失的重灾区（孙鸿烈等，2012）。

最近的研究显示，随着气候变暖，青藏高原的降水量和归一化植被指数（NDVI）总体上呈增加趋势（Chen et al., 2014），水土流失总体呈现先加剧后略微减轻的趋势。2000 年以来，青藏高原生态环境保护取得了良好的效果，但水土流失治理的任务依然任重道远。

四、生态系统与生物多样性

青藏高原是全球平均海拔最高的自然地理单元，近几十年乃至上百年来，在气候变化和人类活动的双重影响下，青藏高原生态系统的结构和功能以及重要物种的种群数量和结构均发生了深刻的变化。

1. 局部高寒草地生态系统退化

草地是青藏高原生态安全屏障的重要组成部分，是区域牧业经济发展的基础。草地植被群落结构破坏和生物量减少，直接降低了草地生态系统的物质生产能力，加重了草畜失衡的矛盾。研究表明，1982～2009年，青藏高原11.89%的草地分布区植被覆盖度持续降低，主要分布在青海的柴达木盆地、祁连山、共和盆地、江河源地区及川西地区等人类活动强度大的区域（丁明军等，2010）。青海草地退化形势也比较严峻，如在长江源头治多县，20世纪70年代末至90年代初草地退化面积为0.72万平方千米（占该县草地总面积的17.79%），而90年代初至2004年草地退化面积达1.11万平方千米（占该县草地面积的27.65%）；草地退化程度呈逐渐加剧的趋势。1995～2015年西藏草地退化面积在908.52万～5207.06万平方米波动（黄麟等，2009），整体呈先降后升，复降再升的反复变化过程，其中降水是影响西藏地区草地退化变化的主要气候因素。而人类活动对草地退化的影响区域占比在2012年前后大体呈先减少后增加的趋势，放牧干扰在2012年后对草地退化的影响减弱（武爽等，2021）。随着青藏高原生态安全屏障保护与建设工程的实施，高原生态系统退化的态势得到了进一步遏制（张宪洲等，2015b）。

2. 生态系统总体趋好

最新研究表明，青藏高原的生态系统总体趋好是现代环境变化的重要特征（张宪洲等，2015b；陈德亮等，2015）。气候变暖使青藏高原寒带、亚寒带东界西移、南界北移，温带区扩大，从而导致生态系统总体趋向变好，局部变差。

青藏高原草地生态系统的空间格局发生了重要变化，表现为高寒草原分布面积增加，而高寒草甸和沼泽草甸显著萎缩，草地植被物候总体表现为返青期提前，枯黄期推后，生长期延长，草地净初级生产力呈总体增加态势，1982～2011年，共计增长了约20%，但存在区域上的不平衡，尤其是最近10年，青藏高原的西部地区变暖变干，草地生产力呈减少态势。

青藏高原农作物物候和农区种植制度发生了改变。20世纪70年代中期以来，冬小麦适种范围明显增加，分布海拔上限升高了约130米，春青稞适种上限升高了550米。两季作物适宜种植的潜在区域扩大，复种指数增加，拓展了农牧业结构调整空间，有利于增加农牧民收入。

青藏高原森林生态系统发生了显著变化。1998年以前，青藏高原森林资源整体缩减，表现为森林面积的减小和蓄积量的显著降低；1998年以后，森林面积和蓄积量均开始呈较大幅度增长。天然林保护工程的实施是实现森林面积与蓄积量双增长的主要原因，同时，也使得森林老龄林比例减少，幼中龄林比例增加（张宪洲等，2015b）。

研究显示，未来青藏高原生态系统变化表现为森林和灌丛将向西北扩张，高寒草甸分布区可能被灌丛挤占，面积缩小，种植作物将向高纬度和高海拔地区扩展，冬播作物的适应范围将进一步增加，复种指数提高。相对于1961～1990年基准期，青藏高原的植被净初级生产力在近期和远期将分别增长68%～79%和92%～134%（张宪洲等，2015b）。

3. 生物多样性

生物多样性既是人类生存发展的根本和基础，又反映了许多作用于不同时空尺度上的生态的、进化的和人类起源的过程。作为联系生物与人类福祉的重要纽带，生态系统功能必然受到生物多样性变化的影响，进而影响人类从生态系统获得产品服务的质与量。人类社会和经济发展所引起的动植物栖息地丧失与破碎化、对动植物资源的过度利用、气候变化、环境污染、生物入侵以及动物疫病等是导致生物多样性丧失和生态系统功能衰退的主要因素。

由于不合理的放牧和脆弱环境的综合影响，青藏高原草地原生植物群落物种减少，毒草、杂草类增多；20 世纪 70 年代青藏高原草原毒害草仅 24 种，到 1996 年达 164 种，隶属于 42 科 93 属（李寿，2010）。在部分严重退化草地，毒草已成为主要标志性群落，形成了以狼毒等为主的草地。近些年大量采挖雨蕨、冬虫夏草和贝母等珍稀植物资源，西藏已有 100 多种野生植物处于衰竭或濒危状态（马生林，2004）。青海湖裸鲤由于过量捕捞，至 1999 年减少到 2700 吨，2000 年以后的“封湖禁渔”、保护青海湖裸鲤产卵场与洄游通道及人工增殖放流等措施的有效实施，使青海湖裸鲤资源量到 2010 年增至 16 990 ~ 18 551 吨（王崇瑞等，2011），虽然已恢复到 20 世纪 60 年代的 60.68% ~66.26%，但科学保护和管理仍是近期重要任务（孙鸿烈等，2012）。

人类活动叠加全球气候变化，已在不同水平影响了生物多样性和生态系统生产力等生态系统功能及其互作关系，未来将会有更多的物种逐渐消失，生态系统功能受到影响或衰退（Bellard et al.，2012；魏辅文等，2014；杨玉盛，2017），青藏高原高寒草地也不例外（秦大河，2014）。近年来，我国为保护青藏高原的生物多样性，做了大量和生物多样性研究及动植物保育工作。

第三节　青藏高原现代人类活动

一、青藏高原的现代人类活动

人类活动是人类为了生存发展和提升生活水平，不断进行一系列不同规模不同类型的活动，包括农、林、渔、牧、矿、工、商、交通、观光和各种工程建设等。人类活动的强度与类型不仅与地表要素特征息息相关，并且对地球环境、生态系统及气候产生着重要的影响，准确精细地认知不同地面环境与不同事件条件下的人类活动模式规律能够为人地关系研究以及人地的和谐发展提供有效的帮助（徐志刚等，2009；刘世梁等，2018）。

现代人类活动对青藏高原生态环境的影响主要是由人口和经济增长、矿产资源开发、农牧业发展、城镇化发展、旅游业发展、交通设施建设、周边地区工业排放以及已经和正在实施的一系列环境保护与生态建设工程导致的生态环境效应。

1. 人口和经济增长

人类社会经济发展的初级阶段，人口和经济增长通常伴随着自然资源开发规模、污染物排放总量及生态系统影响程度的扩大。由于生产生活方式和自然环境基础不同，社会经济发展的环境效应也是不同的。

2. 矿产资源开发

矿产资源的自然禀赋性质决定了其与生态环境紧密相关，尤其在青藏高原，矿产资源多分布在自然保护区、江河源、湿地、草地等环境敏感区，不当开发极易带来环境问题。西藏通过出台相应的法规和政策，整顿矿产资源开发秩序，强化矿产资源开发环境监管等措施的实施，保证了在保护生态环境的前提下进行矿产资源的有序开发。

3. 农牧业发展

农牧业一直是青藏高原经济社会发展的基础和支柱产业，农牧业发展的空间格局是人类对独特自然环境长期适应和作用的结果，受到高原自然条件的制约和经济社会条件的影响。青藏高原农牧业发展存在着地域分异，如西藏的农牧业地域分异从三江并流到藏南河谷再到藏北地区，呈现为农林牧-农牧-畜牧的地带性特征，这种分布格局说明人类的开发利用活动符合自然环境的地域分异规律。

4. 城镇化发展

青藏高原是我国城镇化水平较低的区域，城镇化的合理发展对生态环境有一定的正向影响（鲍超和刘若文，2019）。近年来，随着青藏高原城镇化进程加速，城镇数量增加和规模增大已对环境起到了一定负面影响，主要表现在大气环境、水环境和固体废弃物三个方面。

5. 旅游业发展

近年来，青藏高原旅游业高速发展，旅游总人数逐年攀升。2000～2018 年，青藏高原共接待海内外游客总人数从 706.36 万人次迅速增加到 12 643.73 万人次，年平均增长 17.38%。旅游人数的攀升带来了旅游经济的繁荣发展，2000～2018 年，青藏高原旅游总收入从 10.23 亿元迅速增加到 1001.91 亿元，年均增长 29.01%（褚昕阳，2020）。目前，旅游业已经成为青藏高原经济发展的重要引擎和主导产业，旅游资源开发已经成为除农牧业外依托地域范围广、开发利用程度深、资源依赖性强的产业领域。旅游业带来的大量外来人口，旅游设施建设，以及大空间尺度的旅游活动已成为影响青藏高原环境的重要方面。

6. 交通设施建设

青藏高原现代交通运输设施从无到有，目前已经形成了以公路为主体、多种运输方式协同发展的网络体系。交通运输结构的不断优化，促使交通运输基础设施在不断满足青藏高原社会经济发展需要的同时，环境效应也向着良性方向发展。

7. 环境保护生态建设

生态建设是利用大自然的自我修复功能去保护、修复或恢复天然的生态系统，或者通过科学的措施去除或减轻人类对自然界的干扰破坏，修复或重新构建有利于人类社会可持续发展的自然或人工生态系统的有益行为和举措（张镱锂等，2007）。青藏高原相继实施了一系列生态工程建设项目。这些工程和规划的实施，在优化生态系统格局、增强生态系统服务功能、提高生态系统质量方面发挥了重要作用。

8. 青藏高原的人类活动研究

当前，有关青藏高原人类活动的研究以史前古人类活动与扩散和近几十年人类活动对生态系统影响的研究为主。青藏高原史前人类活动的研究主要关注人类走上高原的过程及驱动因素，解密人类适应高原缺氧环境的科学问题（陈发虎等，2017）。例如，陈发虎等（2017）通过考古资料的梳理与测年分析，指出史前人类向青藏高原扩散的三个阶段及不同阶段主要驱动因素。另外，很多研究更关注近几十年日益加剧的人类活动给青藏高原生态系统带来的影响与改变（陈德亮等，2015；张宪洲等，2015a；马多尚和卿雪华，2012）。樊杰等（2015）从人类活动的总量、结构和过程的角度，分析了近半个世纪以来西藏人类活动及生态环境效应的时空特征，结果表明西藏社会经济总规模较小，经济增长速度较快，但发展水平依然偏低；城镇化及农牧业、旅游和交通发展是构成西藏人类活动的主体，人类活动生态环境效应的阶段性和地域性特征显著。

此外，人类足迹图还用于评估国家和省级自然保护区在减少人类活动影响方面的有效性。Li 等（2018）分析了四类人类活动对环境的压力并绘制了青藏高原地区人类足迹强度地图，并分析了具有重要价值的自然保护区的人类影响强度特征，有助于进行生态系统相关服务政策的制定。Li 等（2018b）绘制了 1990 年和 2010 年西藏人类活动足迹，以及人类活动足迹与国家和省级自然保护区之间的空间关系，并在西藏进行了时空分析。Zhao 等（2015a）利用人口密度、村庄数量和道路长度、对青藏高原中牧场区域的分辨率为 10 千米的人类干扰强度进行了评估。

二、青藏高原土地利用的时空变化

土地利用是人类为满足自己的需要，对气候、土壤、水分、地形、生物等多种自然因素下的土地进行利用和改造。青藏高原对高原本身及其邻近地区的自然环境和人类活动产生着深刻的影响。鉴于青藏高原地区生态环境的差异，郑度（1996）将青藏高原被划分为 11 个自然地带单元，其受大地势结构和大气环流的影响，在温度、水分条件组合上呈现共同特征，具有地带性植被和土壤的范围较大的自然地域，自然地带内垂直自然带谱的性质和结构类型组合相似，这是青藏高原自然地域系统中最主要的基本地域单元，其对各类土地资源的形成与分布产生深刻影响。

青藏高原地区的土地利用类型以各类草地和裸土裸岩为主，并且有着明显的空间差异，东南部地区以林地为主，北部地区则以裸岩石砾地或戈壁为主；中部地区人烟稀少，以草地为主。农业用地主要分布在分类聚集区周围，人类活动则主要分布在河谷地带，主要集中在西藏的一江两河地区和东北部的草原及东南部的林地地区。

图 1.2 为 2015 年青藏高原土地利用图。该图是利用 2015 年前后的 Landsat-ETM+遥感数据进行分类提取获得的，图中的青藏高原自然地带是依据郑度院士的研究成果划分的自然地带分区（具体说明请见表 1.1）。该区土地未利用率约 70%。其中城乡居民点、工矿和基础设施等建设用地占全区土地总面积的 0.1%，耕地、林地、草地分别占全区土地总面积的 0.7%、10.6%、58.5%。该区在土地利用上存在又下问题：土地利用结构以牧草地为主，农林牧用地分布集中；土地资源开发利用不充分，经营粗放；土地资源开发利用不合理，环境恶化，土地退化和荒漠化严重等。

（1）耕地：包括旱地和水田。青藏高原是全国耕地面积和占比最小的地区。由于人口稀少，人均耕地（0.15 公顷）相对较高，为全国平均水平的 1.15 倍，乡村人口人均耕地（0.25 公顷）为全国平均水平的 0.84 倍（据 2015 年土地利用数据计算）。但该区垦殖率低，仅为全国平均水平的 1.0%。主要用地类型为旱地和水浇地，占耕地面积的 99.9%。耕地通常呈条带状分布于最热月均温 10～12℃、水土条件较好的江河谷地与湖盆地带，主要分布在柴达木盆地的绿洲、青东甘南的黄湟谷地、藏南的雅鲁藏布江中游干支流谷地。受低温限制，青藏高原区的大部分农区为一年一熟，作物组成以耐寒的青稞、小麦、豌豆

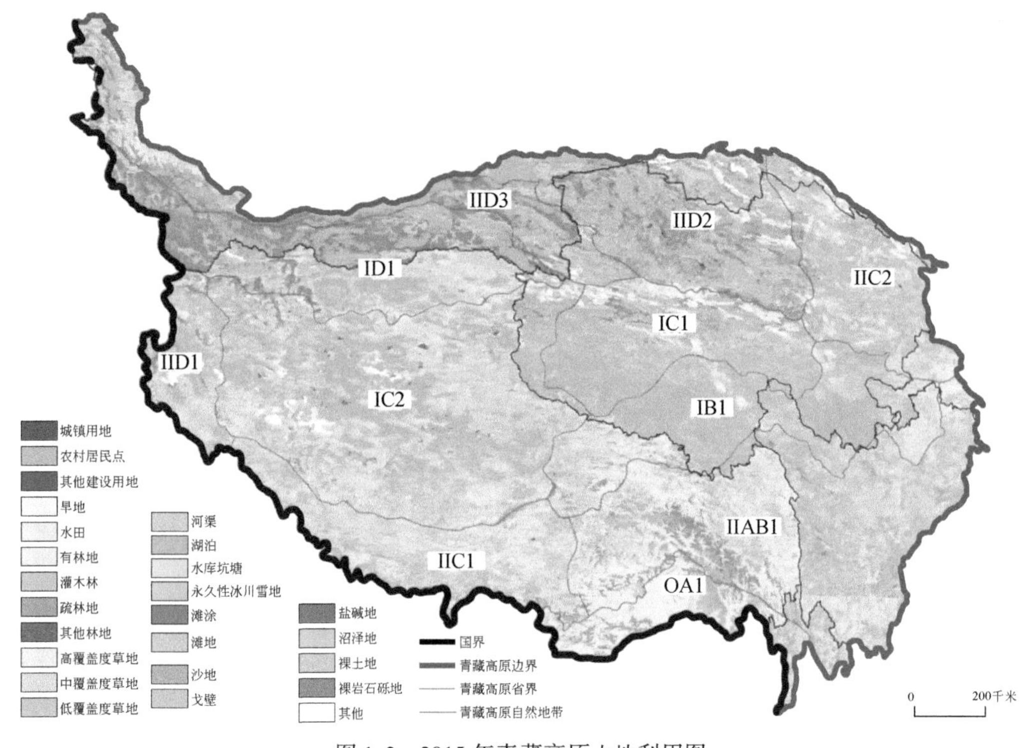

图 1.2　2015 年青藏高原土地利用图

和油菜为主。

（2）林地：包括有林地、灌木林、疏林地和其他林地。青藏高原地区有林地面积为 27.4 万平方千米，该区占全国林地面积的 12.2%。森林覆盖率为 10.6%，森林覆盖水平为全国平均水平的 45.1%。林地以有林地和灌木林地为主，二者合计占全区林地总面积的 90.8%。有林地集中分布在高原东南湿润、半湿润的山地，多位于江河上游河源地区，包括藏东、藏东南及雅鲁藏布江中游地区。

（3）草地：包括高、中、低覆盖草地。牧草地在青藏高原区土地利用中占绝对优势。青藏高原区有牧草地 151 万平方千米，分别占全国总面积、全区土地总面积、全区农用地面积的 15.9%、58.5%、83.7%。该区的牧草地绝大多数为天然草地，其比例高达 99.8%，而人工草地和改良草地仅占 0.2%。该区天然草地主要分布在海拔 3500 ~4000 米的山地和滩地。

（4）城镇用地、农村居民点和其他建设用地。青藏高原区非农用地包括居民工矿用地和交通用地面积占全区土地总面积的 0.1%，远低于全国平均水平。城乡建设用地和工矿用地分布在青海的西宁、格尔木及西藏的拉萨和日喀则地区等。

（5）水域、冰川：包括河渠湖泊、水库坑塘和永久性冰川雪地。青藏高原区内有水域面积 9.70 万平方千米，其占全国的 43.3%。集中分布在藏北、青南。高原水域以湖泊和冰川为主，合计占区内水域总面积的 82.8%。其中，内流湖面积约占本区湖泊面积的 95%，主要为咸水湖或盐湖，集中分布在柴达木盆地和西藏的北部、西部地区。

（6）未利用土地：青藏高原区未利用地面积占全国总面积的 7.0%，占全区土地面积的25.8%，高于全国20.9%的平均水平。该区未利用地主要分布在藏北那曲和阿里两地区、青东甘南地区。未利用地包括荒草地、戈壁、盐碱地、沼泽地、沙地、裸土地、裸岩石砾地等类型。

图1.3和表1.2为青藏高原1990年、1995年、2000年、2005年、2010年和2015年的各土地利用类型面积及比例。1990~2015年草地、林地和耕地面积都有一定程度的上下浮动，而城乡建设用地工矿用地和基础设施用地的面积则逐年增加，其中2010~2015年增长迅速。

图1.4则宏观地展示了青藏高原在1990年、1995年、2000年、2005年、2010年和2015年的土地利用类型的变化情况。

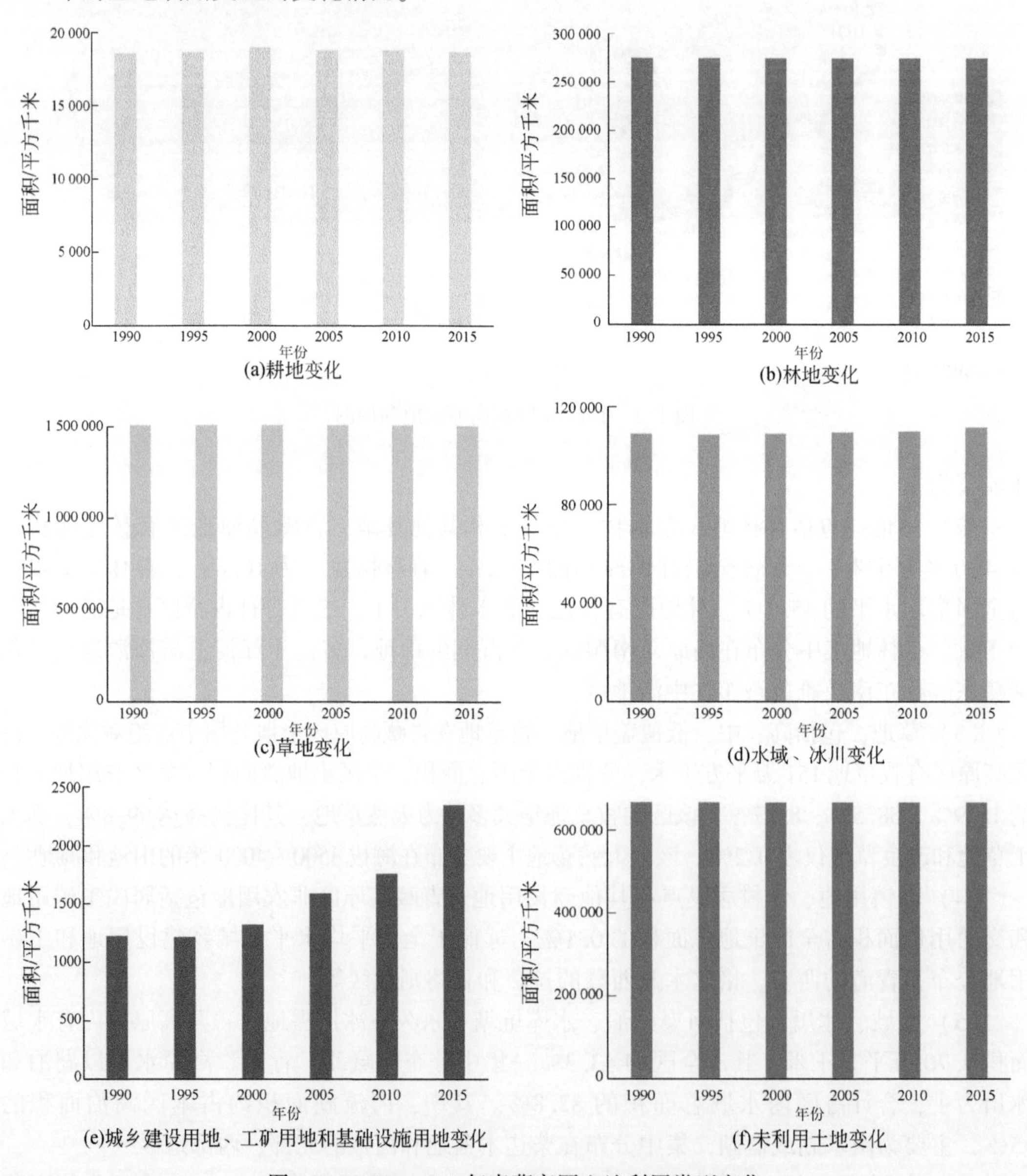

图1.3 1990~2015年青藏高原土地利用类型变化

表 1.2　青藏高原地区各类土地利用类型面积及比例

土地利用类型	1990 年		1995 年		2000 年		2005 年		2010 年		2015 年	
	面积/平方千米	比例/%	面积/平方千米	比例/%	面积/平方千米	比例/%	面积/平方千米	比例/%	面积/平方千米	比例/%	面积/平方千米	比例/%
水田	240.01	0.01	239.83	0.01	238.49	0.01	238.26	0.01	238.26	0.01	237.54	0.01
旱地	17 878.54	0.70	17 922.45	0.71	18 268.46	0.72	18 109.19	0.71	18 111.37	0.71	17 981.73	0.71
有林地	122 736.10	4.83	122 953.4	4.84	122 533.1	4.83	122 335.40	4.82	122 384.00	4.82	122 355.90	4.82
灌木林	93 597.49	3.69	93 471.82	3.68	93 331.7	3.68	93 258.18	3.67	93 309.27	3.67	93 258.97	3.67
疏林地	19 156.16	0.76	19 148.98	0.75	19 154.65	0.75	19 174.63	0.76	19 130.66	0.75	19 113.49	0.75
其他林地	1 086.88	0.04	1 184.33	0.05	1 217.19	0.05	1 244.25	0.05	1 246.39	0.05	1 241.40	0.05
高覆盖度草地	422 335.20	16.64	422 399.1	16.64	422 685.7	16.65	422 745.20	16.65	422 859.10	16.66	422 580.8	16.65
中覆盖度草地	563 208.30	22.18	563 342.7	22.19	563 926.4	22.21	563 618.20	22.20	563 587.00	22.20	563 122.9	22.18
低覆盖度草地	523 703.20	20.63	523 088	20.60	521 860.5	20.55	521 547.00	20.54	521 312.80	20.53	520 557.10	20.51
河渠	2 563.15	0.10	2 399.5	0.09	2 462.13	0.10	2 466.10	0.10	2 465.60	0.10	2 537.32	0.10
湖泊	40 133.8	1.58	40 370.56	1.59	40 264.99	1.58	40 791.87	1.61	40 959.95	1.61	42 137.43	1.66
水库坑塘	402.39	0.02	401.65	0.02	456.74	0.02	491.36	0.02	509.72	0.02	1 080.21	0.04
永久性冰川雪地	51 938.17	2.05	51 334.02	2.02	51 324.97	2.02	51 305.26	2.02	51 286.32	2.02	51 105.28	2.01
滩涂	0.04	0.00	0.39	0.00	1.36	0.00	1.25	0.00	1.25	0.00	1.25	0.00
滩地	13 990.67	0.55	14 035.78	0.55	14 187.3	0.56	14 343.88	0.56	14 472.55	0.57	14 544.78	0.57
城镇用地	190.67	0.01	202.32	0.01	227.81	0.01	273.58	0.01	281.78	0.01	349.84	0.01
农村居民点	735.01	0.03	723.13	0.03	757.19	0.03	785.01	0.03	789.54	0.03	906.36	0.04
其他建设用地	299.29	0.01	289.49	0.01	337.79	0.01	534.61	0.02	682.81	0.03	1 086.09	0.04
沙地	47 209.2	1.86	47 127.39	1.86	47 455.64	1.87	48 158.72	1.90	48 127.83	1.90	47 875.15	1.89
戈壁	97 588.34	3.84	97 614.96	3.85	97 712.21	3.85	97 638.08	3.85	97 629.62	3.85	97 350.76	3.83
盐碱地	38 885.02	1.53	38 852.03	1.53	38 577.89	1.52	38 282.46	1.51	38 048.30	1.50	38 247.89	1.51
沼泽地	22 686.12	0.89	22 952.73	0.90	23 017.63	0.91	22 692.59	0.89	22 623.02	0.89	22 401.78	0.88
裸土地	4 875.5	0.19	4 907.82	0.19	4 819.66	0.19	4 811.76	0.19	4 796.07	0.19	4 793.53	0.19
裸岩石砾地	372 266.7	14.66	372 581.4	14.68	372 671.4	14.68	372 631.20	14.68	372 747.60	14.68	372 953.20	14.69
其他	81 219.68	3.20	81 165.2	3.20	81 257.56	3.20	81 270.52	3.20	81 148.28	3.20	80 929.77	3.19

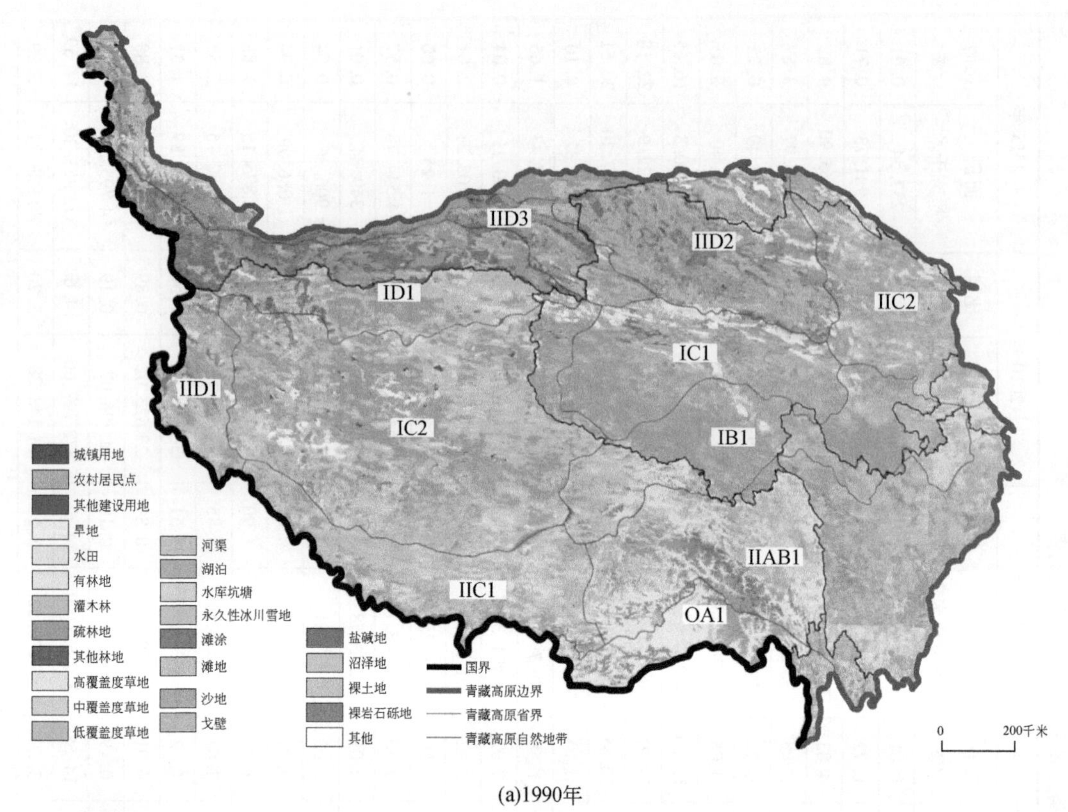

(a)1990年

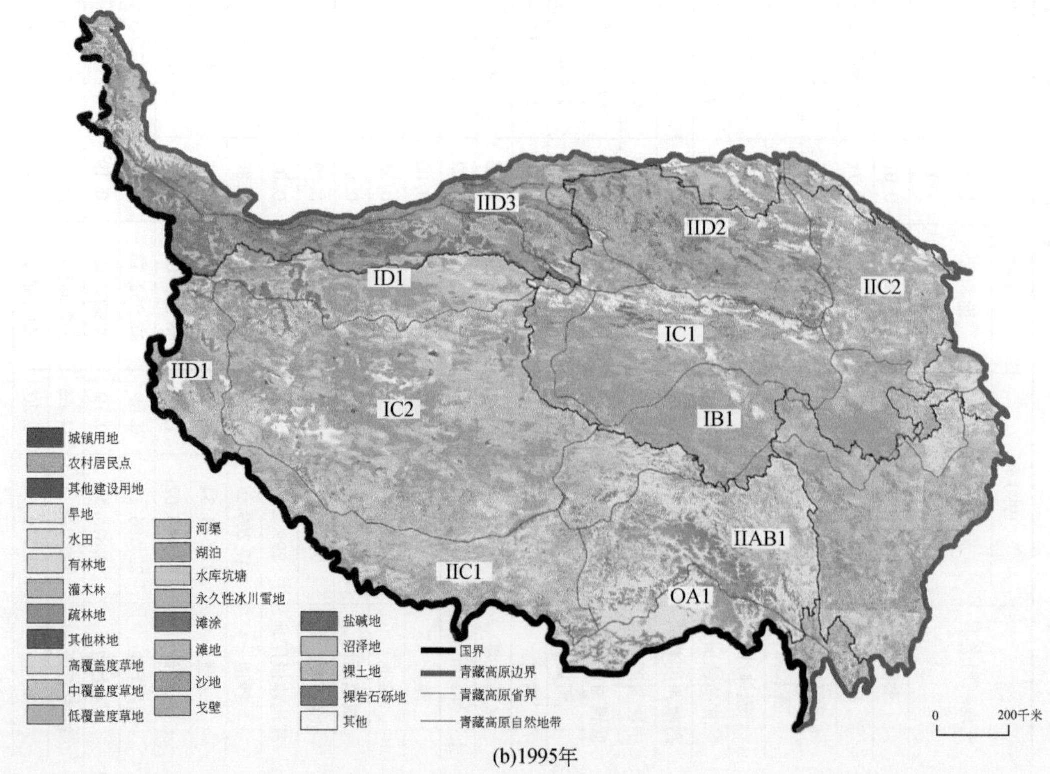

(b)1995年

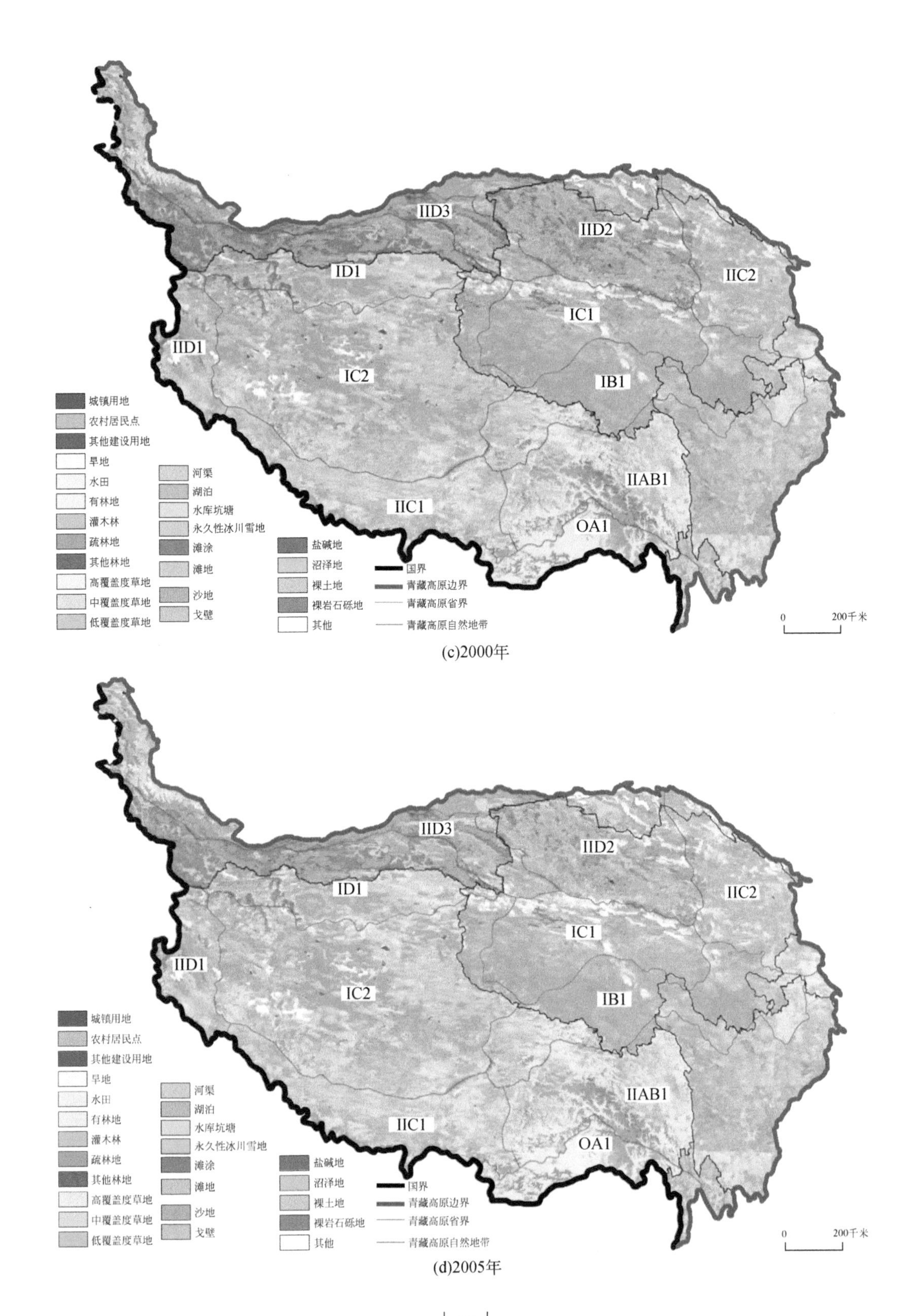

(c)2000年

(d)2005年

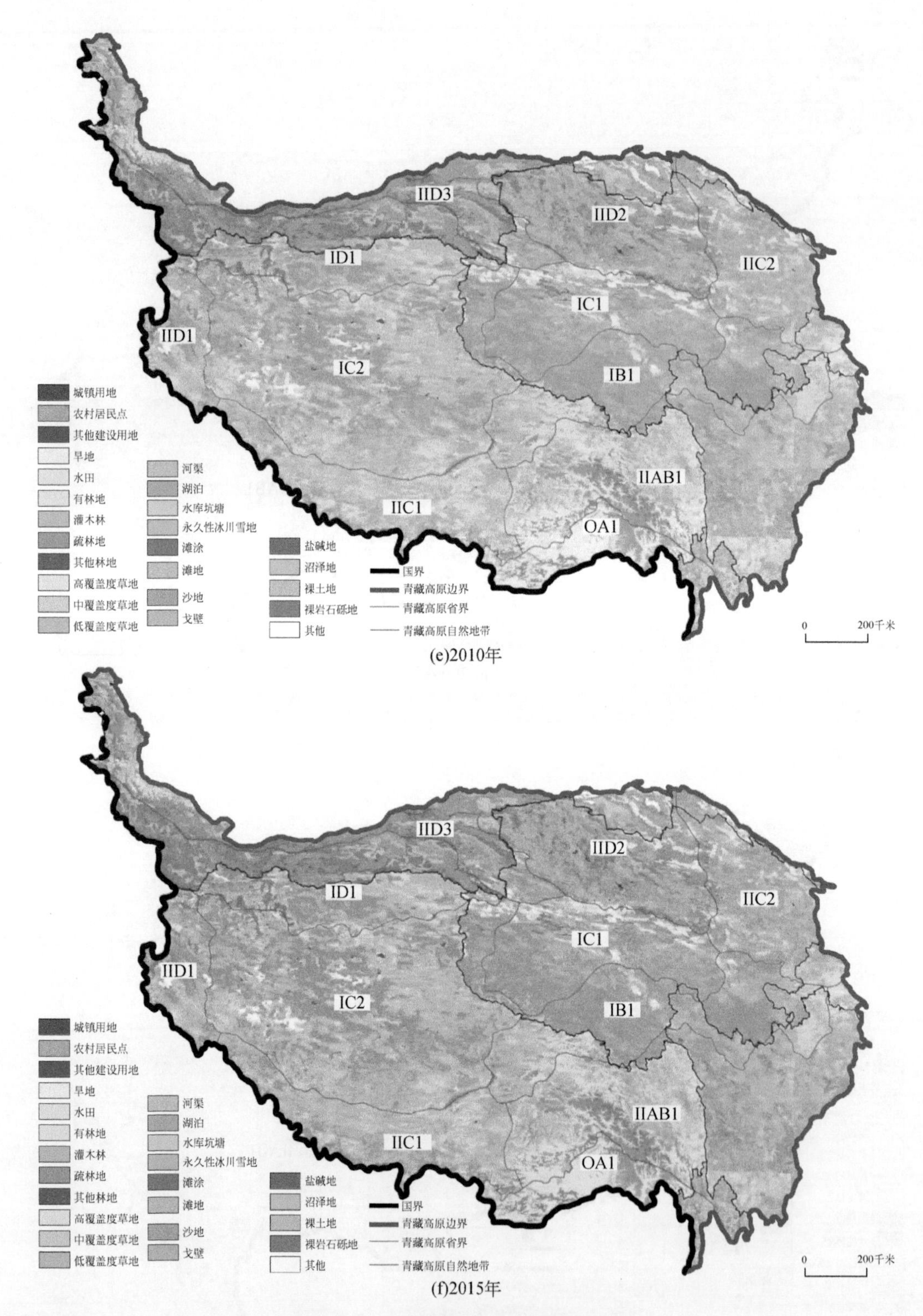

(e)2010年

(f)2015年

图 1.4　青藏高原土地利用变化格局

自然地带数据参考郑度院士 1996 年发表的《青藏高原自然地域系统研究》。

三、青藏高原人口分布的时空变化

1949 年以来青藏高原人口数量与人类活动足迹不断提升，其中 1951 ~ 2018 年西藏人口从 114 万人增长至 344 万人，1949 ~ 2018 年青海人口从 115 万人增长至 603 万人，人口规模是中华人民共和国成立初期的 5 倍多，这得益于少数民族较高的生育水平和不断增长的外来人口，这片人口稀疏区已经成为人口增长活跃的地区之一。人口增长推动着青藏高原城、镇、村居民点规模体系的不断重塑，城镇扩张和现代化建设进程加速。

1. 青藏高原人口总体分布特征

从人口密度数值分布来看，青藏高原具有少数地域人口聚集、多数地域人口稀疏的特征。2010 年，青藏高原整体常住总人口为 1239.75 万人，常住人口整体密度为 4.77 人/千米^2。如表 1.3 所示，将各乡镇街道人口密度降序排列，按照人口累计比例划分 10 个人口密度等级值域，统计各值域的人口与面积。不难发现，各值域人口累计比例始终大于或等于面积累计比例，人口密度排名前 35 的乡镇街道，地域面积仅占 0.01%，却拥有近 10% 的人口；人口密度排名前 365 的乡镇街道，地域面积仅占 1.91%，却拥有近 50% 的人口；人口密度排名前 1458 的乡镇街道，地域面积仅占 26.49%，却拥有近 90% 的人口。

表 1.4　2010 年青藏高原分乡镇街道分级人口及面积统计

人口累计比例分级值域/%	对应人口密度分级值域/(人/千米^2)	乡镇街道数量/个	人口总数/万人	人口累计比例/%	地域面积/平方千米	面积累计比例/%
0 ~ 10	53 804 ~ 2 419	35	119.02	9.60	141.51	0.01
10 ~ 20	2063 ~ 375	36	126.69	19.82	1 822.94	0.08
20 ~ 30	358 ~ 143	60	126.18	30.00	5 487.38	0.29
30 ~ 40	142 ~ 65	85	119.94	39.67	12 783.35	0.78
40 ~ 50	64 ~ 31	149	125.31	49.78	29 551.04	1.91
50 ~ 60	31 ~ 16	195	126.48	59.98	56 302.22	4.08
60 ~ 70	16 ~ 9	275	136.40	70.98	118 059.57	8.62
70 ~ 80	9 ~ 6	271	111.57	79.98	158 700.70	14.72
80 ~ 90	6 ~ 3	352	123.86	89.97	306 130.03	26.49
90 ~ 100	3 ~ 0	447	124.30	100.00	1 911 686.74	100.00

2. 青藏高原人口的地域分布特征

青藏高原人口分布不均衡，在空间上具有“东南密、西北疏”的总体人口疏密特征，具有距离“寒旱核心区”近疏远密的极向地域分异特征（戚伟等，2020）。2010 年，青藏高原内各乡镇街道常住总人口为 1239.75 万人。人口最稠密的地区集中在西宁及周边所在的河湟谷地地区、拉萨及周边所在的一江两河地区、三江并流云南段地区及各地县政府驻地，人口稀疏区广泛分布在西北侧地区。与自然地理的连续性或地带性地域分异不同，青藏高原在经度、纬度等方向的人口地域分异具有波动变化特征。

从经度地域分异看，青藏高原人口密度大致具有“西疏东密”的特征，大致在85°E人口密度分异显著。85°E西侧人口普遍稀疏，大多数乡镇人口密度低于5人/千米^2。85°E东侧人口密度相对较高，但是波动变化特征明显；在85°E~92°E出现人口密度的小高峰，而后人口密度有所下降；在98°E~101°E人口密度出现高峰值；大于101°E处又出现下降现象。

从纬度地域分异看，青藏高原人口密度在37°N以南地区并没有显著的地域分异特征，而在37°N以北普遍人口稀疏。青藏高原在位于36°N~37°N的区域人口密度快速波动上升，并出现人口密度峰值（达到最高值）；37°N以北的相对较窄的纬度范围内，人口普遍稀疏，大多数乡镇的人口密度甚至低于5人/千米^2；而在纬度相对较宽的37°N以南，人口密度呈现波动变化的趋势，每条纬度上都有人口相对稠密或人口相对稀疏的地区，不过大多数乡镇人口密度都低于100人/千米^2。

3. 青藏高原城镇人口分布的时空变化

改革开放以来，在东部沿海发达地区和中部地区，非农就业机会是驱动人口城镇化的重要因素。青藏高原作为重要的生态屏障，在全国层面，以禁止开发、限制开发等主体功能为主，但是在局部地区，随着工矿、行政、旅游集散等城镇职能的发展，在城镇地区同样衍生出较多的非农就业机会，随着近年来“一带一路”倡议为沿线地区带来更多发展机会及旅游业的快速发展，青藏高原城镇人口不断增多，城镇化加快发展，同时也吸引越来越多的外来流动人口涌入，青藏高原的城镇化发展得到进一步推动。

统计数据表明，青藏高原地区的人口和城镇化率持续保持增长，其中1990年和2000年全域人口城镇化率低于30%，尚处于城镇化低水平阶段，而2010年时，青藏高原城镇化已经进入中低水平的加速发展阶段，人口城镇化率达到37.05%。青藏高原内部各县市的人口城镇化率的总体差异见表1.5和表1.6。

表1.5　1990年、2000年和2010年青藏高原城镇化全局统计量

全局统计量	1990年	2000年	2010年
全域城镇人口/万人	146.57	210.19	319.68
全域城镇化率/%	22.03	28.11	37.05
城镇化率最大值/%	100	100	100
城镇化率最小值/%	0	0	2.02
城镇化变异系数/%	2.28	1.29	0.85
城镇化率全局莫兰I数（Moran's *I*）	0.3786	0.3627	0.3876

注：全局Moran's *I*均通过*Z*-score检验。

表1.6　1990年、2000年和2010年青藏高原按不同城镇化阶段的县市指标统计

城镇化率/%	1990年		2000年		2010年	
	数量/个	城镇人口/万人	数量/个	城镇人口/万人	数量/个	城镇人口/万人
0~30	103	35.74（24.39）	94	56.32（26.80）	86	81.33（25.44）
30~50	5	8.98（6.13）	12	27.16（12.92）	18	58.67（18.35）
50~70	0	0	3	6.14（2.92）	6	16.97（5.31）
70~100	7	101.84（69.48）	7	120.06（57.36）	6	162.72（50.90）

注：括号内数值代表县市城镇人口占青藏高原全部城镇人口的比例，单位为%。

（1）青藏高原整体城镇化水平偏低，但是不乏高水平城镇化地区，各县市城镇化水平差异缩小。1990 年和 2000 年青藏高原城镇化水平低于 30%，处于城镇化低水平状态，2010 年时达到 37.05%，明显低于同期全国水平 49.68%，但是青藏高原始终存在城镇化高水平地区，如拉萨、西宁及大柴旦、茫崖、冷湖、格尔木等工矿县市，其人口城镇化率甚至达到 100%。青藏高原县市尺度的城镇化水平空间差异较大，大多数地区城镇化发展处于低水平，1990 ~ 2010 年各县市城镇化水平差异呈下降状态。

（2）青海西部柴达木盆地是高水平城镇化集聚区，羌塘地区是低水平城镇化集聚区，地级行政中心所在县市多呈现“自身高、周边低”的城镇化格局。LISA 分析结果显示，青海西部柴达木盆地工矿业发达，人口多集中在城镇地区，是青藏高原连片的高水平城镇化集聚区，而且呈扩张态势；羌塘地区农村居民点分散，逐步演化成为青藏高原低水平城镇连片集聚区；地级行政中心所在县市多演化成为周围低值中心高值型，具有自身独高的空间特征，空间分布呈点状分散。

（3）第二、第三产业从业机会是推动青藏高原城镇化发展时空分异的重要因素，社会公共服务资源对城镇化的拉动作用开始凸显，而自然要素的限制作用相对不突出。空间计量回归分析结果显示，1990 ~ 2010 年，有且仅有第二产业从业人口比例和第三产业从业人口比例对城镇化水平的正向作用始终显著；1990 年，耕地比例较高的农区城镇化显著，但之后自然要素作用均不显著，其中，草地所占比例对城镇化水平始终具有负向作用，牧区城镇化相对滞后。

第四节　青藏高原的区域特殊性

青藏高原所处的特殊自然本底条件、独特而脆弱的高原生态环境、深厚而具特色的民族文化特征都具有全球唯一性。人类活动对青藏高原独有的生态环境和民族文化都产生了剧烈的影响。

一、青藏高原自然本底条件的特殊性

青藏高原气候寒冷而干燥，生态环境条件极为严酷，尚未发育成熟的生态链极易受人类干扰，自然生态系统的自我调节和修复能力差，生态环境遭到人为破坏后，极易造成生态环境的迅速恶化，具有十分鲜明的特殊性。

1. 自然本底的高寒性

在特殊的地理和气候条件下，青藏高原的形成和完善经历了一个漫长的地质地貌演变过程，迅速隆升形成了自己独有的生态环境。青藏高原由汪洋大海变成巍巍高山，其生态系统是在很长时期形成并逐步稳定下来的。大约从 3000 多万年以前开始，青藏高原由脱离非洲板块的印度大陆板块和亚欧板块经过长期碰撞、压挤后，地壳变形，在第四纪初，快速隆起，上升了 3500 ~ 4000 米，才形成了青藏高原的主体地貌（肖序常和王军，1998；肖序常，2006）。青藏高原形成后，亚洲和全球气候格局重新确立。长期的生态演变和高海拔，使青

藏高原生态环境严寒缺氧，并且由于海拔高，喜马拉雅山脉挡住了印度洋暖湿气流的北上，青藏高原气候寒冷且干燥，并产生了特殊的高寒植被生态系统（王振涛，2017）。

2. 生态环境的敏感脆弱性

青藏高原仍处于隆升过程中，地质历史年轻，新构造运动活跃，南部和东南部边缘区地震频繁、地质活动剧烈。寒冷、干旱、多风的气候和强烈的太阳辐射使地表物质处于不断的侵蚀、搬运和堆积过程中，地表寒冻风化和风蚀作用强烈，地表形态处于不断变化之中。生态环境变迁剧烈，自然生态系统处于极大的不稳定之中（郑度和姚檀栋，2006）。

青藏高原也是我国最大的生态脆弱区，其生态系统结构简单、抗干扰能力弱和易受全球环境变化影响的特点，表现出较强的脆弱性。研究显示，青藏高原中度、重度以上脆弱区的面积较大，占区域总面积的74.94%；微度、轻度脆弱区主要分布在雅鲁藏布江大拐弯处、藏东南海拔3000米以下的山地、祁连山南坡的西北段和昆仑山北坡、塔里木盆地南缘地带（于伯华和吕昌河，2011）。近年来，青藏高原植被总体趋于向好，局部变差。气候变化是高原生态系统变化的主控因子，气候变暖对青藏高原生态系统的影响是正面的，但这种影响仍存在时间和空间上的不平衡性。

由于全球变化的影响和人类社会经济活动的加剧，青藏高原生态系统和生物多样性面临严重的威胁。一是部分地区生态环境退化加剧，出现植被覆盖率低、水土流失严重、土地沙化加剧、草场退化、土地裸露面积增加及生物多样性锐减等生态环境退化的不良后果。二是局部地区环境污染加剧，青藏高原地区城镇化进程不断加快，开发规模越来越大，给青藏高原局部地区的环境承载力和容量带来巨大压力（刘子川等，2019）。

3. 生态环境影响的广泛性

青藏高原生态环境影响的广泛性有两点内涵：其一是青藏高原生态环境的形成，导致了亚洲和全球气候格局的重新确立；其二是青藏高原生态环境的变化，必然导致亚洲和全球气候格局的变化。因此，青藏高原的生态环境价值，事实上已经超越了青藏高原本身的范围，直接关系到中国、东南亚甚至全世界的生态利益。

青藏高原是北半球气候变化的启动区和调节区，被称为生态源和气候源。青藏高原以平均4000米的海拔深入大气对流层之中，自身的屏障作用和作为一个巨大的热源和冷源，对大气环流系统有强烈影响，尤其对同纬度地区的温度、水分变化起显著调节作用。它既影响着高原上的气候和生物进程，也在高原周围辐射形成下沉气流而影响附近地区的气候。研究表明，青藏高原热岛作用的气候辐射气流可以影响到中东与北美的环境与气候。如果没有青藏高原森林植被资源的存在，它可能成为最高效的远程传输沙尘源地之一，进而可能对全球气候产生影响（刘同德，2009）。

青藏高原被誉为“亚洲水塔”，其生态环境不仅为当地1000多万人口提供着直接的生命支持，而且其生态服务也对具有近20亿人口的东亚和东南亚地区产生直接影响。这不仅关系到区域内社会经济的可持续发展，而且关系到中下游地区，乃至更大范围的生态环境质量及可持续发展，影响范围极为广泛。

4. 生态环境恢复的困难性

青藏高原生态环境恢复的困难性表现为青藏高原生态环境破坏后恢复成本的昂贵甚至

难以恢复。生态环境遭受轻度破坏如水土流失、植被破坏、湖泊萎缩等，虽可恢复，但其恢复的时间成本、资金成本和社会成本昂贵；若生态环境遭受如土地沙化、物种灭绝等重度破坏后，很难恢复甚至无法恢复，呈现出不可逆性。20世纪80年代以来高原气候处于剧烈的变化过程中，气候向偏暖、干旱方向发展，造成冰川后退、湖泊萎缩、河流径流量下降。这种气候特征使高原生态环境更加脆弱、敏感，自然生态系统的自我调节和修复能力差，生态环境遭到人为破坏后极难恢复，而且极易造成生态环境的迅速恶化（牛亚菲，1999）。从目前看，青藏高原的生态环境总体向好，但局部仍在继续恶化，生态环境的恢复和对其补偿任重道远。

二、青藏高原社会经济和文化发展的独特性

青藏高原自古以来就是中华民族繁衍生息的重要区域，青藏高原上各民族的历史是中国历史的有机组成部分，也是中华民族形成史中的重要因子。青藏高原上的民族不但对中国影响深远，还对亚洲乃至世界产生过巨大影响（魏明孔和杜常顺，2019）。

1. 文化的独特性

青藏高原地区地域辽阔，民族众多，藏族、回族、蒙古族、撒拉族、东乡族等少数民族聚居于此，各民族相互尊重、相互融合、共同发展，才有了今天高原的和谐与稳定。由于地广人稀，历史上青藏高原地区以游牧为主，并创造了具有浓厚地域色彩的高原游牧文化。由于独特而封闭的高原环境，藏民族文化具有强烈的地域性、民族性和兼容性等特点。

（1）文化的地域性和民族性。青藏高原是我国多民族聚居区之一，千百年来，以藏族为主的各民族，在青藏高原上创造了灿烂的民族文化，包括历史典籍、文物古迹、宗教哲学、饮食文化、节庆文化等。这些具有强烈的地域性和民族性的文化被各族人民不断传承、享用并发扬光大，给中华文化增添了无限生机。

（2）文化的兼容性。例如，在吐蕃王朝时期，随着大量佛经的翻译，印度佛教文化逐渐传入西藏，对藏族早期的绘画艺术、建筑风格、音乐舞蹈、文学等藏文化都产生了较深的影响；在唐朝时文成公主入藏，也加深了中原文化与藏文化的交流；自元朝以来，中原政权对西藏实施的直接行政管辖超过700余年，在此期间西藏不仅在经济上、政治上，而且在文化上都与中原联系更加紧密，形成了密不可分、水乳交融的关系。

城镇化是新阶段扩大内需、统筹城乡协调发展的重要载体，在青藏高原这个多民族聚集的地区推进城市化进程，既要充分体现各民族的文化特色，又必须充分尊重各民族的文化和生活习俗，注重对各民族权益的保护，维护高原和平稳定的大好局面，从而促进城镇化与民族团结进步的协调发展。民族团结是青藏高原各族人民的生命线，是加快经济社会发展的基本前提和政治基础，更是构建和谐社会的重要体现。因此最根本的就是要充分尊重少数民族地区的发展愿望，制定能够保障少数民族群众利益的补偿机制，合理分担少数民族地区进行城镇化建设所付出的成本（安果，2008），同时还要尊重少数民族的文化传统，在城镇化进程中加强物质和非物质文化遗产保护、保持历史文化魅力和浓郁民族

风情。

2. 政治和社会经济的跨越式发展

西藏作为青藏高原的主体部分，其社会形态是由封建农奴制和平过渡到社会主义制度的。西藏基于本地区的资源要素禀赋，在遵循和运用市场经济基本规律的基础上，通过后发优势，运用先进的科学技术和管理经验，缩短经济发展的一般过程，在较短的时间内实现经济发展的预期目标，实现经济、社会、文化等领域发展水平的整体跃升：一是社会发展形态的跨越，从传统农牧业社会向生态保护型社会的跨越；二是经济结构的跨越，产业结构从“一二三”向“三二一”跨越；三是经济发展能力的跨越，从输血到造血、从外生性增长向内生性增长模式的转变；四是增长驱动力的跨越，由传统的要素驱动向更高阶段的创新驱动的跨越；五是经济发展模式的跨越，由投资需求为主导向消费需求为主、内外需结合的消费需求为主导的转变。

3. 青藏高原城镇化发展的特殊性

青藏高原的社会经济虽然实现了跨越式发展，但其社会经济和城镇化进程的发展目前还落后于全国其他地区。

1）青藏高原城镇化发展阶段的特殊性

从城镇化水平来看，1950 年，青藏高原地区城镇化水平只有 2.88%，之后缓慢增长，其间青海经历了几次移民，导致城镇人口有所波动。2016 年，该地区人口城镇化率比全国和世界平均水平分别低 13.58% 和 10.34%（图 1.5）。从内部结构来看，青藏高原地区城镇化水平空间差异明显。西藏的城镇化水平远远低于青海，2016 年西藏城镇化水平只有 29.56%，比全国平均水平低 27.79%，比世界平均水平低 24.41%，年均增长率仅为 0.25%，远低于全国年平均 1% 的增速；而青海 2016 年城镇化率则为 51.63%，只低于全国水平 5.72 个百分点。

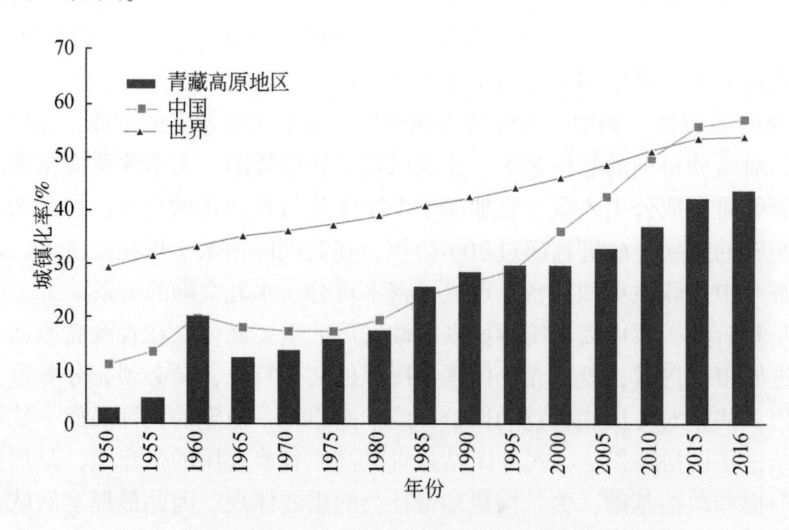

图 1.5　青藏高原地区城镇化率与全国和世界水平对比图

从经济水平来看，1950 年青藏高原地区的人均 GDP 为 39.61 美元，2016 年达到

6054.28 美元，1950 ~ 2016 年人均 GDP 翻了 152 倍。尽管如此，2016 年青藏高原地区人均 GDP 比全国平均水平低 2045 美元，比世界平均水平低 4110 美元（图 1.5 和图 1.6）。

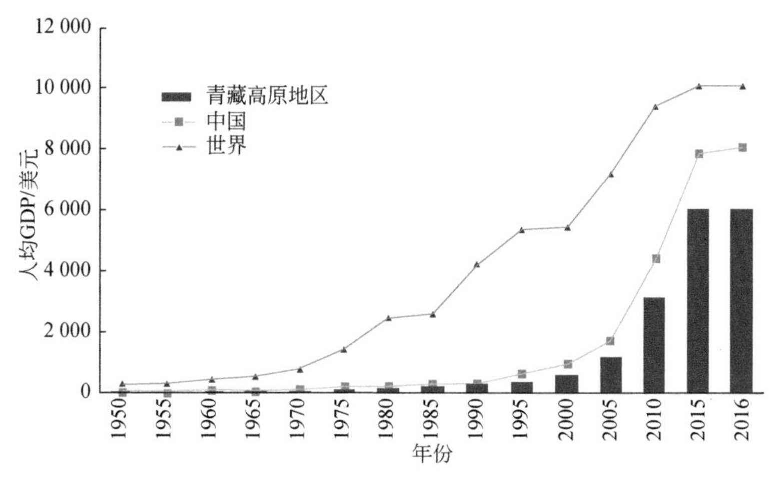

图 1.6　青藏高原地区人均 GDP 与全国和世界水平对比图

青藏高原地区城镇化的初期阶段和工业化中期发展阶段同“虚高度化”的产业结构、就业结构和“真实低下”的人均 GDP 等多指标交互作用，导致无法用正常的指标判断、更无法对比西藏所处的城镇化发展阶段和经济发展阶段，这就是西藏城镇化发展阶段的特殊性。

2）青藏高原城镇化发展性质的特殊性

青藏高原城镇化不是简单的人口城镇化，而是旅游人口带动的城镇化，通过单纯集聚城镇人口总量提升城镇化水平的人口城镇化模式在青藏高原并不适用（方创琳和李广东，2015）。青藏高原地域辽阔、人口密度小，但自然条件恶劣，环境承载能力低，人口对环境的依赖程度高。从传统城市化理论的角度分析，城市化就是人口向城市的转移过程，只有人口达到一定规模才可能有城市的形成和发展，但青藏高原人口绝对数量少（马玉英，2006），因而青藏高原的城镇化不能仅仅追求城镇人口增加。由于青藏高原的经济滞后性，其城镇化不是工业拉动的城镇化，而是服务业拉动的城镇化。

3）青藏高原城镇化发展动力的特殊性

青藏高原城镇化是投资拉动型的城镇化、文化传承与旅游拉动型的城镇化及交通联动型的城镇化，还是外力驱动型的城镇化。青藏高原人均收入水平低、分布不均衡，靠高原内部需求拉动经济增长的动力不足。青藏高原地区普遍缺乏新型工业化要求的知识技术基础，在以技术进步为特征的经济增长方式转变的过程中，不具有竞争优势。因而，青藏高原城镇化存在以下问题：社会发育程度低、现代文明植入少、科技能力不够、城镇化发展水平低，导致生产方式、生活方式和思维方式的局限性束缚着新技术的推广，造成粗放经营对资源的不合理利用和对环境的影响，难以实现新型工业化要求的资源消耗少、科技含量高的增长方式。

4）青藏高原资源的难以利用性

青藏高原地域辽阔、资源丰富，如水能资源、原始高原草甸生态、闲置的土地资源、未利用的光能、风能等资源及利用不充分的地热资源等（鲍文和张志良，2004），但许多自然资源分布在平均海拔4000米以上的地带，受自然环境、科学技术水平和经济实力的限制，许多资源在短期内无法开发，已经开发利用的资源又未能高效率地转化为商品价值。因此，整体来看，青藏高原的许多资源优势仅是潜在的发展优势，难以成为现实的资源开发利用优势（张世花和吴春宝，2007）。

第二章　基于大数据的人类活动研究现状

随着科技手段的进步及大数据时代的到来，移动定位、无线通信和移动互联网技术的快速发展以及具有位置感知能力的移动计算设备的普及，产生了海量具有个体标记和时空语义信息的数据，这些蕴含丰富人类活动的地理大数据为定量观测人类活动模式提供了新的手段，也为新时期人地关系的研究提供了新的突破口。中国正在经历快速的城市化过程，青藏高原作为我国自然条件最为独特的地方依然没有例外。青藏高原自然景观独特、生态环境脆弱、文化特色鲜明，其人类活动及其生态环境影响一直受到国内外的高度关注（樊杰等，2015）。近年来城镇化发展迅速，生态旅游发展迅猛，但由于其脆弱的生态环境，迅速增加的人类活动对其环境系统产生了巨大压力，也对其容纳各类突发和常规性事件的能力提出了巨大的挑战，但受限于基础条件，青藏高原地区难以获取调查数据、数据缺失严重，同时其地域广泛，人类活动地域差别较大，人类活动情况难以精确捕捉。多源数据的出现在很大层面上弥补了这个不足，它们能够提供实时的人类活动信息，为青藏高原地区更高时空精度的人类活动响应模式的挖掘提供巨大的支持。本章将针对大数据在人类活动研究中的应用现状以及在青藏高原利用大数据进行人类活动研究的意义进行具体阐述。

第一节　大数据基本概念

一、时空大数据的概念与内涵

2012 年，每天超过 4 亿条推文被发布在 Twitter 上，Facebook 上更新的照片每天达到 1000 万张（俞立平，2013），大数据早已渗透人类社会。物理世界、信息空间和人类社会三元世界的高度融合带来了数据体量的跨量级式增长和数据模式的高度复杂化。近十余年，科技界、政府部门等高度关注大数据，大数据早已经成为学界、产业界的一大研究热点。2012 年世界经济论坛发布了《大数据、大影响》的报告，同年 3 月，美国政府宣布投资 2 亿美元启动“大数据研究和发展计划”，美国政府认为大数据是“未来的新石油”。因此，对大数据的控制与处理能力的重要性不言而喻。

大数据的定义有很多，目前并没有普遍的共识。一般来说，大数据是指无法在可容忍的时间内用传统 IT 技术和软硬件工具对其进行感知、获取、管理、处理和服务的数据集合（李国杰和程学旗，2012）。这种定义被认为是一种“比较定义”，尽管它没有说明大数据的具体含义，但是它阐述了大数据应该是什么样的数据集（李学龙和龚海刚，2015）。

从“属性定义”上来说，IBM公司等认为大数据有“3V”特征，即规模性（volume）、多样性（variety）、实时性（velocity），而后人们总结出大数据的“5V”特征，增加了价值性（value）、真实性（veracity）。裴韬等（2019）认为大数据的本质是针对研究对象的样本的“超”覆盖，即超出目的性采样范畴的、趋向于全集的信息获取，由此推论地理大数据是针对地理对象的“超”覆盖样本集，具体涉及时间、空间、属性三维度的覆盖。因此，地理大数据在具备“5V”特征的同时，还必须具备时空属性。

在智慧城市的建设和应用中，随着互联网、物联网、云计算和智能感知等新兴信息技术的快速发展，无所不在的天空地海一体化的传感器系统网为我们更新记录着人类世界时刻变化着的地表要素特征及人类活动现象，从而产生反映自然和人类活动的百万兆（TB）级到十亿兆（PB）级和万亿兆（EB）级数据，这些体量庞大的数据内部蕴含着越来越精准、密度越来越高的重要人地环境信息及人地关系知识，其中与时空位置有关的数据往往被称为时空大数据。时空大数据是一种重要的大数据类型，其价值在于蕴含了时间、空间及对象之间的关联关系。与非空间数据相比，时空大数据具有空间性、时间性、多维性、海量性、复杂性等特点。时空大数据一方面具有一般大数据的大规模、多样性、快变性和价值性的特点，另一方面还具有与对象行为对应的多源异构和复杂性、与事件对应的时间、空间、尺度、对象动态演化、对事件的感知预测等特性。根据所使用的传感器类型及数据所记录对象的不同，时空大数据又可分为对地观测大数据和人类行为大数据两类（裴韬等，2019）。

对地观测大数据记录地表要素的特征，获取信息的传感器类型主要包括航天、航空及地表监测传感器等，以主动的获取方式为主，对应的数据包括卫星遥感、无人机影像及各类监测台站（网）的数据等。作为科学大数据重要组成部分的对地观测大数据在国家战略、行业应用、科学研究等方面发挥了重要作用。

人类行为大数据记录人类移动、社交、消费等各种行为的信息，信息获取的传感器种类繁多，包括手机终端、智能卡、社交媒体应用、导航系统等，以被动的获取方式居多，可视为人类活动的足迹，产生的数据包括手机信令数据、出租车轨迹数据、物联网数据及社交媒体数据等。

两类大数据直接关注的主要对象分别为“地”和“人”。海量的对地观测数据蕴含着地理空间所展现出的异质与多元，而人类行为大数据最大的独特性在于它带有时间和空间两个维度的信息，可以很好地关联个体的时空标记，反映了相应的人类时空维度的活动特征。个体的空间行为具有一定的随机性，随着数据量增大，海量样本聚合后所反映的群体行为模式能展现出超越个体特征的时空规律（刘瑜，2016；裴韬等，2019），人类在时空维度的活动模式与地理环境相关联，深入挖掘这种关联关系有助于揭示和理解不同区域的动态社会经济特征、地表环境变化趋势。人类发展与地理环境之间的关系一直是地理学的核心论题，而时空大数据的爆发，使得对地观测大数据与人类行为大数据在高时空分辨率条件的全面结合成为可能，为大数据环境下的地理学中人地关系的研究提供了新资源、新动力和新视角。

二、时空大数据的特征

1）更精细的时空粒度

我们所处世界中的地理对象是由不同结构和规模的结构单元组成的，理论上其结构单元能够不断被细分，在观察和探究地理对象的过程中，能够获取的研究的基本单元越小，获取到地理对象的属性信息与结构特征就越充足和详细，所得到的结论就越精准。时空大数据的出现，将地理信息的研究单元由大变小，提供给研究者在时空尺度上更加精准的信息，如果将能够观察到的地理对象的最小信息承载单元称为粒度，时空大数据带来的信息粒度在时间维度和空间维度都越来越小。在对地观测大数据中，粒度是指数据所代表的（地表）范围大小，由于对地观测传感器性能的提升及技术的成熟，所获取的地物单元从原始的粗粒度不断向具体的地物对象细化，粒度的变化体现在由对地观测大数据反演得到的地物单元不断地细化。而在人类行为大数据中，粒度是指记录和统计单元的大小，粒度变细表现为用以记录和统计的单元的缩小。随着手机信令数据、网络定位数据、社交媒体数据及出行轨迹等数据的兴起，我们能够获取更加精细的动态人口估计结果，获取任意时刻和任意路段的道路拥堵状况，能够实时了解事件发生过程中的人类时空行为和舆情网络的变化等。

地理大数据粒度的精细化可以使我们从微观的角度观察地理现象，发现地理环境下的时空异质性，总结人地环境的规律，为研究其细部特征和机理提供新的数据源、角度和技术方法。

2）更广阔的研究宽度

在大数据时代，随着信息网络的快速发展及传感器捕捉手段和能力的提升，我们不仅实现了在更精细尺度上获取信息的能力，同时在保有更高时空精度的前提下实现了研究范围和样本的扩充，可获取较大范围，甚至在全国直至全球范围内的数据及其衍生产品，同时又保持较小的时空粒度，能够在宏观和局部尺度上实现研究的质的飞越。

对地观测大数据中全球性的数据产品已涉及多个研究领域，如全球夜光遥感数据产品，国产 30 米分辨率的全球土地利用数据，全球长时间序列叶面积指数产品、全球长时间序列的植被指数数据、全球地表温度数据等。而在人类行为大数据中，数据覆盖范围也是不断扩大的，从格网-城市-地区-城市群-国家-全球的多尺度跨区域数据源系统实现了数据覆盖面的很大提升，如百度发布的全国（不含港澳台地区）春运人口迁徙图，滴滴发布的全国出租车（不含港澳台地区）运营状态图、腾讯发布的用户实时定位服务图、Facebook 发布的全球用户网络等。时空大数据的更新和发展提供了观察大尺度下地理现象和规律的可能性，为研究全球变化、宏观社会行为提供了宝贵的素材。

3）更充足的研究样本

由于成本原因，传统的地理学研究对于地理现象的观测除了受限于范围的局部性，样本的密度也相对稀疏，特别是在偏远、人口分布稀疏、统计技术手段相对落后的区域，可供研究的数据样本密度低，代表性不高，数据收集极其困难，给更高精度的时空分析带来了巨大的挑战。时空大数据为全区域的高密度样本研究提供了巨大的数据支持，观测台站数目的不断增加、对地观测传感器分辨率的提升及无人机等技术的广泛应用使得对地观测系统所获取数据的密度不断提高，实现了人地环境中“地”的信息的精细化程度不断提高。而人类行为大数据中，由于互联网及信息网络的普及，依靠网络传感器获取的人类行为特征弥补了统计手段在类似青藏高原地区统计技术和人类活动分布极不平衡的缺陷，人类行为大数据中样本的密度越来越高，时空大数据样本密度的提升使得对地理现象的观测更加细致与逼真。

第二节　大数据在人类活动研究中的应用

一、人类活动与时空大数据

人类活动是人类为了生存发展和提升生活水平，不断进行的一系列不同规模不同类型的活动。人类活动强度及类型不仅与地表要素特征紧密相关，还对地球环境、生态系统及气候产生重要影响，准确精细地认知不同地面环境与不同事件条件下的人类活动模式和规律能够为人地关系研究及人地和谐发展提供有效的帮助（徐志刚等，2009；刘世梁等，2018）。人文地理领域和人类行为动力学领域对人类活动模式的研究提供了重要的理论依据和数学模型，而传统的地理事件下的人类活动研究则给出了研究思路与一般性模式。这些研究为进一步探讨不同环境条件和事件阶段的人类活动时空模式提供了支持，但是由于传统数据在粒度和广度上的局限性，先前的研究中对人类活动模式的探索存在研究问题浅表性、样本代表性不足、研究尺度过大等问题，难以深入探测精细尺度下的人类活动的时空模式特性，从而对透彻理解不同状态下的人地相互作用存在困难。

目前随着信息流动的加速，了解精细尺度的人类行为活动对环境和地理空间布局的影响力越来越大，与人类活动紧密相关的手机信息、微博签到、迁徙、移动定位等数据能较好地反映区域人类活动空间情况，可应用在人口分布时空特征研究、居民通勤特征研究与职住关系及地区间的人口迁徙研究等方面。这些多源数据应用因其自身不同的侧重点及优势，从不同的方面丰富了人类活动模式的感知内容。运用时空大数据进行人类活动模式的挖掘主要包括以下几方面：利用移动定位数据中基本研究单元上人类长时间和瞬时的活动强度变化，采用时间序列分析寻找其时间上的特性，利用空间统计分析寻找空间上的分布特征；利用迁徙数据中人口移动的长时间及瞬时的移动情况表征，通过将个体动态特征在区域层面进行聚合观察其群体性移动在时空上的聚集和分散情况；利用社交媒体数据进行人类活动的意向感知，其中意向包括情感的捕捉及关注的热点问题等。

时空大数据精细的时空粒度、广阔的研究宽度和重组的数据样本这些特征，使其在人类活动研究领域具有宝贵的应用价值。目前有关时空大数据的人类活动研究可分为：①人类行为模式研究；②人类活动事件响应研究。人类行为模式研究通过挖掘城市内部人类活动的时空分布特性和聚集特征解释城市的空间演变规律，自动识别城市功能，为优化城市结构与布局、实现可持续发展等提供技术支撑（郑宇，2015）。人类活动事件响应研究通过挖掘长时间序列数据中人类活动强度的变化或特殊事件下人类活动强度的异常，为灾害、疫情、交通事故等突发事件的精准预测与快速响应提供依据（屈晓晖等，2015）。

二、人类行为时空模式挖掘

2017 年，*Science* 期刊针对人群时空活动模式研究推出“Prediction and its limits”为主题的专题研究报告，收集了大数据在经济、人口、政策和冲突等方面的以数据为驱动的预测研究，并指出感知和预测人类活动模式是未来重要的研究前沿问题。

由于移动定位数据能够揭示城市的短期动态及规律，感知人群位置随时间的变化，使得采集海量长时间的个体时空轨迹数据成为可能，也为长时间精细空间尺度的人类行为动态感知提供重要的基础。Kwan 和 Lee（2004）利用 GPS 设备连续两天收集上万条居民活动日志，并将其与大尺度地形、规划数据相结合进行可视化分析，模拟出居民日常活动密度、动态分布等时空变化信息。冉斌等（2013）为模拟上海市城市空间分界区，通过手机信令数据，在时空维度上针对不同手机用户活跃程度识别居民居住地和工作地，从而对上海常住人口及人口空间流动信息进行模拟。申悦和柴彦威（2012）在居民出行调查的基础上，对公交刷卡数据的趋向性、真实性进行校核，以此对北京居民职住关系与通勤行为特征进行探究分析。此外，不少学者通过对 Twitter、Flicker 等社交网络数据进行深度挖掘，运用其空间信息的动态变化来分析模拟城市居民的基本出行模式。Steiger 等（2015）分析了 Twitter 作为人类社会活动指标时与人口统计数据之间的关联和相关性，他们首先通过推文进行话题建模和自相关分析，提取英国伦敦与工作和家庭相关的人类活动聚集，然后和人口统计数据进行相关性分析。Schneider 等（2013）利用巴黎和芝加哥的手机数据和用户出行调查分别提取个体日常访问不同地点数量的概率密度函数，通过对比发现不同城市和不同数据提取的日常移动模式结果相似。

社交媒体数据由于其具备丰富的时间、空间、语义及使用人群属性等多维度信息，为我们研究人类活动模式的多维度表征提供了巨大的机遇，能够提供不同地点人类群体活动所蕴含的情感信息，目的性及活动主题极大地丰富了人类活动模式挖掘的深度与广度。学者将社交媒体签到数据与问卷调查数据进行比较分析，证实签到数据可以用来研究人群移动模式（Steiger et al.，2015）。此外，由于微博数据中包含用户对活动的描述信息，可用于感知城市旅游流空间网络特征及游客的情感与气候舒适度的关系（李君轶和张妍妍，2017）。Mitchell 等（2013）、Yang 和 Wu（2015）运用 Twitter 蕴含的人类情感信息分析了人类在不同活动场景下的情感特征。除了文本内容，随着图像识别与深度学习技术的发展，学者开始运用人们发布的图片信息进行人类活动的感知。Zhou 等（2014）利用来自三个洲 21 个城市超过两百万张带有地理位置标记的图片，运用深度学习的方法提取能够反映城市的 7 个特征属性（绿化程度、水体覆盖率、交通、建筑、高楼、体育运动、社交活动）的图片信息，从而动态地捕捉人类活动意象的空间分布。

传统的人群移动行为和空间结构研究多采用出行日志调查，数据的样本量较小，时间跨度短，更新速度慢，无法全面及时地反映城市人群活动的时空规律（杨喜平和方志祥，2018）。个体/人群的移动通常带有明确的目的性，因此个体和群体移动大数据可基于海量个体粒度的时空轨迹获取人类移动模式，为长时间、高精度、高效地跟踪人类活动情况提供支持，也是了解人类活动和区域之间复杂关系的重要途径。个体移动模式识别与分析能够为城市规划与管理（Ratti et al.，2010）、交通监控与预测（Gao et al.，2013）、信息与疾病传播（Bian，2013）、旅游监测与分析（Tiru et al.，2010）等众多领域的研究提供工作依据与方法指导。在群体移动模式研究方面，钟斌青和刘湘南（2011）运用空间化PageRank算法来测度人口流动的集聚性；魏冶等（2018）利用加权网络的“富人俱乐部”系数和归一化不平衡系数方法，对2015年中国春运期间人口流动网络的“富人俱乐部”现象和不平衡性进行分析。人群移动模式具有很强的时间规律性，为检测这种规律在不同时间尺度下的稳定性，Zhong等（2016）分别采用新加坡、伦敦、北京的公交刷卡数据分析不同时间尺度下这种规律的稳定性，发现规律性的变化与时间分辨率存在非线性的关系。除此之外，学者也从人群的活动模式中寻找与地表下垫面的关系，运用不同的方法识别城市中人群移动的典型时空模式，并进一步分析群体移动模式与城市土地利用的关系（Liu et al.，2012；Yang et al.，2016；杨喜平等，2016；Gong et al.，2017）。由此可以看出，基于大数据研究个体或群体行为，发现活动中蕴含的空间认知规律及交互模式，建立以人为本的地理信息服务，进而支撑个体或群体时空活动决策，已成为人类群体活动模式相关研究的前沿问题。

表2.1总结了目前用于人类活动模式感知研究方面的人类行为数据各类数据源及其特点。

表2.1　各类人类活动模式感知研究数据源特点

数据源	优点	缺点	应用场景
移动定位	时空分辨率高 样本量大 实时人类活动强度	信息偏差 噪声大 属性信息较少	个体行为模式、人群时空分布规律和活动强度
社交媒体	人类活动模式的多维度表征 丰富的语义信息	样本量少 代表性不足 使用群体分布不均	人群的意向感知、热点事件发现
移动流数据	出行起始和结束信息完整 长时间、高精度、高效地跟踪人类空间活动	时空分辨率低 无个体信息	移动模式挖掘、空间交互网络

三、人类活动事件响应挖掘

地理事件下人地关系系统中各要素相互作用关系有着强烈的反应，分析人类对自然灾害响应的时空变化规律有助于灾前预防、灾情评估和灾害救援。传统的灾害研究多基于统计资料和遥感数据，研究内容集中在灾害发生的时空分布特征、致灾因子危险性、灾害预警、灾害风险评估等方面，对于灾害过程中人类活动的时空响应特征少有涉及。近年来，随着手机定位、社交媒体等大数据的快速兴起，可在事件过程中实时获取海量丰富的个体运动信息、人口分布的动态变化、文本语义信息，使得利用事件过程中人类活动的时空变化分析人类对事件的响应成为可能。目前地理事件条件下人类活动模式的挖掘主要针对自然灾害事件、城市公共事件及特殊节假日事件。

在自然灾害事件研究方面，Horanont 等（2013）基于天气情况、GPS 位置和黄页信息，分析了 31 855 名东京手机用户一整年不同天气状况下的行为模式。结果发现，当天气寒冷（-5 ~ 5℃）或风速较低（低于 2 千米/小时）时，人们在餐厅和商店停留时间变长。还有一些天气状况影响了人们在一天中不同时间点上的行为轨迹。寒冷天气时，上午 10：00 后的行为模式更为多样化，在 14：00 ~ 18：00 差异值达到顶峰；类似地，雨天时，上午 10：00 后行为模式相比正常天气更为多样化，当风速高于 4 千米/小时或雨量较大时，行为模式差异性更大。这个研究有助于决策者根据天气模式预测人们集中的位置，从而最好地部署安全和应急服务；Caragea 等（2014）通过对飓风 Sandy 轨迹中心一定范围内的推特用户发布帖子的情绪进行分类和统计，发现用户的情绪随着与飓风的相对距离而变化。该研究能制作灾害发生地的实时情绪地图，帮助救援人员对灾区形成更强的情景意识；Kryvasheyeu 等（2016）通过对 Sandy 飓风期间的 Twitter 数据分析后发现，与飓风相关活动和与飓风路径的距离之间存在很高的相关性，人们在社交媒体上表现出来的对灾害的感知程度与实际灾害强度分布大体一致；利用社交媒体收集的数据，可与在灾害或紧急情况期间收集遥感图像融合，用于运输基础设施的损害评估。Resch 等（2018）通过将机器学习技术［隐含狄利克雷分布（latent Dirichlet allocation，LDA）模型］用于语义信息提取，与时空分析（局部空间自相关）相结合发现人类活动模式的变化，用来评估自然灾害造成的足迹和损害。Li 等（2018）通过定量方法分析洪水相关推文的时空模式，更好地了解人类活动与洪水现象的关系，并基于洪水映射模型从推文和流量计得到的水高点来计算研究区域发生洪水的可能性。其结果表明，该研究所提出的方法可以近乎实时地提供对洪水情况的估计，这对于改善洪水期间的态势感知以支持决策至关重要。除人类响应的时空分布反应的活动模式的挖掘外，很多学者对灾害事件发生过程的人类的流动情况也进行了深入分析。Song 等（2014）通过对东日本大地震和福岛核事故前后一年时间内 160 万用户的 GPS 记录研究后发现，大规模灾害后的人类行为及其流动模式有时与其正常时期的流动模式有关，但是也与其社会关系、其中灾害强度、灾害破坏程度、政府提供的庇护所、新闻报道、大规模人口流动等因素有关。Wilson 等（2016）利用手机 CDR 数据观测 2015 年 4 月 25 日尼泊尔地震发生后加德满都山谷地区人群的迁徙情况，从国家层面揭示了灾后人口迁徙模式和返乡模式。

在城市公共事件研究方面，Šćepanović等（2015）通过利用手机通话数据，计算科特迪瓦用户的总行程距离，发现用户每天的旅行距离是正态分布的，部分偏离正态分布时间段显现出显著的流动性异常，这通常是由某些事件导致的，而高度的极端异常代表科特迪瓦所发生的一些重要事件，如议会选举、非洲杯、军事政变、首脑会议和狂欢节等。时空特性可以推断不同类型的事件。Dobra 等（2015）提出一种基于泊松模型和 Beta 回归模型拟合及标准化残差检验的时间序列异常检测方法和基于路网结构的事件空间影响范围的检测方法，并基于该方法，利用手机 CDR 数据中通话量和移动量的长时间序列进行异常事件检测，并有效检测到暴力冲突、集会抗议、洪水、平安夜、元旦、国际条约签署、纪念活动等大规模事件的时空范围，并且还发现不同事件中人们会表现出不同的反应模式，如通话量和移动量都增加或减少。此外不同事件中异常的时空模式也呈现出不同的规律，深入地挖掘这些规律会带来对事件更客观准确的见解。

在特殊节假日研究方面，中国的春节、国庆等节假日会导致大规模周期性的人口流动和迁徙，这是人类活动内源性因素导致的人口异常分布。现有的关于节假日人类活动模式的研究主要集中在流动和迁徙的时空模式分析和网络结构分析，以及流动和迁徙与城市发展和社会经济之间的相关关系。Xu 等（2017）利用腾讯地理大数据在春节期间乘客出行数据，采用网络分析方法来评估城市间的人类的不平衡迁移与城市发展的空间差异，确定了全国 19 个人类活动社区，并对社区移民流向进行了分析；赵梓渝等（2019）利用百度人口流动数据通过重力模型实证推算春运期间人口省际流动格局影响变量，并探究模型代理变量影响效应的空间异质性；朱递和刘瑜（2017）采用基于腾讯定位请求大数据生成的人类活动连续空间分布快照数据，计算了春节期间全国城际返乡流的空间模式，结果清晰地显示了中国四大城市群的结构，对人类活动的理解和建模有可能帮助我们从动态人口分布快照中推断出大范围实际人口流动模式。水平和人口规模等经济社会因素对旅游网络的影响大于地理位置因素。Hu 等（2017）利用春节期间完整的微博数据，从时间、空间和网络三方面对春运期间的人员流动进行研究，发现人们更愿意向近距离或经济较为发达的地区进行移动。其研究还进一步表明工作与学习是人口流动的主要动力，人们在不同城市间流动的平均距离是 900 千米，从通量网络结构来看，尽管城际交通没有障碍，但大多数人依然只在少数城市之间出行。总的来说，人们愿意向近距离的地方或经济发展水平较高的地区转移。

第三节　青藏高原人类活动大数据研究

一、青藏高原人类活动研究现状

近百年来，人类活动加剧已成为青藏高原生态系统功能与结构发生深刻变化的重要原因之一。开展青藏高原人类活动变化的研究，对于保护青藏高原生态安全，守护好世界上最后一方净土，具有重要的现实意义（姚檀栋等，2017；陈发虎等，2017；刘荣高等，2017）。青藏高原是我国乃至亚洲非常重要的生态屏障（孙鸿烈等，2012），有着极其丰厚的生态服务价值（谢高地等，2003）。多年以来众多学者对青藏高原的环境系统和地表环境进行了大量的研究，所以青藏高原地区自然条件、生态环境的研究相对是较为丰富的，如对青藏高原水环境（洛桑·灵智多杰，2005）、土壤（范科科等，2019）、牧草（钱拴等，2007）、生物种类和数量（马生林，2004；张体操等，2013）进行研究，或者基于能值生态足迹对青藏高原地区可持续发展进行研究（余翠，2017）。

近年来，由于青藏高原地区城镇化的加速发展，城镇人口密度急剧上升，建成区面积不断扩张，加剧的人类活动给地区的生态环境及社会安稳带来了巨大的挑战。人为的放牧给珍贵而脆弱的高山草甸带来了压力（Wang and Fu，2004）；青藏铁路的修建对大环境的水、大气等产生影响，同时产生大量固体污染物和噪声（张玉清，2002）。2015 年，中国科学院完成了《西藏高原环境变化科学评估》报告，其中提出包括城镇化在内的人类活动对青藏高原的生态环境有正负两方面的影响。在对青藏高原进行研究的过程中不能忽视其日益增强的人类活动过程中带来的特殊的文化情况和旅游资源对地区的影响（李巍和毛文梁，2011；丁生喜和王晓鹏，2013）。目前，青藏高原地区的地表环境研究已经形成了较为系统完整的体系，其地表各类要素之间的相互作用机制及发展情况已经做了大量研究，而如何平衡城镇化发展、人类活动与地区生态环境发展及边疆稳定问题成为近年社会各界重点关注的问题。

尽管很多研究都在利用大数据开展人类活动研究，但在青藏高原地区，通过大数据来分析高原人类活动的微观行为与宏观时空规律的研究却十分匮乏。张筱芳（2018）利用微博签到数据、腾讯定位请求与人口迁徙数据、大众点评数据等富含人类行为活动的大数据分析了拉萨这座青藏高原中心城市与国内其他城市的人口流动联系、城市的社交媒体活力，以及特色美食文化与旅游热点（http：//www. dili360. com/article/p5a5326486362f72. htm）。整个青藏高原上，人类活动的空间分布与移动网络的时空特征及其与高原城镇的社会经济发展和生态环境变化的关系，仍然存在很大的研究空间。充分发挥大数据在青藏高原人类活动研究的应用价值，全面揭示高原人类活动的时空格局与变化规律是当前研究面临的迫切需求。

二、青藏高原大数据研究意义

青藏高原自然景观独特、生态环境脆弱、文化特色鲜明，作为我国重要的生态安全屏障，近些年来承受了人类活动加剧带来的巨大压力（孙鸿烈等，2012）。因此，其人类活动及其对生态环境的影响一直受到国内外的高度关注。当前，有关青藏高原人类活动的研究主要有两方面：一是史前古人类活动与扩散（侯光良等，2010；姚檀栋等，2017），二是近几十年人类活动对生态系统影响的研究（崔庆虎等，2007；张宪洲等，2015a；闫立娟，2016）。上述研究中用于反映人类活动的指征数据（如人口统计、问卷调查）大都具有较粗的时空粒度，一般而言，传统调查方式获得全球社会经济数据的时效性较差，特别对于统计力量薄弱的地区来说，获取社会经济信息较为困难并且可信度较低，因而难以从精细尺度上探索青藏高原人类活动的时空变化规律。受特殊地理位置以及气候环境的限制，青藏高原地区传统数据收集存在巨大的困难以及多年数据的缺失，研究尺度较大，时间连续性较低，时空精细尺度上的人类活动十分困难，但随着互联网与通信技术的发展，智能手机定位、社交媒体签到、图片位置等这类位置大数据的出现，为克服上述困难提供了新的、可快速感知人类动态变化的数据资源（陆峰等，2014；薛冰等，2018），将极大地弥补青藏高原地区人类活动模式的感知方面的欠缺。青藏高原地区主要关注城镇化发展（傅小锋，2000；曹银贵等，2013）、人地关系协调（赵兴国等，2010；高卿等，2021）、生态环境（姚檀栋和朱立平，2006；刘兴元等，2012）、国家安全（车明怀，2016；张文木，2017）四方面的问题（图 2.1 所示），其中关键问题在于如何平衡城镇化发展、人类活动与地区生态环境发展及边疆稳定问题。

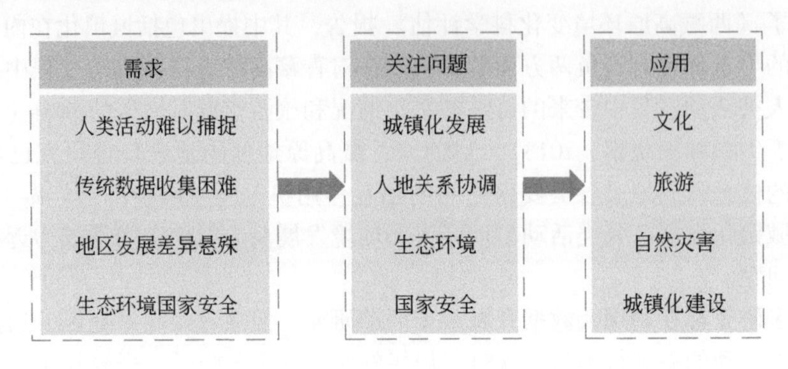

图 2.1　青藏高原地区时空大数据研究的需求、关注问题与应用方向

综上可见，利用多源的大数据弥补传统数据的不足，开展青藏高原地区精细尺度下的人类活动模式研究和人地关系相互作用的系统性研究，挖掘青藏高原地区人类活动的常规模式及特殊事件条件下的人类活动模式具有重要的研究意义与价值。从理论研究的角度，能够完善时空大数据支持的特殊地理区域的人类响应精细时空挖掘的模式框架体系。通过对多源数据进行人类活动模式研究的总结和创新，探索新的适用于青藏高原地区的人类活动模式研究问题的一般方法和技术框架，弥补青藏高原这一地区在多源大数据感知人类响应方法体系中的空缺。从应用价值的角度，通过多源数据对青藏高原地区人类活动模式的常规状态进行挖掘，能够弥补传统数据在时空精度、粒度和广度方面的缺陷，揭示高原地区的人类活动时空特点；通过分析不同类型地理事件下的人类活动响应模式，可以揭示人类在常规状态和特殊状态下的活动模式的时空差异。从研究区域和服务国家需求的角度，青藏高原地区是我国重要的生态环境及国家安全屏障，揭示其人类活动在常规状态及特殊事件下的时空模式，对该地区的生态环境保护、城市发展水平测量、提升人民福祉、“建设美丽中国”及国家安全维护都具有重要的意义与价值。

第三章　青藏高原多源大数据及方法

第一节　青藏高原研究区介绍

本书研究区为青藏高原中国境内部分。根据已有资料记载，匈牙利地质学家 Lóczy 于 1899 年首次科学地阐明青藏高原的范围：北起昆仑山脉，南至喜马拉雅山脉、西起喀喇昆仑山脉、东抵横断山脉。李四光（1953）将昆仑山脉、横断山脉及喜马拉雅山脉所围绕的梨形大草原定义为青藏高原，也称“西藏高原”。而许逸超（1943）在《中国地形研究》中，未将康滇纵谷山地和青海高原盆地划入青藏高原的范围。其后，李炳元（1987）对青藏高原范围的边界进行了较为详细的讨论，以高原地貌的形成过程和基本特征为依据，提出结合高原面、海拔、地貌特征及山体完整性的青藏高原范围划分准则。在本书则采用张镱锂等（2002）对青藏高原的界定：青藏高原范围为 26°00′N～39°47′N，73°19′E～104°47′E，为西起帕米尔高原，东至横断山脉，南自喜马拉雅山脉南缘，北迄昆仑山-祁连山北侧的广大范围，边界总长度 1.17 万千米，面积约 258.2 万平方千米（图 3.1）。

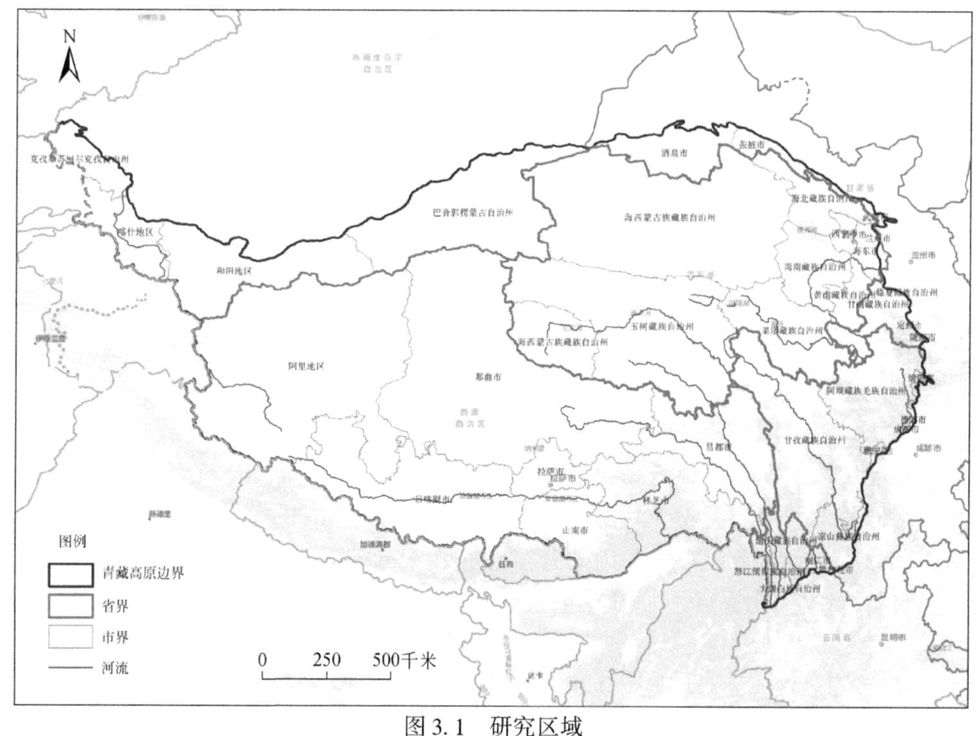

图 3.1　研究区域

第二节　青藏高原多源大数据概述

本节系统地介绍后续章节所用到地理大数据的内容、格式、样例、预处理及数据基本特征等。本书中所用到的地理大数据包括定位请求数据（第四、第五、第八章）；人口迁徙数据（第六章）；社交媒体文本数据，如微博文本、旅游日记等（第七章）；遥感大数据（第九章）。

一、定位请求数据

定位请求数据使用腾讯位置大数据（https：//heat. qq. com/bigdata/index. htms）。该数据实时记录全球每 0. 01°×0. 01°经纬网内通过腾讯软件的定位请求次数。Ma 等（2018）验证了一定区域内的腾讯定位请求次数和区域内实际人数的关系，发现腾讯定位请求次数能够反映区域内人数的变化趋势。因此本书采用腾讯位置大数据作为人群时空分布的依据，研究人类活动模式，并比较旅游淡季和旺季的人类活动差异。

由于研究区范围较大且有很多海拔很高的区域及无人区，所以只将有定位的点拿出，并给每一个定位点都附上唯一的 ID，从而将定位点的经纬度映射到一个 ID 来降低计算的复杂度，ID 按照研究区格网从左到右、从下到上依次编号为 1 ~ 90 694，每一个定位点记录字段见表 3. 1。

表 3. 1　定位数据字段

序号	字段	数据类型	说明
1	定位点经度	浮点型	WGS 84 地理坐标
2	定位点纬度	浮点型	WGS 84 地理坐标
3	定位时间	日期	定位产生时刻
4	定位数	整型	产生的定位数量
5	ID	整型	定位点唯一标识符

本书获取 2018 年腾讯位置大数据的定位请求数据，从中提取出青藏高原研究区范围内的数据，剔除有误数据，并选择包含了青藏高原淡季和旺季各 7 天的完整定位数据，其中淡季为 2018 年 1 月 16 ~ 22 日，旺季为 2018 年 7 月 10 ~ 16 日，分别对应于周二至下周一。图 3. 2 显示淡季和旺季青藏高原范围内每天定位总人次的对比，旺季每天的定位请求次数大致为淡季的两倍。图 3. 3 为淡季和旺季一天中 24 小时的平均定位请求数量，图中显示淡季和旺季的定位数量在一天内的分布有非常大的差异，淡季在清晨 5：00 至 6：00 和中午 12：00 分别有个高峰，而旺季的定位数在清晨是低谷，日间不断攀升，在夜间达到最高值。

本书将研究区内的定位数据按 0. 01°×0. 01°为单元建立栅格格网，统计每个格网中的定位数。青藏高原研究区的范围太大，且相对而言人流量较小，每个定位点的定位数量较

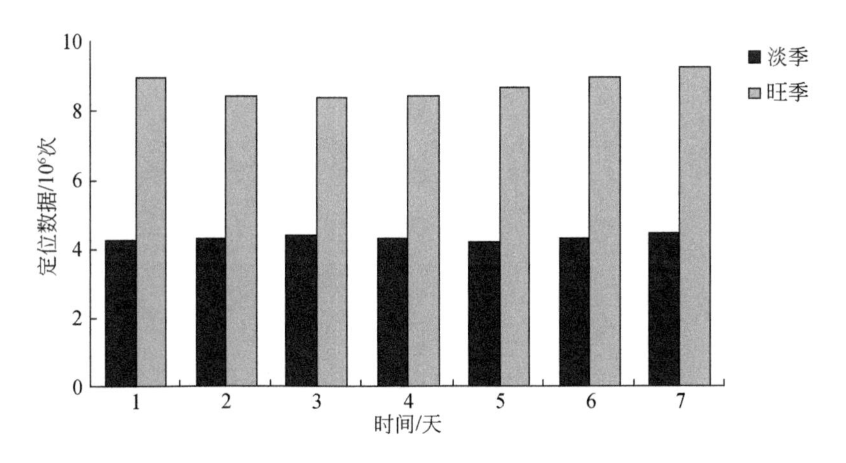

图 3.2 青藏高原淡季和旺季每天定位总人次的对比

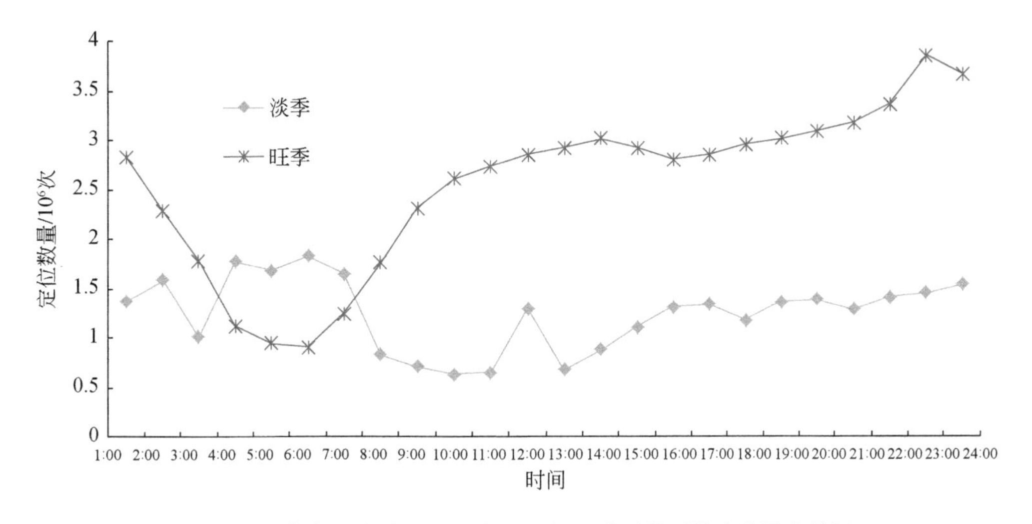

图 3.3 青藏高原淡季和旺季分一天中 24 小时的平均定位请求数量

少，同时为了避免稀疏性和减少计算复杂度，本书将数据按时间分辨率，即小时尺度和日尺度分别进行统计，并对淡季和旺季定位格网求并集，只计算有定位请求数据的格网，没有定位请求数据的格网则不予考虑，图 3.4 比较每个格网的日平均定位数。淡季和旺季的定位数量有较大差距，但是在空间上的分布趋势大体一致，主要集中在青藏高原东部人口密集的城镇和道路附近，西部广大的无人区定位数据非常稀疏。

二、人口流动数据

腾讯位置大数据网站发布中国城市间每日的人口流动数据。本书使用从腾讯位置大数据网站抓取的 2017 年人口流动数据，经过整理，保留全国 358 个行政单元的每天人口流

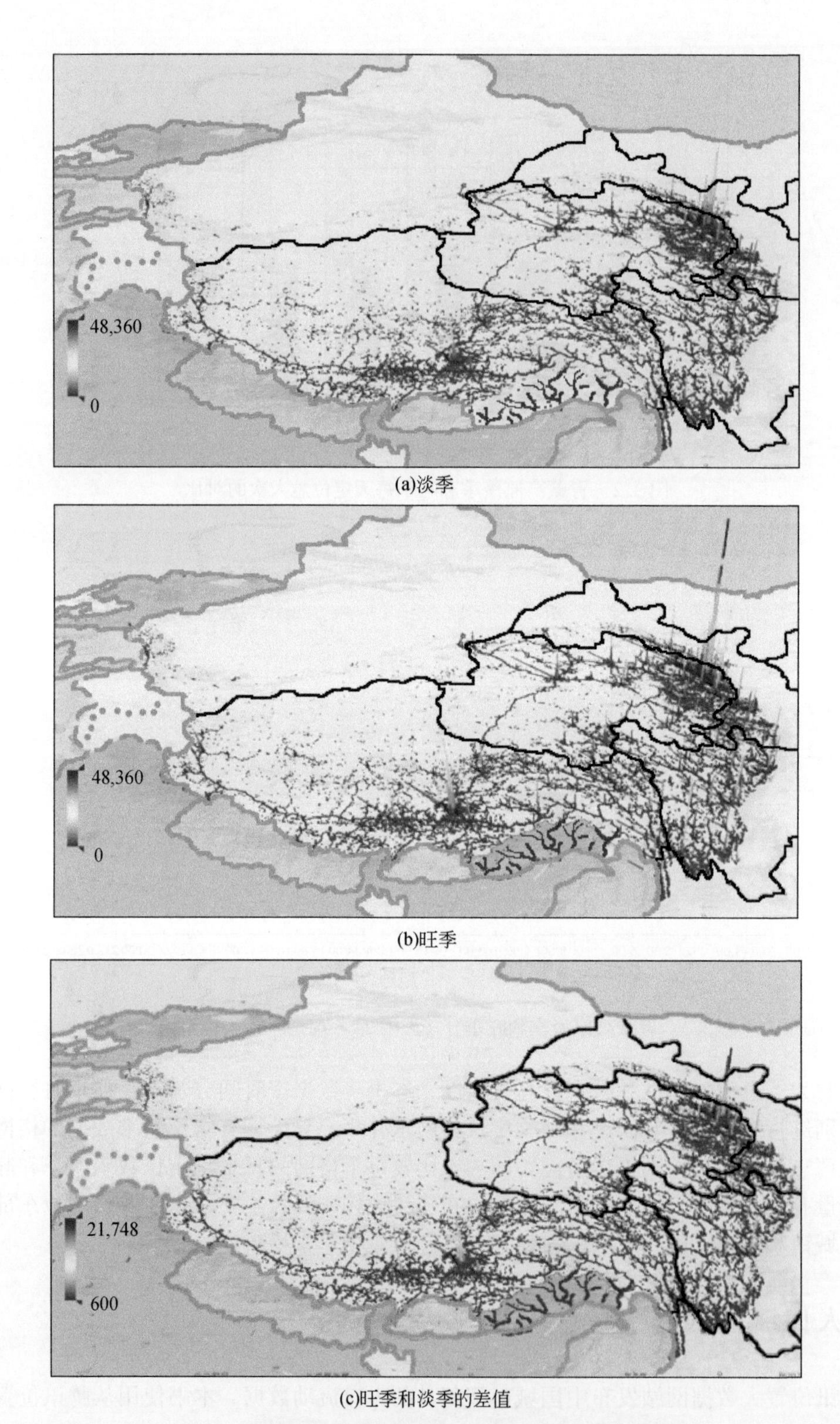

(a)淡季

(b)旺季

(c)旺季和淡季的差值

图 3.4　青藏高原淡季和旺季日平均定位数的空间差异

入、流出数据，包括地级市、部分县级市、4 个直辖市、香港和澳门特别行政区及台湾。为了减少计算量，我们将每个月的数据相加，比较每月的日平均值。

1. 人口流动图

根据人口流动数据，构建城市间人口流动有向图。虽然腾讯位置大数据只发布每个城市[①]每天人口流入、流出排名前 10 位的路径对应的城市和人口流动数，但是如果其他城市的人口流入、流出排名前 10 位的路径中有该城市，可以对该城市流入流出路径起到补充的作用，因而能大大填补缺失的数据。例如，表 3.2 统计了 2017 年 1 月人口流动网络中节点出度和入度排名前 10 位和后 10 位的城市，出度最大的城市分别是北京、上海和广州，补充后的出度分别达到 256、249 和 225；入度最大的城市为北京、重庆和上海，补充后的入度分别达到 244、240 和 226，而补充后的最小出度和最小入度也大于 10，分别为保山的出度 14 和阳江的入度 15。在构建完成的人口流动网络中，2017 年 1 月北京的总流入、流出人口分别为 63 176 702 人次和 105 016 683 人次，出度和入度排名前 10 位的城市分别占总人次的 42% 和 31%。可见构建后的网络在总人次和出度和入度上都得到很大提高（图 3.5）。

表 3.2　2017 年 1 月人口流动网络出度入度统计

排名	出度		入度	
1	北京	256	北京	244
2	上海	249	重庆	240
3	广州	225	上海	226
4	重庆	219	广州	192
5	深圳	215	深圳	189
6	成都	187	成都	165
7	武汉	157	武汉	126
8	杭州	153	西安	126
9	天津	136	东莞	116
10	东莞	131	苏州	108
⋮	⋮		⋮	
349	陇南	18	阿克苏	19
350	伊犁	18	盐城	18
351	连云港	17	衢州	18
352	漯河	17	梅州	18
353	揭阳	17	三沙	18
354	天门	16	固原	18
355	梅州	16	伊犁	18
356	三沙	16	揭阳	17
357	塔城	16	贺州	17
358	保山	14	阳江	15

① 含市、自治州、地区等地级行政单元，以及县、林区等县级行政单元。为叙述方便，本节统称为“城市”。

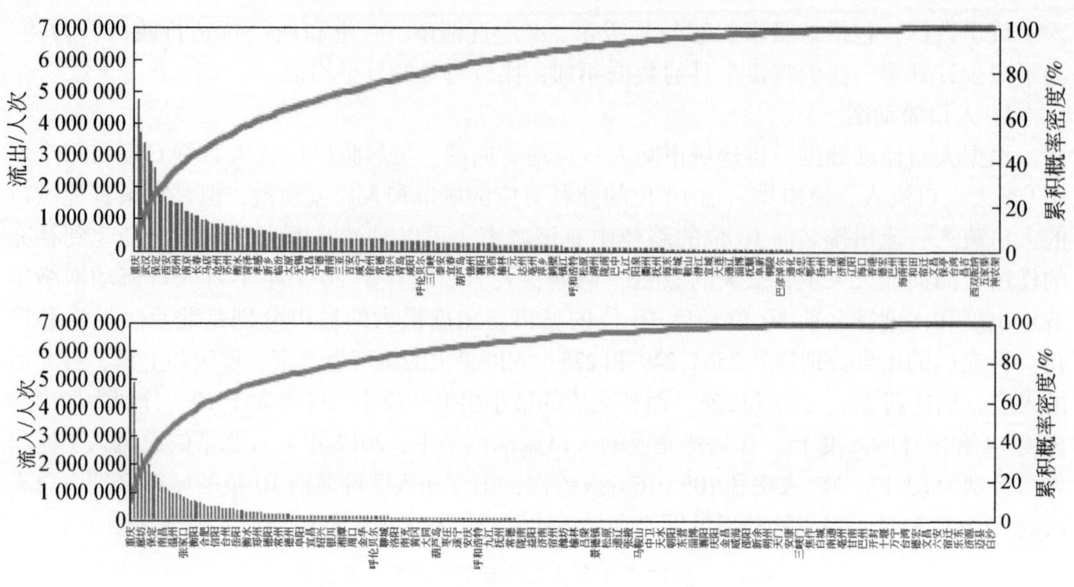

图 3.5　北京 2017 年 1 月流出、流入人次分布

2. 数据验证

为了验证人口迁移网络的有效性，将人口迁移网络数据与新浪微博数定位据进行对比。我们从新浪微博抓取 2017 年在青海和西藏定位的微博，获取微博的用户信息，其中在西藏发布微博的用户共 57 300 个，在青海发布微博的用户共 102 150 个。将用户注册地址作为用户常住地，分别统计了来自各省级行政区的用户在西藏和青海发布微博用户中所占的比例，并计算了 2017 年腾讯迁移数据中各省级行政区到西藏和青海的人次占进入西藏和青海总人次的比例。假设腾讯迁徙人口和新浪微博显示的位置移动用户都是按一定比例对实际流动人口的采样，则这二者应该是正相关的，那么来自各省级行政区的新浪微博用户和腾讯迁徙人次所占的比例应该是一致的。图 3.6 和图 3.7 显示了 2017 年各省级行政区进入青海和西藏的人次比例和在青海和西藏发布微博的新浪用户比例的对比，可以看出腾讯迁移数据显示的来自省区市人数比例和新浪微博显示的来自省区市用户比例大体是一致的，二者在西藏的相关系数为 0.33，在青海的相关系数达 0.92。

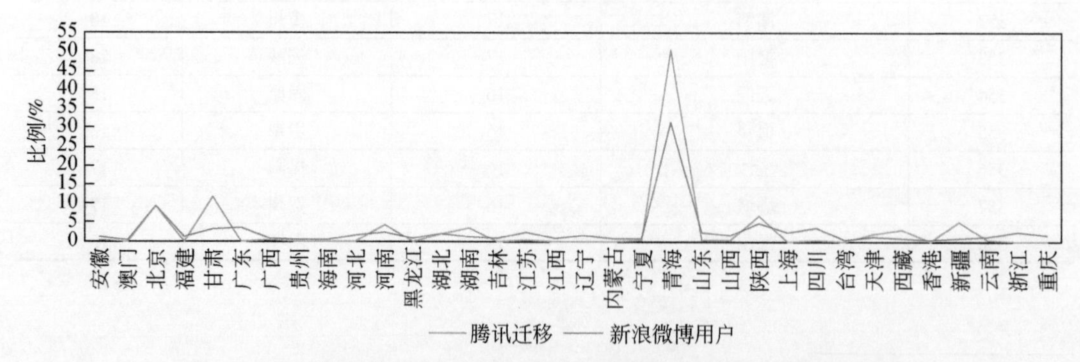

图 3.6　2017 年各省级行政区进入青海人次和在青海新浪微博用户比例

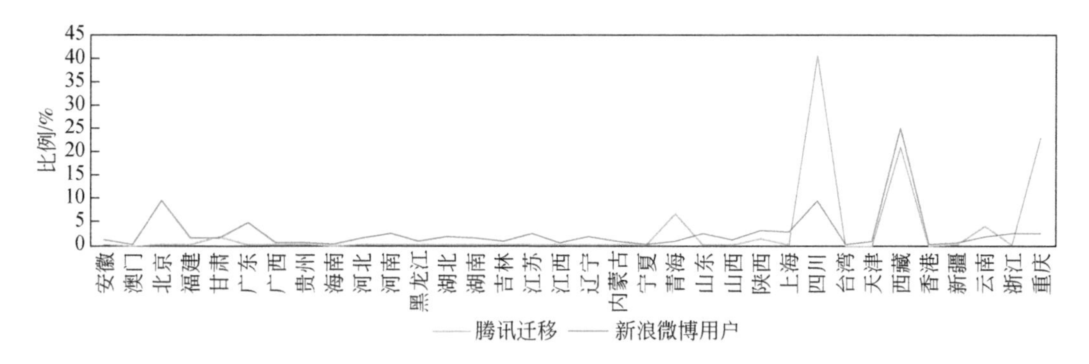

图 3.7　2017 年各省级行政区进入西藏人次和在西藏新浪微博用户比例

三、社交媒体数据

随着社交网络的不断发展与普及，微博、微信等社交平台被人们广泛使用，社交媒体数据量激增，其中包含大量位置信息和非结构化的文本。本书中主要使用了新浪微博定位文本和旅游签到数据。

（一）新浪微博定位文本

带有地理位置的社交媒体文本虽然只占微博总数的一小部分，但是它们是一个潜在的且具有价值的信息来源（Lansley and Longley，2016），通过研究带有定位信息的社交媒体文本，对不同地区的空间语义进行挖掘，我们可以更好地分析理解人类的移动规律、生活方式，以及不同地区、地点的人类活动。作为一个全媒体化社交平台，微博为人们的社交生活提供了多种表达呈现方式，微博文本中隐含的不同地区人们的不同认知方式、风俗文化及地域空间特征。

本书从新浪微博抓取 2017 年定位于青海和西藏范围内的微博共 1 279 455 条（图 3.8）。2017 年原始西藏微博用户共 57 379 个，其中本地用户共 14 317 个，外地用户共43 062 个，微博数据共 419 157 条，其中西藏本地用户所发微博数量为 151 941 条，外地用户所发微博数量为 267 216 条；2017 年原始青海微博用户共 102 011 个，其中本地用户共31 948 个，外地用户共 70 063 个，微博数据共 860 298 条，其中青海本地用户所发微博数量为 361 769 条，外地用户所发微博数量为 498 529 条（表 3.3）。

数据集预处理主要包括对原始数据进行表情符号过滤、去重、利用 Jieba 进行中文分词、停用词过滤等操作，并按照用户所在地区将数据分组为西藏本地用户、西藏外地用户、青海本地用户及青海外地用户微博。原始数据经过清洗之后，实验数据中西藏本地用户微博共 117 895 条，西藏外地用户微博共 215 525 条，青海本地用户微博 278 021 条，青海外地用户微博共 432 454 条（表 3.3）。

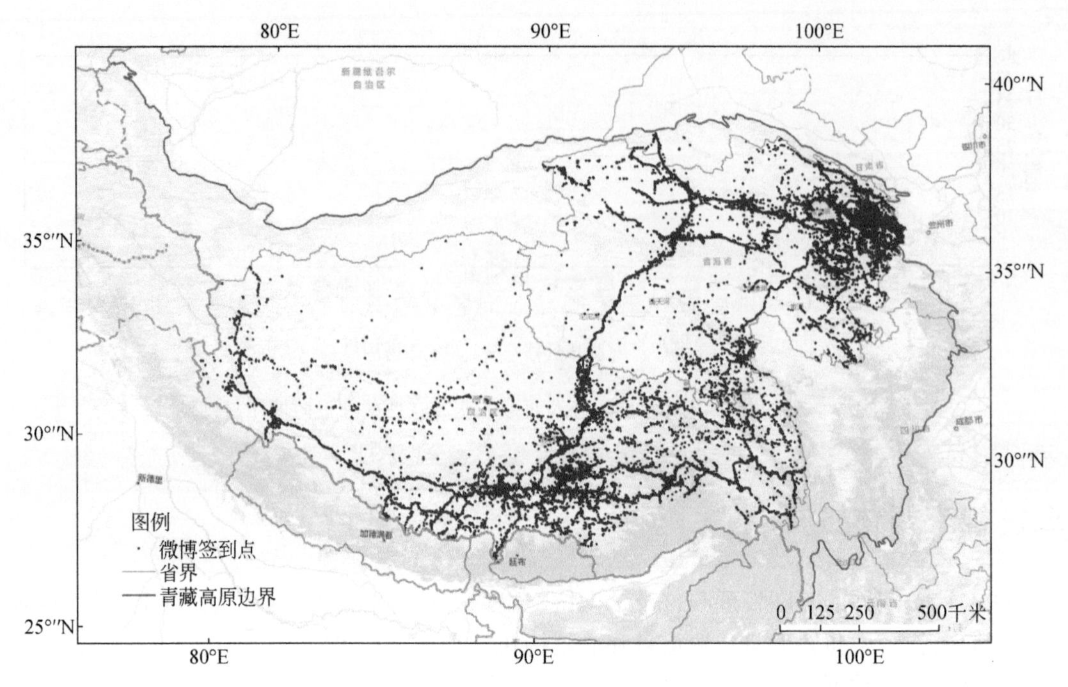

图 3.8 定位微博文本分布

表 3.3 微博和用户数量统计

地区		用户数/个	微博数/条	
			清洗前	清洗后
西藏	本地	14 317	151 941	117 895
	外地	43 062	267 216	215 525
青海	本地	31 948	361 769	278 021
	外地	70 063	498 529	432 454

（二）旅游签到数据

旅游网站中拥有大量游客签到数据和旅行日记文本。本书中采用了马蜂窝旅游网站的游客签到数据。这些签到数据由游客在旅行中或旅行后发布在马蜂窝网站提供的相关旅行地和旅行景点下，包含游客旅行的时间点、旅游城市、旅游景点、旅游景点的经纬度等信息，如表 3.4 所示。

表 3.4 旅游签到数据格式

用户	旅行地	旅行景点	景点经度/(°)	景点纬度/(°)	签到时间
0	玉树	勒巴沟岩画	32.9105	97.2704	2014 年 9 月
1	西宁	塔尔寺	36.4878	101.5679	2007 年 5 月
2	乌兰	茶卡盐湖	36.6969	99.1102	2014 年 5 月

续表

用户	旅行地	旅行景点	景点经度/(°)	景点纬度/(°)	签到时间
⋮	⋮	⋮	⋮	⋮	⋮
3273	门源	百里油菜花海	34.4773	101.4405	2018年8月

从签到数据中我们能够提取游客旅行足迹，用于构建用户某次旅行的旅游行程记录，由此获得旅游行程大数据，并作为研究人们在青藏高原的旅游行为和青藏高原的旅游建设的依据。

本书选择青海作为青藏高原旅游研究的对象，将签到数据中那些客源地为青海的记录剔除，仅研究外地游客在青海的行程。将同一游客在某一时段的旅行算作一次旅游行程，将签到数据中各个游客、城市和景点分别附上唯一的ID，最终获得34 871条签到数据记录，包含3273个用户、34个城市、497个景点、4538条行程，旅游行程大数据见表3.5。

表3.5 旅游行程大数据

0	勒巴沟岩画	文成公主庙	黄河源头	吾屯下寺
1	塔尔寺	青海湖	祁连山草原	水上雅丹
2	格尔木河	纳赤台清泉	沱沱河	玉珠峰
⋮	⋮	⋮	⋮	⋮
4538	二郎剑	黑马河乡	倒淌河	日月山

四、遥感大数据

随着遥感技术的发展，遥感数据空间分辨率、时间分辨率、光谱分辨率和辐射分辨率越来越高，数据类型越来越丰富，数据量也越来越大，遥感数据已经具有了明显的大数据特征，如大容量、高效率、多类型、难辨识、高价值等（Aydin et al.，2015），遥感进入了大数据时代。

（1）大容量。美国国家航空航天局（NASA）地球观测数据与信息系统（EOSDIS）每天接收到的数据量以4万亿字节的速度增长，这些巨量的数据带来了存储、管理、处理与分析上的难题。

（2）多类型。遥感观测的传感器种类包括全色、多光谱、高光谱、红外、合成孔径雷达（SAR）、激光雷达（LiDAR）等，这些数据的格式不同、元数据不同、数据处理方法也不同，加剧了遥感数据处理的复杂性。

（3）高效率。遥感数据的处理速度远远赶不上遥感数据获取的速度，造成了大量遥感数据的浪费；另外，特定的遥感应用领域，如应急救灾、反恐维稳等，对数据处理有一定的时效性要求，以利于指导行动。海量数据的处理时效性是遥感应用分析的极大挑战。

（4）难以辨识。在遥感数据获取过程中受到传感器自身特性、传感器平台抖动、大气影响、地物复杂环境干扰等因素的影响，使得获取的遥感数据存在不一致性、不完整性、模糊性等多类不确定性。同时，遥感数据还会受到模型近似的影响而存在误差。这些因素使得遥感定量模型获取和计算存在一定难度。

（5）高价值。各种遥感数据反映了地物的不同属性，从遥感数据中可以挖掘出军事目标信息、环境状况信息、水文信息、气象信息、农作物长势，以及产量信息、森林信息、城市要素信息、城市变迁要素信息、城市环境要素、交通信息等，这些属性信息对科学研究及人们日常生活具有极高的价值。

目前使用的遥感大数据主要有 Landsat 系列、中分辨率成像光谱仪（MODIS）传感器系列数据、哨兵系列（Sentinel）数据、AVHRR 数据、中巴地球资源卫星（CBERS）数据、ASTER 传感器数据及 DMSP/LOS 遥感灯光数据等。目前全球领先的遥感大数据应用平台是 Google Earth Engine（GEE），它是由 Google 开发的新一代基于云的地球科学数据和分析应用行星尺度平台，主要应用于地球科学数据尤其是遥感影像的可视化计算和分析，目前该平台提供了大概 600 多种地球科学数据集。

本书使用 Landsat TM/ETM+、OLI/TIRS 卫星系列影像。在 GEE 遥感大数据云平台，通过 JavaScript API 在线访问全球范围 1984 年 3 月到 2012 年 5 月的 Landsat TM 地表反射率数据集，1999 年 1 月到 2017 年 12 月的 Landsat ETM+地表反射率数据集，2013 年 4 月到 2017 年 12 月的 Landsat OLI/TIRS 地表反射率数据集，空间分辨率为 30 米，时间分辨率为 15～16 天（表 3.6、表 3.7）。其中，Landsat TM、ETM+、OLI/TIRS 卫星各波段参数有略微不同，Landsat TM 卫星热红外波段空间分辨率为 120 米，Landsat ETM+为 60 米，Landsat OLI/TIRS 为 100 米，但 GEE 平台使用三次卷积法将其重新采样到 30 米。基于这三类同系列影像，通过 GEE 遥感大数据计算，获取了三江源地区 1990～2015 年和拉萨都市圈 1994～2017 年 6～10 月生长季地表反射率影像，以三江源地区为例，共获取 Landsat 卫星系列影像 186 张（图 3.9）。

表 3.6 Landsat TM/ETM+卫星各波段参数

波段号	波段	波长范围/微米	空间分辨率/米
Band 1	Blue（蓝波段）	0.45～0.52	30
Band 2	Green（绿波段）	0.52～0.60	30
Band 3	Red（红波段）	0.63～0.69	30
Band 4	NIR（近红外波段）	0.76～0.90	30
Band 5	SWIR1（短波红外 1）	1.55～1.75	30
Band 6	TIRS（热红外波段）	10.40～12.5	30
Band 7	SWIR2（短波红外 2）	2.08～2.35	30

表 3.7 Landsat OLI/TIRS 卫星各波段参数

波段号	波段	波长范围/微米	空间分辨率/米
Band 1	Coastal（海岸波段）	0.433～0.453	30
Band 2	Blue（蓝波段）	0.450～0.515	30

续表

波段号	波段	波长范围/微米	空间分辨率/米
Band 3	Green（绿波段）	0. 525 ~0. 600	30
Band 4	Red（红波段）	0. 630 ~0. 680	30
Band 5	NIR（近红外波段）	0. 845 ~0. 885	30
Band 6	SWIR 1（短波红外 1）	1. 560 ~1. 660	30
Band 7	SWIR 2（短波红外 2）	2. 100 ~2. 300	30
Band 8	Pan（全色波段）	0. 500 ~0. 680	15
Band 9	Cirrus（卷云波段）	1. 360 ~1. 390	30
Band 10	TIRS 1（热红外 1）	10. 60 ~11. 19	100
Band 11	TIRS 2（热红外 2）	11. 50 ~12. 51	100

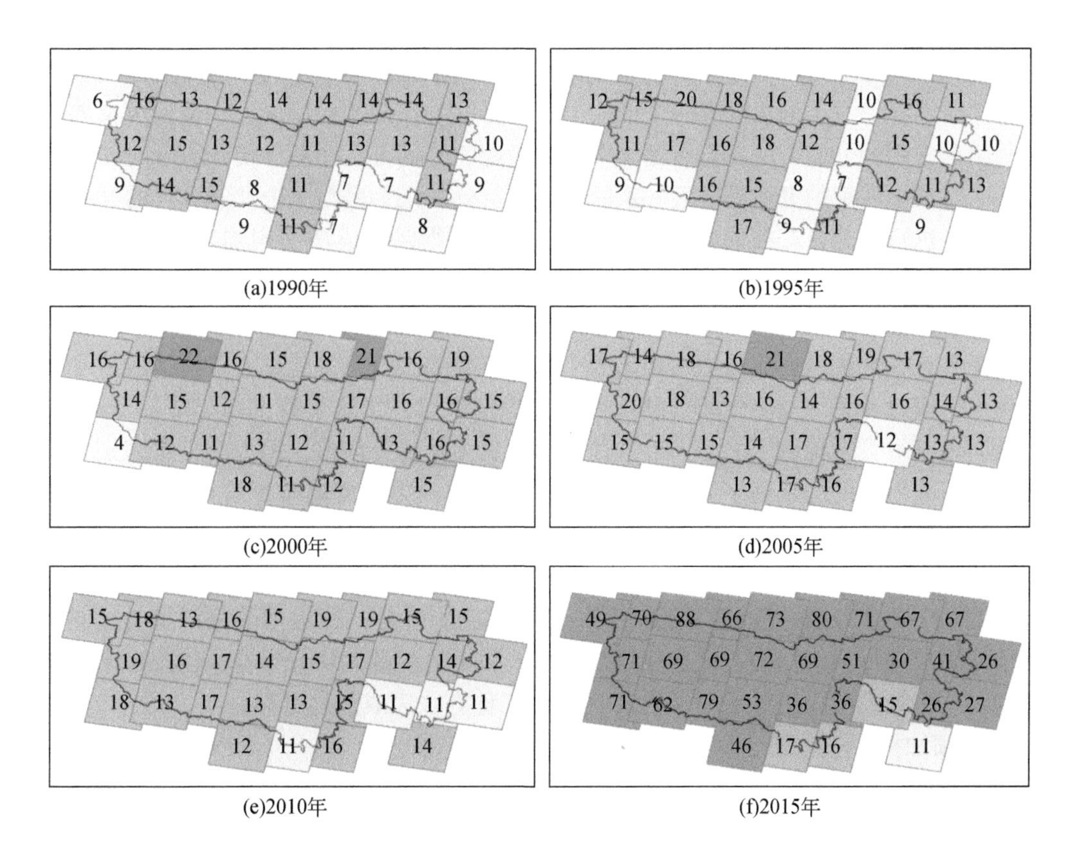

(a)1990年 (b)1995年

(c)2000年 (d)2005年

(e)2010年 (f)2015年

图 3. 9　GEE 影像合成所使用的 Landsat 原始影像数量

第三节 青藏高原多源大数据分析方法概述

一、文本分析相关模型与方法

通过文本分析空间语义认知，首先要对文本进行处理和量化，对于不同粒度级别，如字词级别、句法级别及篇章级别，相应地具有不同的分析方法，对于字词及句法级别的分析主要包括分词、词项加权、词/句向量化等分析方法，对于篇章级别，则主要包括主题模型、文本相似性度量与聚类等分析方法。

（一）文本处理基本方法

1. 分词

分词是将连续的字序列按照一定的规范重新组合成词序列的过程。我们知道，在英文的行文中，单词之间是以空格作为自然分界符的，而中文只是字、句和段能通过明显的分界符来简单划界，对于词语没有一个形式上的分界符。在词的粒度上，中文比英文要更为复杂。目前常用的分词方法主要有基于字符串匹配的分词方法和基于统计的分词方法。

基于字符串匹配的方法是按照一定的策略将待分的汉字串与一个“充分大的”机器词典中的词条进行匹配，若在词典中找到某个字符串，则匹配成功（识别出一个词）。按照扫描方向的不同，串匹配分词方法可以分为正向匹配和逆向匹配；按照不同长度优先匹配的情况，可以分为最大（最长）匹配和最小（最短）匹配。

基于统计的方法一方面是指在相邻的字同时出现的次数越多就越有可能构成一个词这一前提下，通过计算字与字之间的共现概率来识别词组，当这个概率高于某一个阈值时，便可认为该字组可能构成了一个词。这种方法虽然无须切分词典，但也会常常识别一些共现频率高但并不是词的常用字组。基于统计的方法另一方面则是基于统计机器学习模型，这种方法首先需要给出大量已经分词的文本，学习词语切分的规律，再将学习到的规律用来切分未知文本。

目前基于上述原理的分词工具有很多，其中 Jieba 就是一种常用的分词工具，它通过基于前缀词典进行词图扫描、动态规划查找基于词频的词最大切分组合，以及对未登录词使用隐马尔可夫模型应用 Viterbi 算法标记词语三种方法完成分词过程。

2. 词项加权

对文本分词后，我们想要了解分词后的词项在文本中出现的重要程度，需要进行词项加权。TF-IDF 是最常用的一种词项加权的方法，常用于评估字词对于一个文件集或一个语料库中的一份文件的重要程度（Salton and Buckley，1988）。其中，TF 是词频（term frequency），表示词语在文档中的出现频率，IDF 是逆文本频率指数（inverse document frequency），它由总文件数目除以包含某词语的文件数目，再将得到的商取以 10 为底的对数得到，IDF 越大，说明包含某词的文档数目在所有文档中占比较小，具有低文档频率，进而说明该词具有一定的文档类别区分能力。将 IDF 与 TF 相乘，当该词为在一个特定文件内的高词语频率，则会产生高权重 TF-IDF。TF-IDF 过滤常见词语，保留重要词语，具体计算过程如式（3.1）~式（3.3）所示。

$$tf_{i,j}=\frac{n_{i,j}}{\sum_k n_{k,j}} \tag{3.1}$$

$$idf_i=\lg\frac{|D|}{|\{j: t_i\in d_j\}|} \tag{3.2}$$

$$tfidf_{i,j}=tf_{i,j}\times idf_i \tag{3.3}$$

式中，$n_{i,j}$为文档数目为 D 的语料库中；文档d_j的词语t_i在文档中的出现次数，k 为所有词汇的数目；$|\{j: t_i\in d_j\}|$为包含词语t_i的文档数目（即$n_{i,j}\neq 0$ 的文档数目）。

TF-IDF 算法经常与余弦相似度共用于比较文档间相似度，它尝试突出重要单词，抑制次要单词对文档的影响程度，但是该算法单纯认为文本频率越小的单词越重要，文本频率越大的单词越无用，使得在不同场景下该模型的使用存在一定的缺陷，并且在词袋模型的假设下，无词语的位置信息，该算法精度不高。

（二）词/句向量化

为了使自然语言能够被计算机处理，首先就需要将语言数字化。在自然语言处理中，词的向量表示方法有两种。

一位词向量，即通过向量中的一维 0/1 值来表示某个词，向量的维数由词的数量来决定，这种词的映射方法将离散特征映射到欧式空间当中，便于之后进行向量间的距离及相似度的计算。这种向量表示方法使数据稀疏，表达简洁，但是词与词之间完全独立，不存在词之间的语义关系，且在一些语言模型的训练过程中容易造成维数灾难（Bengio et al., 2003）。

词嵌入/词向量，它将词转变为固定维数且稠密的低维实数向量，其每个维度都隐含着一定的语义信息，最大的特点就是可以让相关或相似的词在距离上更加接近，从而可用欧氏距离或余弦相似度来衡量语义相似度。需要提到的是，词向量都是在训练语言模型的过程中得到的。为了训练得到这样的词向量，研究者们提出了几种不同的模型，如基于神经网络的语言模型（Bengio et al., 2003），它通过三层神经网络利用随机梯度下降法和反向传播来进行模型参数训练，在此模型的基础上，Mikolov 等（2013）去除神经网络中非线性隐含层，降低了计算复杂度，同时得以训练大规模词语表示，得到高质量的词向量。通过使用词向量，可以解决许多语义空间中的问题，如词性标注、句法分析、短语识别等自然语言处理任务。

1. Word 2Vec

Mikolov 等（2013）提出了 Skip-gram 和 CBOW 两种词向量的生成模型架构。为了提高计算效率，这两种模型架构均以哈夫曼树为基础，使用局部上下文特征，Skip-gram 是利用中心词来预测其周围的上下文，CBOW 则是利用一个词语的上下文作为输入来预测词语本身，具体模型架构如图 3.10 和图 3.11 所示。

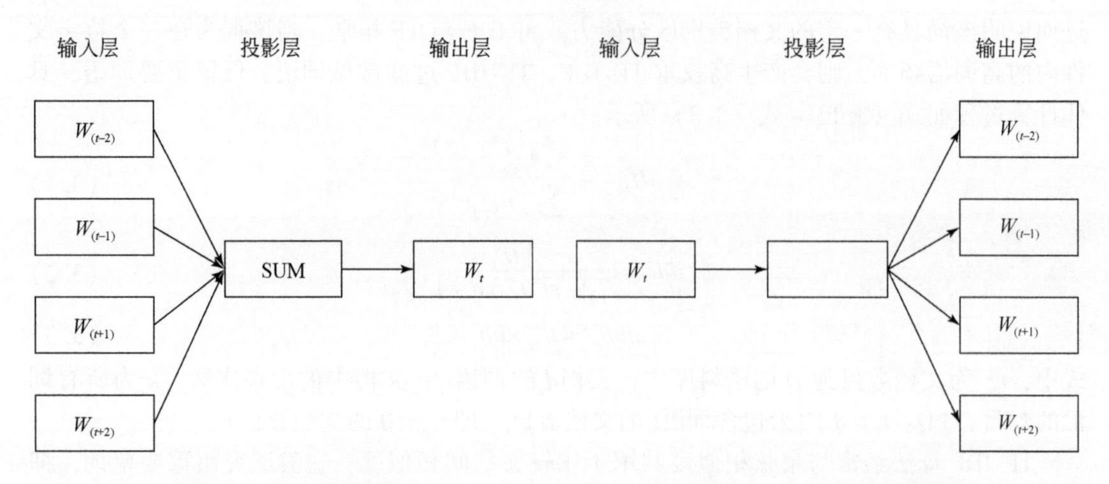

图 3.10　CBOW 模型图　　　　图 3.11　Skip-gram 模型图

对于 CBOW 和 Skip-gram 架构而言，它们均包含输入层、投影层和输出层。当我们设置上下文窗口为 C 时，对于 CBOW 来说，它将输入我们所要预测的特征词的前后各 C 个词向量且使用词袋模型无序输入（$C\times V$），其中 V 为词典大小，之后所有向量通过一个共享词向量矩阵 W（$V\times N$），在投影层求和取平均值，得到隐藏层向量表示 h（$N\times1$），再乘以输出层权重矩阵 W'（$V\times N$），得到输出向量表示（$V\times1$），最后通过 softmax 分类器得到词表的概率分布进行概率预测。在这个过程中为了降低计算复杂度，通过 Hierarchical Softmax 或负采样方法，利用反向传播算法进行梯度上升，利用最大化似然函数 L 得到概率最大的预测词语，其中 L 如式（3.4）所示。

$$L = \frac{1}{T}\sum_{t=k}^{T-k}\log_p(w_t \mid w_{t-k}, \cdots, w_{t+k}) \tag{3.4}$$

其中，词的概率预测是通过一个多分类线性分类器（如 softmax）进行的，如式（3.5）所示，y_i是每一个输入词w_i的非归一化对数概率［式（3.6）］。

$$p(w_t \mid w_{t-k}, \cdots, w_{t+k}) = \frac{e^{y_{w_i}}}{\sum_i e^{y_i}} \tag{3.5}$$

$$y = b + Uh(w_{t-k}, \cdots, w_{t+k}; W) \tag{3.6}$$

式中，U 和 b 为 softmax 分类器参数；w 为词向量矩阵。

Skip-gram 模型与 CBOW 的输入输出刚好相反，但训练过程基本一致，其输入为一个词 w 的 one-hot 编码向量，维数为 V，之后通过一个已利用语料库训练好的权重矩阵 W（$D\times V$），从矩阵中提取出 w 的词向量（$D\times1$），之后将该向量与输出矩阵 W'（$V\times D$）相乘做内积，再经过输出层的 softmax 分类器得到预测的与 w 最相近的前 C 个词语，C 为人为指定的上下文窗口大小。之后的训练过程与 CBOW 一致，即利用反向传播算法进行梯度上升，最大化似然函数 L，公式如（3.7）所示。

$$L = \frac{1}{T}\sum_{t=k}^{T-k}\log_p(w_{t-k}, \cdots, w_{t+k} \mid w_t) \tag{3.7}$$

比较而言，CBOW 模型对于数据的利用率更高，对结果具有一定的平滑效果，但较适用于小规模数据集；Skip-gram 模型适用于大规模数据集且语义准确率较高，但是复杂度相对较大，训练耗时较长。

在上述理论基础上，为了实现词向量的生成，Google 在 2013 年推出自然语言处理工具 Word 2vec，它通过上述两种架构来建立词向量，这两种模型均为词袋假设下的非监督浅层神经网络模型，经过训练建立大规模文本的低秩词嵌入，这样可以通过计算向量空间上的相似度来获取文本语义上的相似度。

2. Doc2vec

由于 Word 2vec 模型在涉及文本时存在两个主要缺点，即没有考虑词的顺序并且忽略了语义，Le 和 Mikolov（2014）在 Word 2vec 的基础上提出了 Doc2vec 模型。与 Word 2vec 模型架构类似，它有分布记忆模型（PV-DM）和分布词袋模型（PV-DBOW）两种模型架构，在随机梯度下降的训练过程中，在输入层增加了段落向量矩阵 D，在一个句子的多次训练过程中，共享一个段落向量，从而解决无词序无语义的问题，使句子的主旨更加明确。

相比于 Word 2vec，Doc2vec 接受不同长度的句子做训练样本，克服了词袋模型忽略词序和句法的缺点。Doc2vec 通过无监督学习，将不同的文档用向量表示。它的训练过程与 Word 2vec 基本一致，通过最大化平均对数概率来训练句向量，但是与式（3.6）的计算有所不同，对于 PV-DM 模型，函数 h 由从 W 和共享段落向量矩阵 D 中提取的向量的级联或平均构成，对于 PV-DBOW 模型，则只从段落矩阵 D 中进行采样计算。比较而言，PV-DM 模型需要同时存储 softmax 权重和词向量，适用于小规模数据集；PV-DBOW 模型只需要存储 softmax 权重，对于大规模数据集比较适用。

3. BERT

上述模型生成的是静态词/句向量，无法解决一词多义、多词一义等语义随上下文变化的问题，基于此，研究者们引入利用神经网络构建动态词向量，提出如 Elmo、GPT、BERT 等一系列语言模型（Devlin et al.，2018；Peters et al.，2018；Radford et al.，2018），这些模型应用注意力机制，构建了语句级别的语义表示，使得自然语言处理任务效果得到了大幅度的提高。其中，BERT（bidirectional encoder representation from transformers）是 Google AI 研究院于 2018 年 10 月提出的一种预训练模型，与传统的 RNN/CNN 网络架构采用固定长度语义向量不同，它应用多层 Transformer 编码器结构，通过自注意力机制双向建模能力能够计算任意位置两个单词的语义关系，使得其学习词语表征的过程基于左右两侧语境，不会因固定长度语义向量而信息丢失，有效解决了自然语言处理中棘手的长依赖问题。

BERT 的输入是 3 个嵌入特征（token embedding、segment embedding 和 position embedding）的求和归一化，之后通过两个自监督任务进行模型的预训练，即 masked language model 和 next sentence prediction，第一个任务通过预测被随机掩盖的单词来训练模型，第二个任务是通过判断从语料库中抽取的两个句子是否连续来训练模型，其中，训练语料的 50% 是抽取的连续两句话，50% 是抽取的非连续两句话。模型训练完成后，对不同的下游任务，在模型的基础上再通过微调训练添加一个输出层即可。Bert 的本质是通过在海量的语料基础上运行无须人工标注数据的自监督学习算法，为单词学习一个好的特征表示。它可以提供一个供其他下游任务迁移学习的模型，该模型可以根据下游任务进行微调之后作为特征提取器。

4. ERNIE

在 BERT 的基础上，百度通过知识集成，于 2019 年 3 月提出基于知识增强的 ERNIE（enhanced representation through knowledge integration）1. 0 模型（Sun et al.，2019），它通过短语或实体级的掩码操作，建模海量数据中的词、实体及实体关系，考虑词法结构、句法结构及语义信息，有效改善自然语言处理任务中中文语料的应用效果。相较于 BERT 以字为粒度进行学习，ERNIE 直接对先验语义知识单元进行建模，增强了模型语义表示能力，从而达到更高的预测及分类精度，能够完成语言推断、语义相似度、命名实体识别、情感分析、问答匹配等各类中文任务，并且其在中文任务上的效果全面超越 BERT 预训练模型。BERT 模型和 ERNIE 模型的比较如图 3. 12 所示。

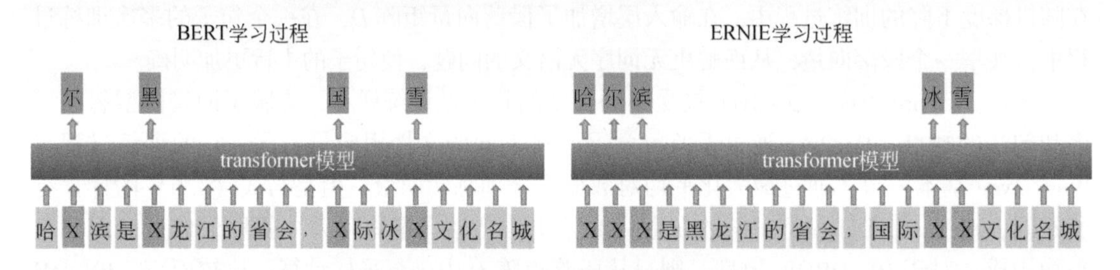

图 3. 12　BERT 与 ERNIE 模型比较

（三）主题模型

在机器学习和自然语言处理等领域，主题模型是用于在篇章级文档中发现抽象主题的一种统计模型。它利用大量可见的文档-词语信息，训练得到文档-主题分布和主题-词语分布，抽取文档隐含主题，完成文本建模。

主题模型的建立从方法上大体可以分为以下两类：一类是非统计学习方法，如潜在语义索引（latent semantic index，LSI），另一类是统计学习方法，如概率潜在语义分析（probabilistic latent semantic analysis/index，PLSA/PLSI）、隐含狄利克雷分布。由于 LSI 存在耗时、缺乏数理统计基础、难以得到直观解释等问题，在当前主题模型中已经不再使用。本章主要介绍统计学习方法。

1. 概率潜在语义分析（PLSA）

为了解决潜在语义索引中缺乏统计基础等问题，Hofmann（2017）提出概率潜在语义索引，它基于词语-文档共现矩阵，不考虑词序，认为文档的生成是先通过一定概率选择主题，然后在这些主题中以一定概率选择词语。每一篇文档都是一个主题分布，而每一个主题又代表了词语的一个概率分布。

PLSA 模型中文档生成过程如图 3. 13 所示，其中白色代表隐含变量，灰色代表可观测变量，矩形表示循环计算，箭头表示变量间的条件依赖性。其中语料库为 C，文档数为 M，主题数为 K，文档的总词数为 N，即 M 个文档-主题分布，K 个主题-词语分布。

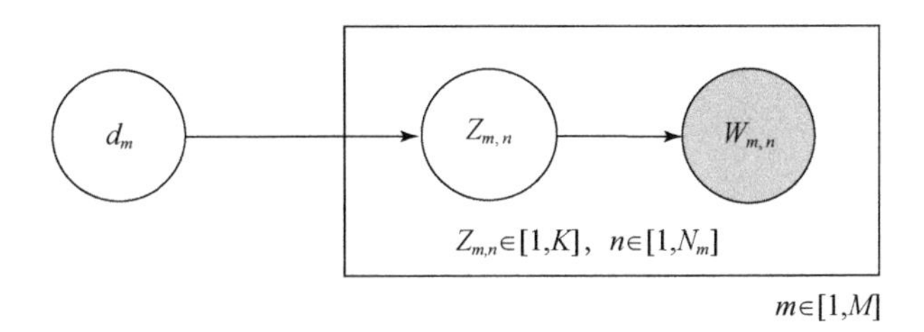

图 3.13　PLSA 模型表示

从一篇文档d_m对应的文档-主题分布中选取一个主题 z，之后再从主题 z 中选取词w_n，则文档d_m的生成概率为

$$p(w \mid d_m) = \prod_{n=1}^{N} \sum_{z} p(w_n \mid z) p(z \mid d_m) \tag{3.8}$$

相对于 LSA，PLSA 有了统计学基础，可以解决同义词和多义词的问题，但 PLSA 只能生成训练数据中文档的模型，对于新文档，必须加入数据集重新训练模型，采用最大期望算法进行参数估计，完成主题模型的建立，无法适用于训练集以外的文档；并且由于新文档的不断加入，PLSA 的参数数量 KM+NK 会随着文档的数目线性增加，容易产生过度拟合的问题。

2. 隐含狄利克雷分布（LDA）

为了解决 PLSA 模型参数无法在实际场景中有效运用等问题，Blei 等（2003）对模型加入先验知识，利用贝叶斯模型进行参数估计。不同于频率学派，贝叶斯派认为文档-主题分布和主题-词语分布都是模型中的随机变量，不再像 PLSA 中固定，需要加上先验分布，对模型参数进行控制。这两个随机变量都属于多项分布，所以根据 Dirichlet-Multinomial 共轭，给它们加上狄利克雷先验分布，建立 LDA 主题模型。

设语料库为 C，文档数为 M，主题数为 K，第 m 篇文档中的总词数为 N，α 为每个文档-主题分布的狄利克雷分布参数，β 为每个主题-词语分布的狄利克雷分布参数，ϑ_m为文档d_m的主题分布，φ_k为主题 k 的词语分布，$w_{m,n}$为文档d_m中的第 n 个词，$z_{m,n}$为$w_{m,n}$的主题，则 LDA 模型中第 m 篇文档的生成过程如图 3.14 所示。

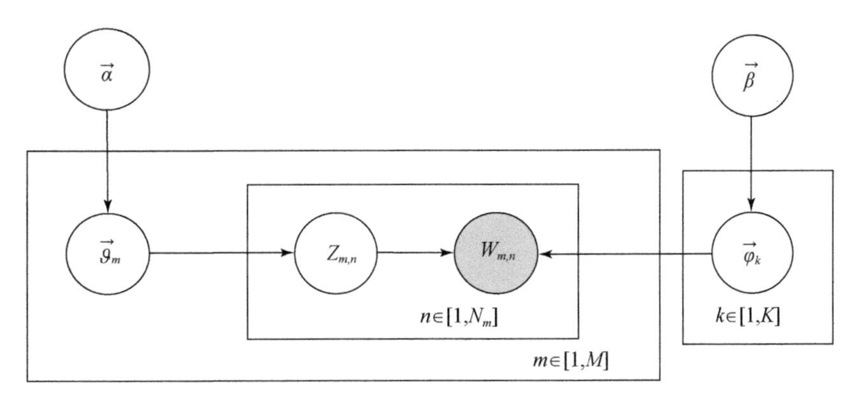

图 3.14　LDA 模型表示

一篇文档的生成模型过程如下：

(1) 在$\vec{\alpha}$先验下抽取一个文档-主题分布$\vec{\vartheta}_m \sim \mathrm{Dir}(\vec{\alpha})$；

(2) 在分布$\vec{\vartheta}_m$中抽取一个主题$z_{m,n} \sim \mathrm{Mult}(\vartheta_m)$；

(3) 根据主题$z_{m,n}$选择具有$\vec{\beta}$先验的相应主题-词分布$\vec{\varphi}_{z_{m,n}} \sim \mathrm{Dir}(\vec{\beta})$；

(4) 采样文档 m 的第 n 个词$w_{m,n} \sim \mathrm{Mult}(\varphi_{z_{m,n}})$ 生成文档；

最终，文档d_m的生成概率为

$$p(\vec{w} \mid \vec{\alpha}, \vec{\beta}) = \int p(\vec{\vartheta} \mid \vec{\alpha}) \left(\prod_{n=1}^{N} \sum_{z_n} p(z_n \mid \vec{\vartheta}) p(w_n \mid z_n, \vec{\beta}) \right) d\vec{\vartheta} \tag{3.9}$$

LDA 的使用则是文档生成的逆过程，即根据已知的文本集合，寻找各文档的主题概率分布和各主题下的词语概率分布，通常采用 Gibbs 采样方法（Blei et al., 2003）估计出 LDA 模型中的参数。

（四）文本相似性度量与聚类

对于句法或篇章级文本间的相似度计算，依据同类文本相似度大，不同类文本相似度小的基本聚类假设。文本聚类采用无监督的机器学习方法，无须模型训练，可对无标注文本进行有效组织、摘要和导航（Yin and Wang, 2016）。目前文本聚类有多种方法，如基于划分的方法、基于层次的方法、基于密度的方法等，本节重点介绍文本相似性的度量方法以及两种常用的文本聚类算法：*K* 均值（*K*-means）聚类、层次聚类。

1. 文本相似性度量——余弦相似性

在衡量向量间距离的时候，欧氏距离衡量的是向量间的数值差异，而余弦相似度反映的是向量间的方向差异即相似性，对于文本来说，我们更加关注语句上的相似性，而并不追求向量间的数值差异，所以余弦相似度对于文本聚类来说更加适用。

余弦相似度通过测量两个向量的夹角的余弦值来度量它们之间的相似性，文本经过处理成为一个 n 维向量，在一个具有 n 个特征值的 n 维空间中，文本向量的每一项权重就是空间中的坐标值，对于两个文本向量 A 和 B 而言，二者之间形成的夹角如果为 0 度，则表示方向相同，文本极为相似，如果为 90 度，表示两个文本无任何相同词语，具体计算公式如式（3.10）所示：

$$\text{similarity} = \cos(\theta) = \frac{A \cdot B}{\|A\| \|B\|} = \frac{\sum_{i=1}^{n} A_i \times B_i}{\sqrt{\sum_{i=1}^{n} (A_i)^2} \times \sqrt{\sum_{i=1}^{n} (B_i)^2}} \tag{3.10}$$

2. *K*-means 聚类

在一般的文本聚类算法中，基于余弦相似度的 *K*-means 算法因其处理速度快，算法简单，对大型数据集适用等特点，仍然是适用最广泛的文本聚类算法（Jain, 2010）。它的目的是在多次迭代优化的过程中，将 N 个样本划分到 K 个类中，使得每个点都属于离它最近的均值所对应的聚类。

在文本表示为向量后且已知聚类数 K 的情况下：

（1）随机选取 K 个向量作为初始聚类中心，并利用式（3.10）计算剩余每个文本向量与 K 个聚类中心的相似度，并把文档划分到与其最相似的文本中心；

（2）重新计算聚类中心，即 K 个类中特征项权值的平均值；

（3）重复步骤（1）、（2）至聚类中心不再变化或目标函数收敛，即簇内误差平方和 E 最小，E 的计算过程如式（3.11）所示。

$$E = \sum_{i=1}^{K} \sum_{p \in X_i} (p - m_i)^2 \tag{3.11}$$

式中，K 为簇数；X_i为数据集 X 的 K 个簇中的第 i 个簇；p 为 X_i中的样本对象；m_i为 X_i的聚类中心。

3. 层次聚类

层次聚类是对给定的数据集进行层次性的分解，直到满足某种条件为止。层次聚类具体可分为“自底向上”（聚合型层次聚类）和“自顶向下”（分裂式层次聚类）两种方案。聚类算法早期有 AGNES 和 DLANA，分别为聚合型和分裂型算法，之后还有改进的聚合型算法，如 BIRTH、CURE、ROCK 算法等。在文本聚类的过程中，如果采用“自底向上”的聚类方案，它通过计算文本向量间的相似性，对所有向量中最相似的向量或类别进行两两合并，最终生成聚类树，具体聚类过程如下所示：

（1）将每个样本作为一类，计算所有类之间的相似度，并将最为相似的样本合并为一类；

（2）重新计算新的类与其他旧类之间的相似度，找到最相近的两个类合并为新类；

（3）重复步骤（2），直至所有类都最终归为一类。

二、数据降维方法

大数据获取迅速，包含大量人群的活动信息，有助于对人类活动的模式挖掘，但是大数据的数据量大，处理难度大，需要高效的挖掘算法和数据降维手段。张量能以高阶形式表达数据的多方面特征，并且能通过张量分解对数据进行有效降维（Kolda and Bader, 2009）。Sun 和 Axhausen（2016）使用张量分解模型对数据进行降维，利用数据的主要特征探究新加坡城市公交车数据中隐藏的城市区域模式，Wang 等（2014）也通过张量分解模型揭示了北京出租车轨迹数据隐藏的城市区域模式。此外，Zhi 等（2016）提出了一种对高维数据低秩近似的方法，从社交媒体数据中提取潜在的时空活动模式。这些研究说明利用合理的降维手段能够对大数据进行有效的分析，同时避免有用信息的损失。本书对定位数据构建张量，通过张量分解的方法获取定位数据不同维度的特征模式。本节介绍张量分解模型和张量分解的求解方法。

（一）张量分解模型

张量是一种多维数组，不同的维度可以具有不同的坐标系统。一阶张量就是向量，二阶张量是矩阵，三阶及三阶以上的张量统称为高阶张量。图 3.15 是一个三阶张量 $X \in \mathbb{R}^{I \times J \times K}$。

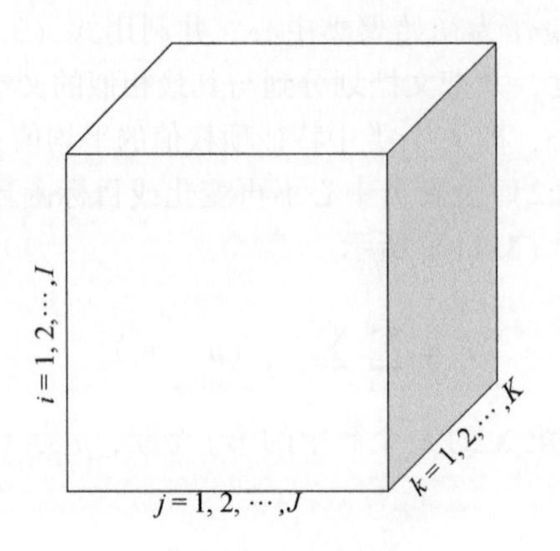

图 3.15　三阶张量

张量分解可以看作奇异值分解的高阶推广（HOSVD）和主成分分析，通常来说有两种张量分解的方法——Tucker 分解和 CP 分解（Kolda and Bader，2009）。本节采用 Tucker 分解的方法。Tucker 分解是一种高阶主成分分析，它把一个张量分解为一个核心张量沿着每一个模乘上一个因子矩阵，每个模上的因子矩阵称为张量在每个模上的基矩阵或主成分；而 CP 分解是 Tucker 分解的一种特殊形式，即核心张量为一个多维方阵，每个模式提取的特征数量相同。我们认为在不同维度中分解得到的模数并不是相同的，如在天维度和区域维度，所以本节选择使用 Tucker 分解。以三阶张量 $X \in \mathbb{R}^{I \times J \times K}$ 为例，图 3.16 表示对其进行 Tucker 分解的结果，分解模数为 $P \times Q \times U$，分解为一个核心张量和三个因子矩阵，其中核心张量 $G \in \mathbb{R}^{P \times Q \times U}$，记录着各模式之间的关系；$A \in \mathbb{R}^{I \times P}$、$B \in \mathbb{R}^{J \times Q}$、$C \in \mathbb{R}^{K \times U}$ 为三个因子矩阵。压缩之后核心张量的存储空间明显小于原始张量的存储空间，从而达到对高维数据降维，起到数据压缩与特征提取的作用。因子矩阵为降维提取的特征向量分别作为列向量组成的特征向量矩阵，其中每一列为一个主成分，代表因子特征空间的一种模式。核心张量表示因子矩阵直接的相互作用或联系强度，$\tilde{X}$ 是由核心张量与三个因子矩阵重新构建的张量［式(3.12)］，是原始张量 X 的近似张量，X 与 $\tilde{X}$ 的差异可用来衡量近似张量 $\tilde{X}$ 的质量。

$$X \approx \tilde{X} = G \times A \times B \times C = \sum_{p=1}^{P} \sum_{q=1}^{Q} \sum_{r=1}^{R} G_{p,\, q,\, r} A_p \circ B_q \circ C_r \tag{3.12}$$

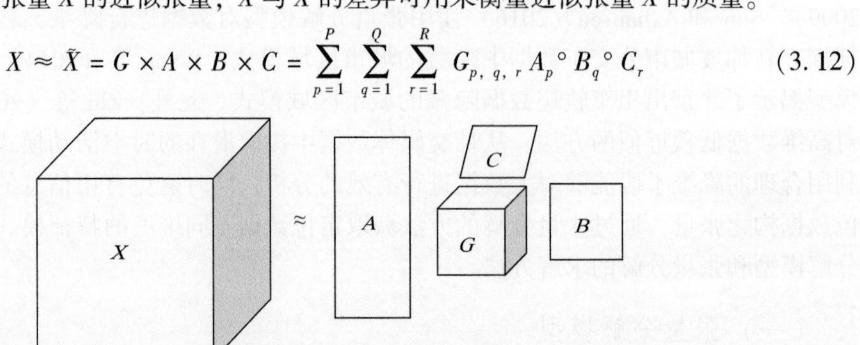

图 3.16　张量的 Tucker 分解模型

（二）张量分解计算

给定一个张量 $X \in \mathbb{R}^{I\times J\times K}$，张量分解解决的问题就是求解其核心张量 $G \in \mathbb{R}^{P\times Q\times U}$ 及对应的因子矩阵 $A \in \mathbb{R}^{I\times P}$、$B \in \mathbb{R}^{J\times Q}$、$C \in \mathbb{R}^{K\times U}$，目的是用核心张量和因子矩阵乘积组成的近似张量 $\tilde{X}$ 替代原始张量 X 来降维，X 和 $\tilde{X}$ 的差距越小说明越近似。KL（Kullback-Leible）离散度可以量化近似张量的效果，KL 距离即相对熵，当两个随机分布的差别增加时，其相对熵也增加。KL 散度越小则近似张量和原始张量更接近，X 和 $\tilde{X}$ 的 KL 离散度定义为

$$\text{COST}(X \mid \tilde{X}) = \sum_{i=1}^{I}\sum_{j=1}^{J}\sum_{k=1}^{K}\left(X_{i,j,k}\lg\frac{X_{i,j,k+\sigma}}{\tilde{X}_{i,j,k}+\sigma} - X_{i,j,k} + X_{i,j,k}\right) \tag{3.13}$$

式中，$X_{i,j,k}$为原始张量中的元素值；$\tilde{X}_{i,j,k}$为近似张量中的元素值，因此找最接近的近似张量即求解最优的 KL 散度 COST（$X \mid \tilde{X}$）。

通常张量分解的核心张量与因子矩阵中的元素可正可负，在实际应用中，负值对分解结果的可解释性没有任何贡献，同时张量分解结果不具有唯一性。为解决以上问题，Morup 等（2008）提出 SN-TUCKER 模型（稀疏非负 Tucker 分解），该模型在优化过程中加入非负约束和稀疏约束。对于一个非负张量 X，SN-TUCKER 模型通过非负约束可以分解出非负核心张量和非负因子矩阵；通过稀疏约束对核心张量和因子矩阵进行降维，从而减少张量分解结果不唯一的歧义性。SN-TUCKER 模型利用乘法更新规则迭代求解，从而保证 G、A、B 和 C 的非负性。

三、遥感生态指标分析方法

遥感生态指数（remote sensing based ecological index，RSEI）由徐涵秋教授于 2013 年提出。RSEI 基于绿度（greenness，G）、湿度（wetness，W）、热度（thermal，T）、干度（dryness，D）四个影响生态变化的重要自然或人工因素，分别用归一化植被指数（NDVI）、地表温度（LST）、缨帽变换的湿度分量（wet）、建筑物和裸土覆盖指数（NDBSI）表示这四个因素，并采用主成分分析方法综合处理以上四个指标得到。遥感生态指标可表示为函数 RSEI =（G，W，T，D），具体可定义为 RSEI =（NDVI，wet，LST，NDBSI）（Hu and Xu，2019；徐涵秋，2013）。

（一）绿度、湿度、热度、干度四个分指数的计算及归一化

1. 绿度

绿度指标用 NDVI 来表示：

$$\text{NDVI} = (\rho_N + \rho_R - 1)/(\rho_N/\rho_R + 1) = (\rho_N - \rho_R)/(\rho_N + \rho_R) \tag{3.14}$$

式中，$\rho_{N,R}$分别为 NIR 和红色波段的反射率。

作为比率，NDVI 的一个重要优点是它能够标准化许多外来的噪声源，从而产生稳定的值，但是 NDVI 在景观研究中存在一定的不足，包括该计算比率的非线性本质，该计算所需波段对土壤背景具有一定的敏感性，并且中高植被密度处的 NDVI 存在饱和现象

(Huete et al., 2010)。NDVI 的饱和现象指在植被生长旺盛期，NDVI 总在 0.8 附近波动，一直维持在一个高且平的范围内，不再能看出植被生长变化的现象（Yang et al., 2008）。

2. 湿度

多光谱和高光谱数据都有高度相关的波段。穗帽变换不仅将很多个波段压缩成几个波段，而且将它们正交变换成一组新的与物理特征相关的轴，从而使波段之间去相关。传统上，三轴的定义是亮度、绿色和湿度（Baig et al., 2014），穗帽变换中的湿度分量与植被和土壤的湿度紧密相关，因此 RSEI 的湿度指标（wet）的表达式为

$$\mathrm{wet}_{\mathrm{TM}}=0.0315\rho_1+0.2021\rho_2+0.3102\rho_3+0.1594\rho_4-0.6806\rho_5-0.6109\rho_7 \tag{3.15}$$

$$\mathrm{wet}_{\mathrm{ETM+}}=0.2626\rho_1+0.2141\rho_2+0.0926\rho_3+0.0656\rho_4-0.7629\rho_5-0.5388\rho_7 \tag{3.16}$$

$$\mathrm{wet}_{\mathrm{LAI}}=0.1511\rho_2+0.1973\rho_3+0.3283\rho_4+0.3407\rho_5-0.7117\rho_6-0.4559\rho_7 \tag{3.17}$$

式（3.15）~式（3.17）分别为基于 TM、ETM+、LAI 穗帽变换的湿度分量计算方法（Huete, 2002；Crist, 1985；Huang et al., 2002）。式中，$\rho_i(i=1, \cdots, 5, 7)$ 分别是影像各对应波段的反射率。

3. 热度

热度由式（3.18）计算：

$$\mathrm{LST}=T/[1+(\lambda T/\rho)\ln\varepsilon] \tag{3.18}$$

其中：

$$\varepsilon=0.004P_v+0.986 \tag{3.19}$$

$$P_v=[(\mathrm{NDVI}-\mathrm{NDVI}_{\mathrm{Soil}})/(\mathrm{NDVI}_{\mathrm{Veg}}-\mathrm{NDVI}_{\mathrm{Soil}})] \tag{3.20}$$

式中，T 为传感器处温度值；λ 为 TM/ETM+ 6 波段的中心波长（11.5μm），且 LAI 10 波段的中心波长（10.9μm）；$\rho=1.438\times10^{-2}\mathrm{mK}$；$\varepsilon$ 为比辐射率；P_v 为植被覆盖度；$\mathrm{NDVI}_{\mathrm{Soil}}$ 为完全是裸土或无植被覆盖区域的 NDVI；$\mathrm{NDVI}_{\mathrm{Veg}}$ 为完全被植被覆盖的像元 NDVI。取经验值 $\mathrm{NDVI}_{\mathrm{Veg}}=0.70$ 和 $\mathrm{NDVI}_{\mathrm{Soil}}=0.05$。

4. 干度

干度指标由建筑物指数（IBI）和裸土指数（SI）合成，因两者同样可以造成地表的干化（Xu, 2006）。热度用 NDBSI 表示，由式（3.21）计算：

$$\mathrm{NDBSI}=(\mathrm{IBI}+\mathrm{SI})/2 \tag{3.21}$$

式中，IBI 为建筑指数（Xu, 2008）；SI 为土壤指数（Roy et al., 2002）。

$$\mathrm{IBI}=\left(\frac{2\rho_5}{\rho_5+\rho_4}-\left[\frac{\rho_4}{\rho_4+\rho_3}+\frac{\rho_2}{\rho_2+\rho_5}\right]\right)\Big/\left(\frac{2\rho_5}{\rho_5+\rho_4}+\left[\frac{\rho_4}{\rho_4+\rho_3}+\frac{\rho_2}{\rho_2+\rho_5}\right]\right) \tag{3.22}$$

$$\mathrm{SI}=[(\rho_5+\rho_3)-(\rho_4+\rho_1)]/[(\rho_5+\rho_3)+(\rho_4+\rho_1)] \tag{3.23}$$

5. 各分指数归一化

由于四个分指数指标量纲不统一，在计算 RSEI 时必须先将四个分指数进行归一化处理［式（3.24）］，映射到［0，1］。

$$\mathrm{NI}_i=(\mathrm{Indicator}_i-\mathrm{Indicator}_{\min})/(\mathrm{Indicator}_{\max}-\mathrm{Indicator}_{\min}) \tag{3.24}$$

式中，NI_i 为归一化后的某指标值；$\mathrm{Indicator}_i$ 为该指标在像元 i 的值；$\mathrm{Indicator}_{\max}$ 和 $\mathrm{Indicator}_{\min}$ 分别为该指标的最大值和最小值。

(二) 构建遥感生态指标

主成分分析是从数据中提取信息的常用方法之一（Xu, 2006），通过在数据矩阵中提取变量之间的关系，对协方差矩阵对角化，以统计最优的方式对数据矩阵进行变换，如式（3.25）所示。

$$X_{N\times D}=Y_{N\times M}\times W_{M\times D}=\begin{bmatrix} y_{11} & \cdots & y_{1m} \\ \vdots & & \vdots \\ y_{n1} & \cdots & y_{nm} \end{bmatrix}\times\begin{bmatrix} w_{11} & \cdots & w_{ld} \\ \vdots & & \vdots \\ w_{m1} & \cdots & w_{md} \end{bmatrix}=\begin{bmatrix} x_{11} & \cdots & x_{1d} \\ \vdots & & \vdots \\ x_{n1} & \cdots & x_{nd} \end{bmatrix} \tag{3.25}$$

式中，X 为原 N 个样本，本来其样本具有 M 维，现在用变换矩阵 Y，Y 矩阵具有 N 个样本，本来维数为 M 维，只要求出转换矩阵 W，即可得到主成分分析后的 D 维 N 个样本的值。采用依次垂直旋转坐标轴的方法将多维信息集中到少数几个特征分量，每个特征分量代表一定的特征信息。特征光谱空间坐标轴的旋转去掉各指标间的相关性，将主要信息集中到少数几个特征。如果所测量的变量是线性相关的并且被错误污染，则其中的少数变量会捕获变量之间的关系，并且剩余变量仅包括错误。因此，消除较不重要的部分会减少测量数据中的误差的贡献，并以紧凑的方式表示它。

采用主成分分析构建 RSEI 可通过各个指标对各主成分的贡献度自动、客观确定其权重，避免因人而异、因方法而异造成的结果偏差（徐涵秋，2013；Huang et al., 2002）。需要注意的是，四个指标的计算量纲不统一，作主成分变换前需对这些指标正规化，量纲统一到［0，1］。GEE 云平台提供主成分分析案例，可以快速得到 6 期影像的主成分分析结果，与 ENVI 软件相比节省了大量时间。

在主成分分析中，主成分是各指标的线性组合，各指标的权数为特征向量。它表示各指标对主成分的重要程度，并决定了主成分的实际意义。根据主成分的计算公式，可以得到 2 个主成分与 4 个指标的线性组合［式（3.26）和式（3.27）］，从而建立综合得分数学模型［式（3.28）］。综合得分越大，生态质量越好，归一化处理后［式（3.29）］，获得最终的 RSEI，即

$$F_1=\sum_{i=1}^{n}\frac{x_i}{\sqrt{E_i}}\times Y_i \tag{3.26}$$

$$F_2=\sum_{i=1}^{n}\frac{x_i}{\sqrt{E_i}}\times Y_i \tag{3.27}$$

$$F=\sum_{i}^{n}F_j\times C_i \tag{3.28}$$

$$\text{RSEI}=(F-F_{\min})/(F_{\max}-F_{\min}) \tag{3.29}$$

式中，F_1、F_2分别为第 1、第 2 主成分得分；Y_i为指标 i 的像元值；$\frac{x_i}{\sqrt{E_i}}$为指标 i 的特征向量；x_i为指标 i 的载荷因子；E_i为指标 i 的特征值；F_j为第 j 个主成分得分；C_i为第 j 个主成分的贡献率；F 为综合得分。

第四章　青藏高原人群动态分布及节日响应

人类活动是引起青藏高原生态环境改变的重要因素。很多学者对青藏高原史前人类活动和近几十年的人口分布格局与人口流动开展了大量研究，但有关人群时空分布的精细尺度研究还相对缺乏。海量的人类活动空间位置大数据为认识高原人群短期的动态变化提供了新途径。本章利用手机定位数据、人口迁徙数据等高时空分辨率的空间位置大数据，通过时间序列分解方法和基于统计检验的异常判别方法，分析2017年国庆期间青海和西藏的人群分布时空变化特征，并探讨假期旅游行为及人口迁徙与该变化特征之间的关系。

第一节　基于大数据的精细尺度人群动态分布

一、青藏高原人群分布研究概述

青藏高原是全球平均海拔最高的高原，拥有独特的自然和人文环境，是我国重要的生态安全屏障（陈发虎等，2017；刘荣高等，2017；姚檀栋等，2017）。近百年来，人类活动加剧已成为青藏高原生态系统功能与结构发生深刻变化的重要原因之一（张宪洲等，2015a）。开展青藏高原人类活动变化研究，对保护青藏高原生态安全，守护好世界上最后一方净土，具有重要的现实意义（陈发虎等，2017；樊杰等，2015）。

当前，有关青藏高原人类活动的研究主要以史前古人类活动与扩散和近几十年人类活动对生态系统影响的研究为主。青藏高原史前人类活动的研究主要关注人类走上高原的过程及驱动因素，解密人类适应高原缺氧环境的科学问题（陈发虎等，2016；侯光良，2016）。例如，陈发虎等（2016）通过考古资料的梳理与测年分析，划分史前人类向青藏高原扩散的三个阶段并确定不同阶段的主要驱动因素。张冬菊等（2016）将史前人类扩散到整个青藏高原的过程概括为四个阶段并分析了可能的驱动机制。侯光良等（2016）以细石叶、石片等石制品为证据，推测在全新世伊始人类登上青藏高原主体，并讨论了人类在青藏高原向东北方扩张的历程。另外，很多研究已经开始关注近几十年日益加剧的人类活动给青藏高原生态系统带来的影响与改变，如侯小青等（2017）采用GIS和现代类比法分析人类活动对全新世中晚期百年分辨率降水序列的影响。刘安榕等（2018）根据土壤生物类群的丰富度及分布格局探讨其对人类活动的响应。林丽等（2010）通过时空转换技术，分析青藏高原矮嵩草草甸碳分配比对人类活动的响应。陈德亮等（2015）通过建立环境评估体系揭示了青藏高原过去几千年来的环境变化情况，评估人类活动对其的影响。Cai等（2015）利用SPOT NDVI的趋势值作为指标，发现在1998～2004年人类活动导致草场发生退化。Chen 等（2014）模拟了人类诱导的净初级生产力，并在计算其与真实值的差值后，评估了青藏高原草原生态系统上人类活动带来的影响，发现与过去相比，该指标的人类活动相应强度越来越大。Huang 等（2016）通过统计数据与多源遥感数据相结合的方式研究了气候与人类活动对青藏高原植被活力的影响。郭兵等（2018）构建融合人类活动因子的评价体系对青藏高原 2000～2013 年的生态系统脆弱性进行了评估，发现生态系统脆弱性与人口密度的显著相关性。Li 等（2018）通过人类足迹制图的方法定量评估了 1990～2010 年人类活动对青藏高原生态服务功能保护影响强度的时空变化。

近年来，随着青藏高原城镇化的不断加快，人口的聚集、增长与流动导致高原人口的空间分布也在发生明显变化（Sanderson et al.，2002）。王超等（2019）指出西藏的人口密度具有极强的空间非均衡性，大致以波绒—岗尼为界，东南聚集西北稀疏，不同区域的人口分布格局的影响因素也各不相同。杨成洲（2019）基于人口普查数据对西藏人口流动进行了分析，发现西藏的人口空间流动具有低强度、单向性和近距离等特征，人口流动模式深受地理近邻性和民族文化因素影响。吴江等（2016）通过研究林芝地区多年的旅游统计资料发现，1990～2014 年旅游接待人数呈现大幅增长的态势，旅游旺季及重要的节假日都会出现客流高峰，当地的旅游业具有明显的节日效应。在上述这些研究中，反映人类活动的指征数据，如人口统计资料、地区旅游统计数据等，大都具有较粗的时空粒度，难以从精细尺度上探索青藏高原人群分布的时空变化规律。随着互联网与通信技术的发展，智能手机定位、社交媒体签到、图片位置等位置大数据提供了新的、可快速感知人类动态变化的数据资源（陆锋等，2014；牛方曲和刘卫东，2016；赵梓渝等，2017）。这些新兴的数据源为提升人口空间化精度、推动传统城市与人口研究带来了新的契机（Ma，2018；潘碧麟等，2019；吴吉东等，2018）。潘碧麟等（2019）的研究发现微博签到数据能够揭示成渝城市群双核多中心的空间结构，微博数据反映的人口流动与社会经济发展水平较一致。张晓瑞等（2018）结合百度地图的人口分布热力图分析了合肥人口空间分布格局，指出实时、动态的位置大数据能弥补传统数据的不足。此外，不少学者利用这类位置大数据来揭示人的时空分布变化对生态景观及保护区的影响（van Zanten et al.，2016；Walden-Schreiner et al.，2018）。van Zanten 等（2016）通过多个网络社交平台上的带定位信息的图片对整个欧洲的景观价值进行了定量评估。Walden-Schreiner 等（2018）利用 Flickr 多年的图片评估和分析了自然保护区内游客的时空变化及其对生态系统的影响。

本章利用手机定位数据、迁徙数据等位置大数据，针对 2017 年国庆假期这段人口流动变化较明显的时期，对青藏高原主要城市在此期间所发生的人群分布时空变化开展实证研究。从趋势变化和异常震荡两方面分析 2017 年国庆期间青藏高原主要城市的人群分布变化特征，并探讨假期旅游行为及人口迁徙与时空变化模式之间的依赖关系。通过揭示节庆假期中高原人群分布的时空变化特征，为高原生态监测、保护区管理和旅游管理等部门在应对节日的高峰客流方面提供决策支持。

二、青藏高原精细尺度人群空间分布

本章以青海和西藏为研究区域。两省区总面积约 192 万平方千米，是青藏高原上的两个主要省级行政区，2017 年总人口分别为 586 万和 349 万，主要集中在西宁和拉萨两市及周边城市（段玉珊和王娜，2015；张宇等，2017），人均 GDP 分别约为 4.2 万元和 3.9 万元，城镇化率分别达到 30.89% 和 50.07%（国家统计局，2018），分别处于城镇化初期阶段和中期阶段（丁生喜等，2015；史晨怡等，2018；王胡林，2018）。青藏高原每年接待大量的游客，据文化和旅游部统计，2017 年国庆期间，西藏共接待游客 120.9 万人次，青海共接待游客 236.9 万人次（魏巍，2017）。而节假日的旅游活动及其导致的人群流动变化为挖掘青藏高原人群动态的大数据模式提供了重要的契机。

采用的位置大数据来自腾讯位置大数据平台网站（最近访问：2019 年 4 月 1 日 https://heat.qq.com/）发布的高时空分辨率的定位请求数据和人口迁徙数据。两种数据源采集的时间范围均为 2017 年 9 月 15 日至 10 月 15 日，空间范围覆盖青海和西藏一共 15 个地级行政单元。详细的数据介绍参见第三章第二节。

图 4.1 展示了青藏高原手机定位量平均水平的空间分布情况，每个网格的定位量平均水平定义为定位量中值加 1 后的对数值。如图 4.1 所示，青藏高原上的定位请求分布十分稀疏，与其地广人稀的人口分布特征基本一致（赵彤彤等，2017），西宁、拉萨及其周边人口聚集地区的定位量相对较高，从城内到城外快速下降，连通城镇的公路和铁路沿线也有较明显的定位请求，客观反映了人们在这些地方留下的“数字足迹”。

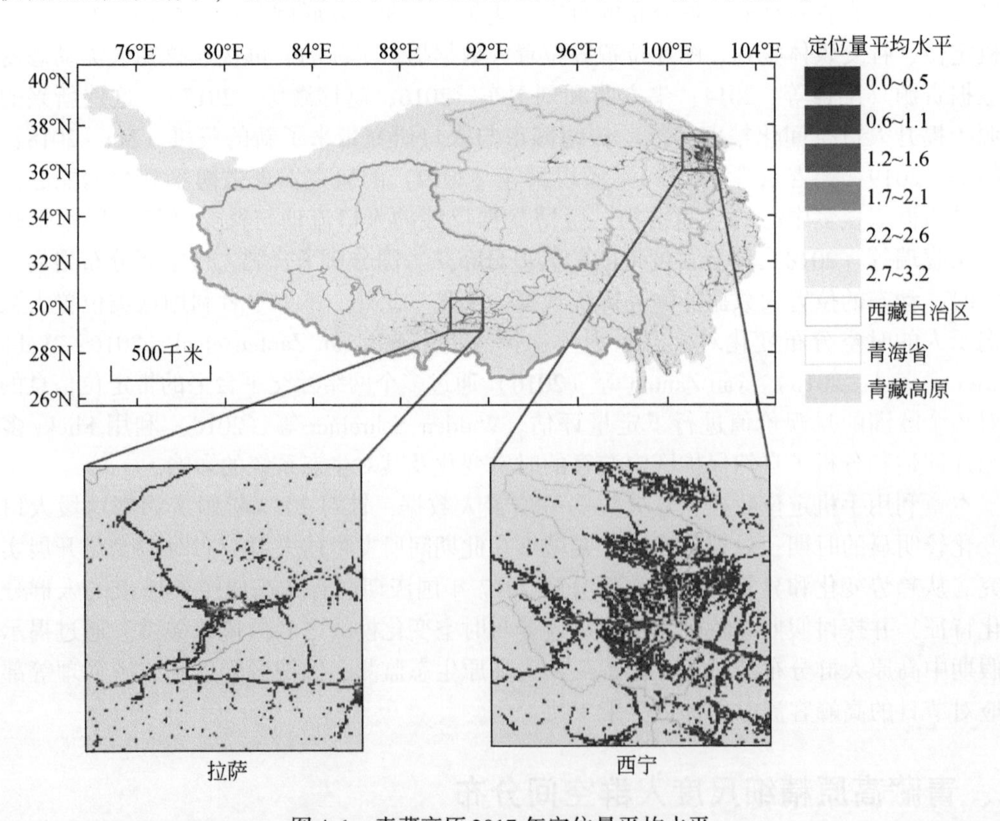

图 4.1　青藏高原 2017 年定位量平均水平

三、青藏高原城市尺度人群动态变化

在城市尺度上，通过将城市内部的有效定位请求聚合到省级和地级行政单元，分析了定位请求总量在国庆假期前后这一个月的逐日变化，如图 4.2 所示，定位请求总量均经过归一化计算，归一化计算为实际值减去中值再除以绝对中位差。从结果上看，首先，青海、西藏的定位请求总量从 10 月 1 日开始逐渐下降，低于该月平均水平，到 10 月 4 日降至最低，随后逐步反升，假日最后一天 10 月 8 日到达峰值，超出平均水平。在这期间，青海的定位请求总量的波动起伏相比西藏更加剧烈。其次，将定位请求量聚合到 15 个地级行政单元时，发现城市之间的定位量变化在国庆期间存在较明显的差异。其中，西宁和拉萨的定位量变化曲线与青海和西藏总量的变化曲线基本一致，可见两个人口高度聚集的省会（首府）城市基本表征了整个省级行政单元的定位量变化，在国庆期间都表现出先下降后爬升的变化特点，但是其他地级行政单元则表现出与省级行政区总量和省会（首府）城市不一样的定位请求量变化。例如，青海西宁以外的地级行政单元在 10 月 1 日后定位量反而先上升后下降。从城市间定位量标准差指标上看，国庆期间这 15 个地级单元的差异性上升并略高于平时水平，并且在 10 月 2 日到达峰值，进一步显示了这些城市在节日期间定位请求量变化的差异。这些结果表明，定位请求量能够反映高原城市在国庆期间出现异于平常的节日变化，在西宁和拉萨呈现先降后升的定位量变化特征，而在其他地级市呈现不一样的变化，挖掘这些变化特征与城市分异的潜在原因需要更精细尺度的时空剖析。

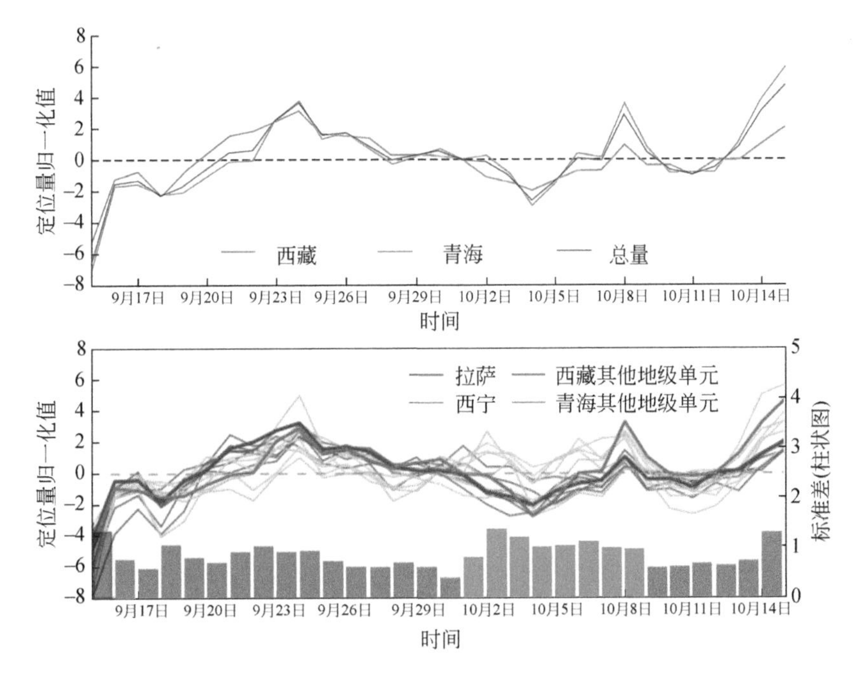

图 4.2 青海、西藏及各地级城市定位量归一化值的变化

第二节　青藏高原人群分布节日响应模式挖掘

一、人群动态分布的数据处理

为了挖掘和分析国庆期间青藏高原城市潜在的人群分布模式，本章主要采用时间序列分解方法，从网格单元的时间序列中解析趋势变化和剩余值异常，并研究发生趋势变化和剩余值异常的网格在空间上的分布与时间变化特征。另外，在分析迁徙数据时，采用净流率指标来反映各地级行政单元人口迁入与迁出的时间变化。

对于研究范围内的所有网格单元，首先去除整个期间（9 月 15 日至 10 月 15 日）定位量中值和绝对中位差（median absolute deviation，MAD）都为 0 的网格单元。MAD 是衡量数值型变量离散程度的一种统计量，其定义为

$$\text{MAD}=\text{median}(|x_i-\text{median}(X)|) \tag{4.1}$$

式中，X 为网格单元的整个定位量时间序列；x_i为第 i 天的定位量。在异常值存在的情况下，MAD 比常用的标准差在衡量数据离散程度上更稳健。

针对筛选后的每个网格单元，采用 STL 方法（Cleveland et al.，1990）对其逐日定位量所构成的时间序列y_v进行加性分解，提取趋势项、季节项和剩余分量，加性模型表达为

$$Y_v=T_v+S_v+R_v \tag{4.2}$$

式中，T_v为趋势项；S_v为季节项；R_v为残余项。

STL 方法通过多次内循环和外循环的递归计算来提取时间序列中的趋势项和季节项。内循环计算首先将时间序列分解为周期子序列，即每个季节周期内相同时间位置组成的子序列，如以 7 天为周期的逐日数据中，由第一周周一、第二周周一……构成的子序列。接着，采用 LOESS 平滑周期子序列得到初步的季节项C_v，然后通过低通滤波平滑得到初步的趋势项L_v，再用C_v减去L_v得到此次循环的季节项S_v，最后，用Y_v减去S_v后再进行一次 LOESS 平滑得到此次循环的趋势项T_v。外循环计算主要根据残余项大小给每个值赋予稳健性权重，提高内循环计算对异常的鲁棒性。通过内循环和外循环这样多次的迭代计算，直到趋势项或季节项收敛不变，最终完成时间序列分解。

本章采用趋势距平值来定量刻画每个网格单元在国庆期间可能发生的趋势性上升与下降的程度。网格的趋势值通过时序分解得到，其距平值定义为

$$D_i=T_i-\text{median}(T) \tag{4.3}$$

式中，D_i为距平值；T 为网格单元时间序列的趋势项；T_i为第 i 天的定位量趋势值。距平值为正表明此时网格的定位量趋势高于其中值水平，距平值为负则表示低于中值水平。

考虑到国庆期间可能存在网格的趋势变化不如剩余值变化明显，本章进一步采用了泛化极端学生化偏差（generalized extreme studentized deviate，GESD）（Rosner，1983）统计检验方法对网格时序分解得到的剩余值进行异常判别与提取。为了克服异常值给分析带来的偏差，在计算 GESD 检验统计量 G 时，采用中值和 MAD 分别代替样本均值和标准差，

其公式为

$$G=\frac{\max|x_i-\text{median}(X)|}{\text{MAD}} \tag{4.4}$$

在设定异常数量上限值 k 参数后，GSED 方法将进行 k 轮测试，每轮测试时，先剔除距离中值最远的数据，即 $|x_i-\text{median}(X)|$ 最大的数据，再重新计算统计量 G，并检验 G 是否大于临界值 G_{crit}：

$$G_{\text{crit}}=\frac{(j-1)t_{a/(2j),j-2}}{\sqrt{j(j-2+t_{a/(2j),j-2}^2)}} \tag{4.5}$$

式中，j 为上一轮测试剔除最大偏离样本后的样本总量；$t_{a/(2j),j-2}$ 为显著性水平为 $a/(2j)$；自由度为 $j-2$ 的 t 分布临界值。其中，参数 k 为 0.25 倍样本总量为异常数量上限，参数 a 取 0.05。对于 GESD 检测出的网格异常时间点，通过时序分解后的剩余值反映该异常的偏离程度，即异常偏离值。

针对地级行政单元之间的迁徙数据，采用净流率（net flow ratio，NFR）指标来反映城市间迁徙的主导流向，其定义为

$$\text{NFR}=\frac{f_{\text{in}}-f_{\text{out}}}{f_{\text{in}}+f_{\text{out}}} \tag{4.6}$$

式中，f_{in} 和 f_{out} 分别为某地级单元的迁入和迁出总量。NFR 的范围为 $-1\sim1$，NFR 大于 0 且越接近 1，越表明城市以人口迁入为主，迁入量超过迁出量；相反，NFR 小于 0 且越接近 -1，越表明城市以人口迁出为主，迁入量小于迁出量。

二、人群动态分布的趋势变化

为了揭示微观尺度上的时空变化，首先在网格单元上，重点分析了西宁和拉萨周边每个网格在 9 月 29 日至 10 月 10 日的趋势距平值变化。从结果上看（图 4.3 和图 4.4），两市在其行政区划范围内的网格趋势距平值具有相似的时空变化特征：国庆假期开始（10 月 1 日）前后，城市中心附近网格的趋势距平值由正转负，趋势值逐渐低于平均水平，而城市中心外围的乡镇、村落、道路等人口密度相对较低地区的网格其趋势距平值则普遍由负变正，逐渐高出平均趋势值，直到国庆假期结束（10 月 8 日前后），城市中心及其周边区域的网格才逐渐恢复到平时的趋势水平。略有不同的是，西宁在这种微观网格上的时空变化相比拉萨更加明显和剧烈，国庆期间的趋势上升特征在空间上已延伸至环青海湖、海北藏族自治州、门源回族自治县等西宁外周边地区。人们的定位请求行为在时空上呈现的这种中心跌、周边涨的“离心化”变化过程，在一定程度上反映了国庆期间存在人群由城市中心向周边辐射聚集的潜在流动。

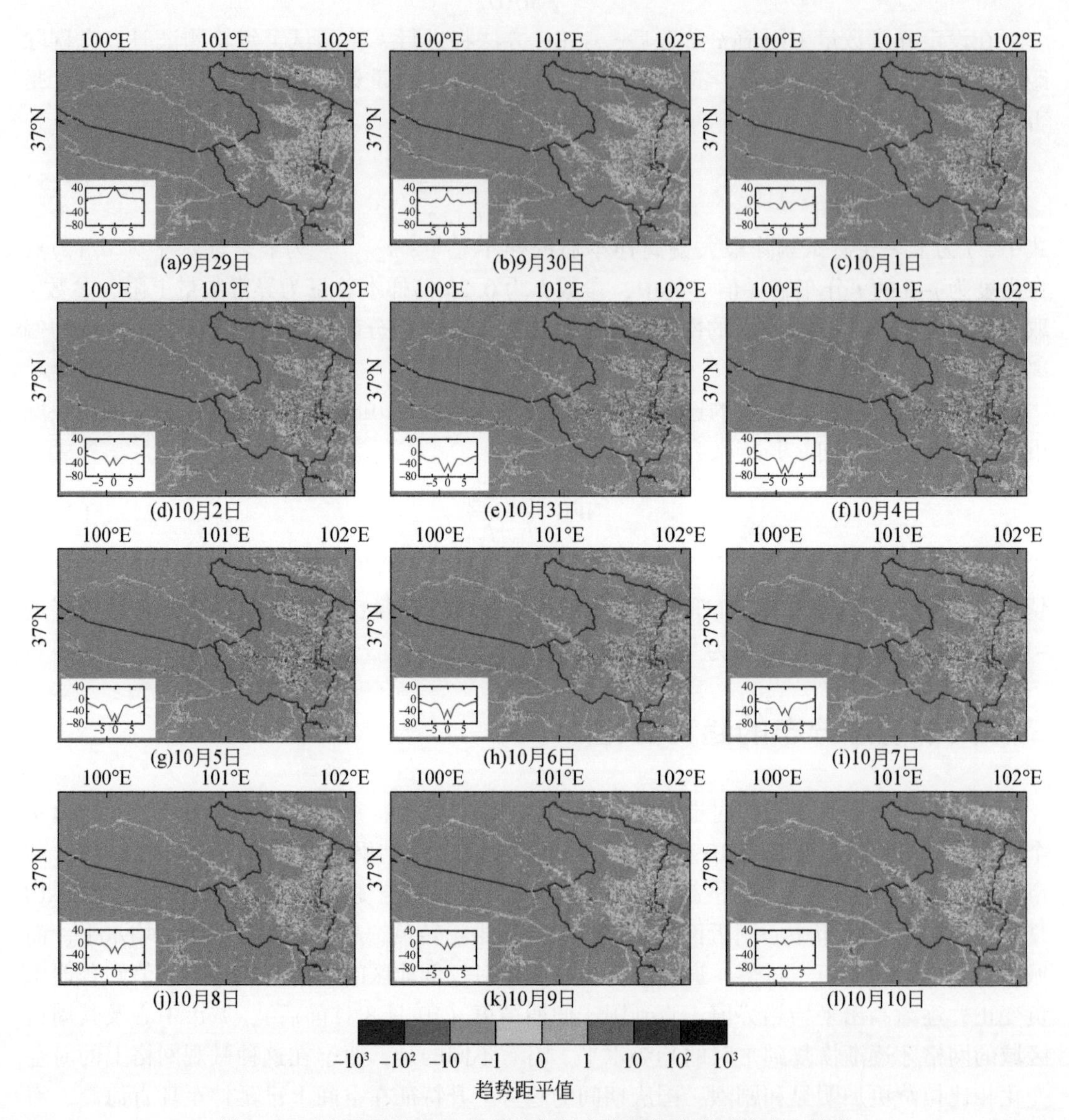

图 4.3　西宁及周边 2017 年国庆期间定位量趋势距平值变化情况

图中折线图为城市中心点 0.1 度范围内的平均趋势距平值变化，横坐标为距离城市中心点的网格距离（千米），纵坐标为趋势距平值

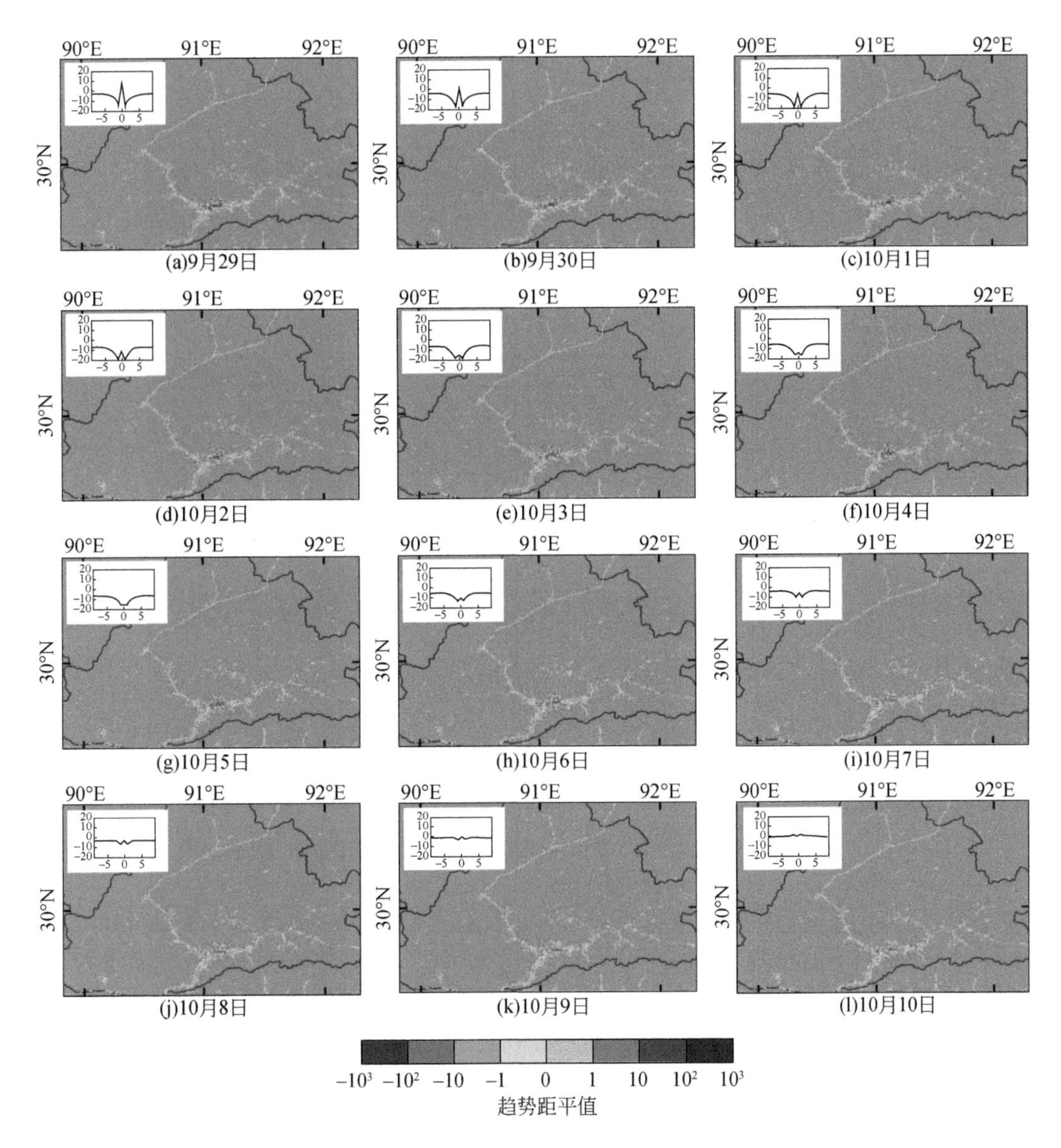

图 4.4　拉萨 2017 年国庆期间定位量趋势距平值变化情况

图中折线图为城市中心点 0.1 度范围内的平均趋势距平值变化，横坐标为距离城市中心点的网格距离（千米），纵坐标为趋势距平值

三、人群动态分布的异常变化

在微观尺度上，对于节日期间总体趋势变化不明显但剩余值呈现异常波动的网格，本章通过 GESD 异常检测方法进行了定位请求量点异常提取，探究其随时间和空间的变化特征。首先，从图 4.5 的统计结果上看，点异常的数量随预期值的升高而快速锐减，大部分点异常集中分布在 1 ~ 10 的预期值范围内，定位请求水平较低。预期值低于 100 的点异常

以正异常为主，即实际值超出预期水平，而预期值高于100的点异常以负异常为主，即实际值低于预期水平。

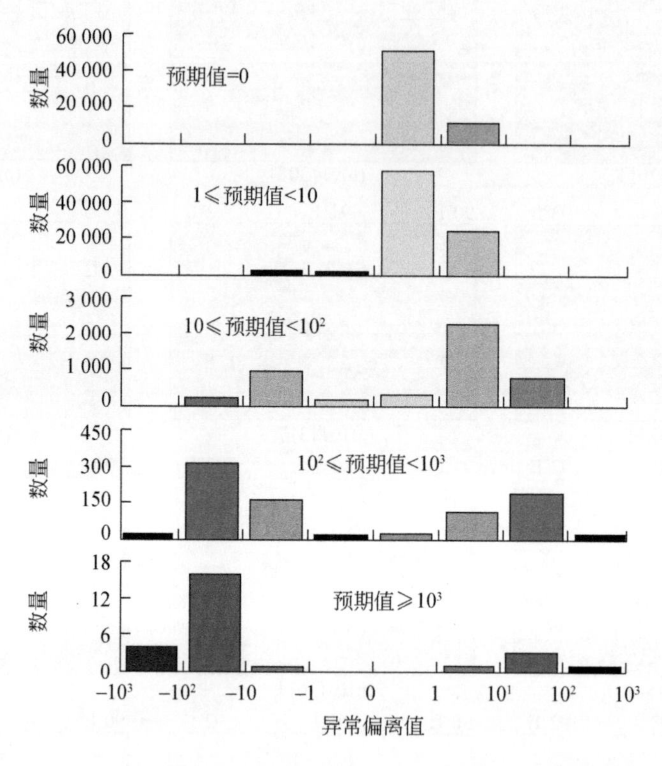

图4.5　青藏高原2017年国庆假期定位请求量点异常统计结果

从空间上看（图4.6和图4.7），检测出的点异常主要集中在青海东部西宁、海东等人口稠密地区，黄南藏族自治州（简称黄南州）、海南藏族自治州（简称海南州）及其他城市少有分布。西藏检测出的点异常较为稀疏，主要分布在拉萨、日喀则等人口相对密集的城市地区，其余地级行政单元内分布稀疏。从逐日检测出的异常数量和总的偏离程度上看，国庆假期除了青海的西宁、海东、海北州、海南州、黄南州存在较明显的起伏变化外，青海其余地级行政单元未见明显的节庆变化。其中，从异常数量来看，西宁、海东和海南州的异常数量较多，且三个城市不相上下，但西宁总的偏离程度较海东、海南州更明显。西藏地级行政单元均无明显的节庆变化，与平时相比差异不大，各地市异常数量差异也不大，但拉萨总的偏移量为最大。从图4.6和图4.7中展示的10月2日各地级行政单元政府所在地附近的点异常分布情况可进一步看到，该日大部分的点的异常值以正异常为主，预期值为1～10，这表示当天定位请求量在大范围内相比平常更高。而为数不多的负异常主要分布在西宁和拉萨，预期值在100～1000，这表示这些异常点所在位置上的定位请求相比平常处于偏少水平，这与西宁、拉萨两市国庆期间趋势距平值的空间变化特征基本一致，城市中心地区的定位请求量骤减，而城市周边地区普遍微涨。

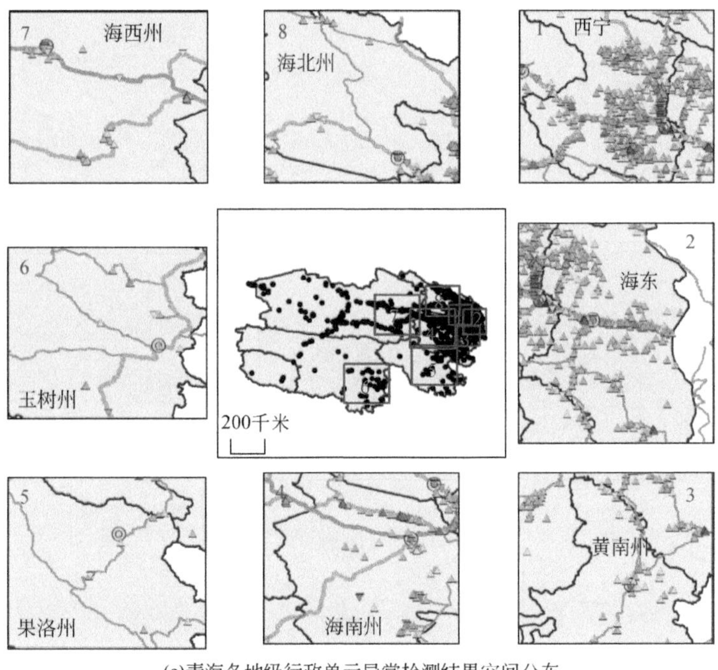

(a)青海各地级行政单元异常检测结果空间分布
玉树州全称是玉树藏族自治州，果洛州全称是果洛藏族自治州

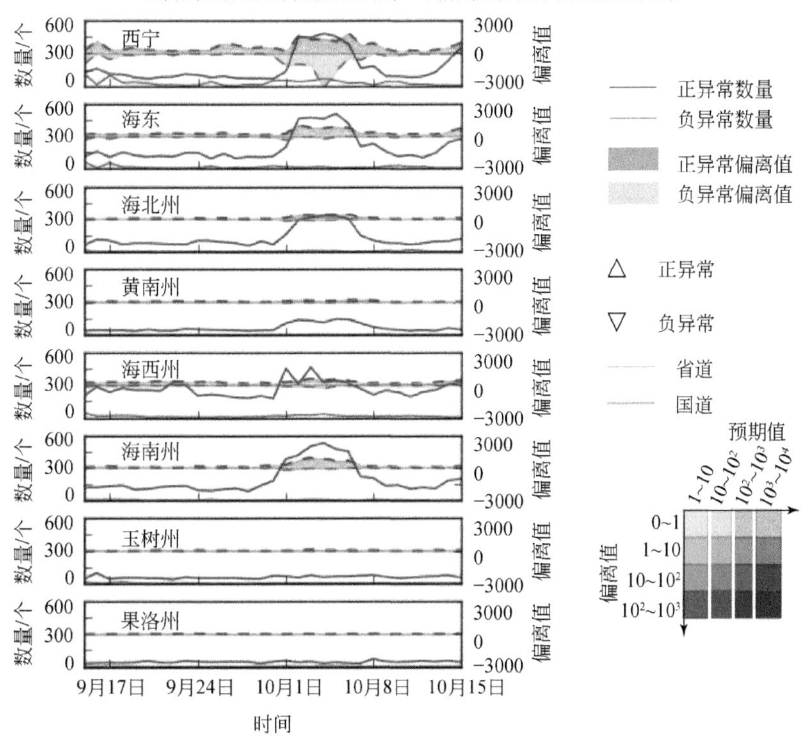

(b)青海各地级行政单元异常检测结果统计

图 4.6 青海及其地级行政单元国庆假期定位请求数据点异常检测及分析结果

海西州全称是海西蒙古族藏族自治州

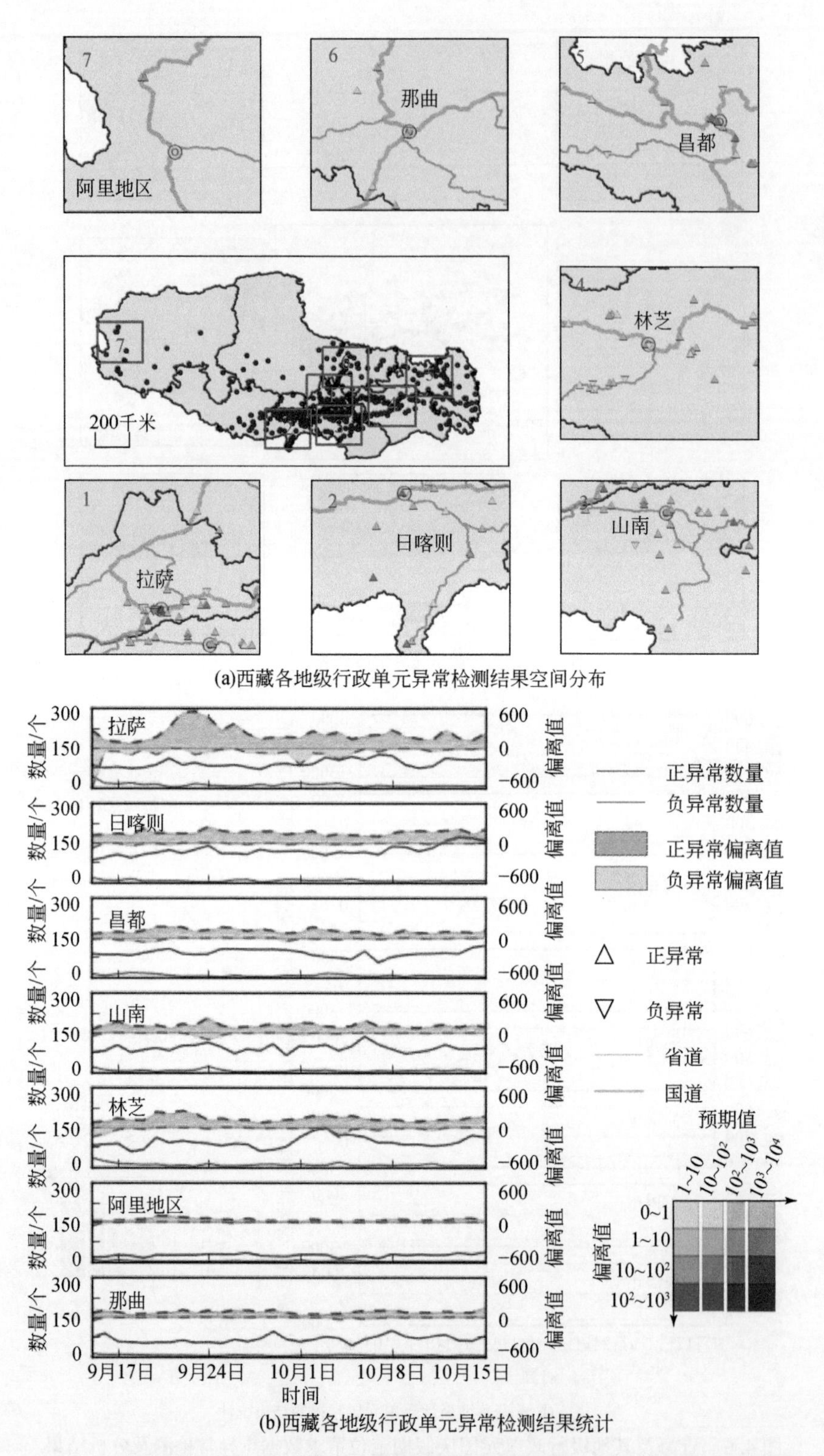

图 4.7 西藏及其地级行政单元内国庆假期定位请求数据点异常检测及分析结果

第三节　青藏高原人群分布节日响应模式探讨

一、城中心与周边景区的节日变化对比

假期出行旅游是城市人口短期流动变化的重要驱动因素，因而也是探究青藏高原人群分布变化的重点对象。本章选取了拉萨和西宁附近的一些著名景点，以及从市区通往这些景点的道路，对比分析了国庆期间上述位置与城市中心地区定位请求的趋势值变化。从结果上看（图 4. 8），尽管拉萨市区整体的定位请求量趋势为先下降后上升，但位于拉萨市区内的布达拉宫和大昭寺两个著名景点，以及市区外的纳木错著名景点和通往该景点的必经道路，它们的定位请求量趋势值在国庆期间表现为先升后降的相反变化特征，而同样在市区外的甘丹寺景点则几乎无变化，但通往甘丹寺的道路（P_2）显示了微弱的涨跌起伏。另外，西宁周边的知名旅游景点，如塔尔寺、茶卡盐湖、互助土族故土园、二郎剑等，以及通过这些景点主要必经道路，在国庆期间均呈现出先涨后落的起伏变化，与西宁中心城

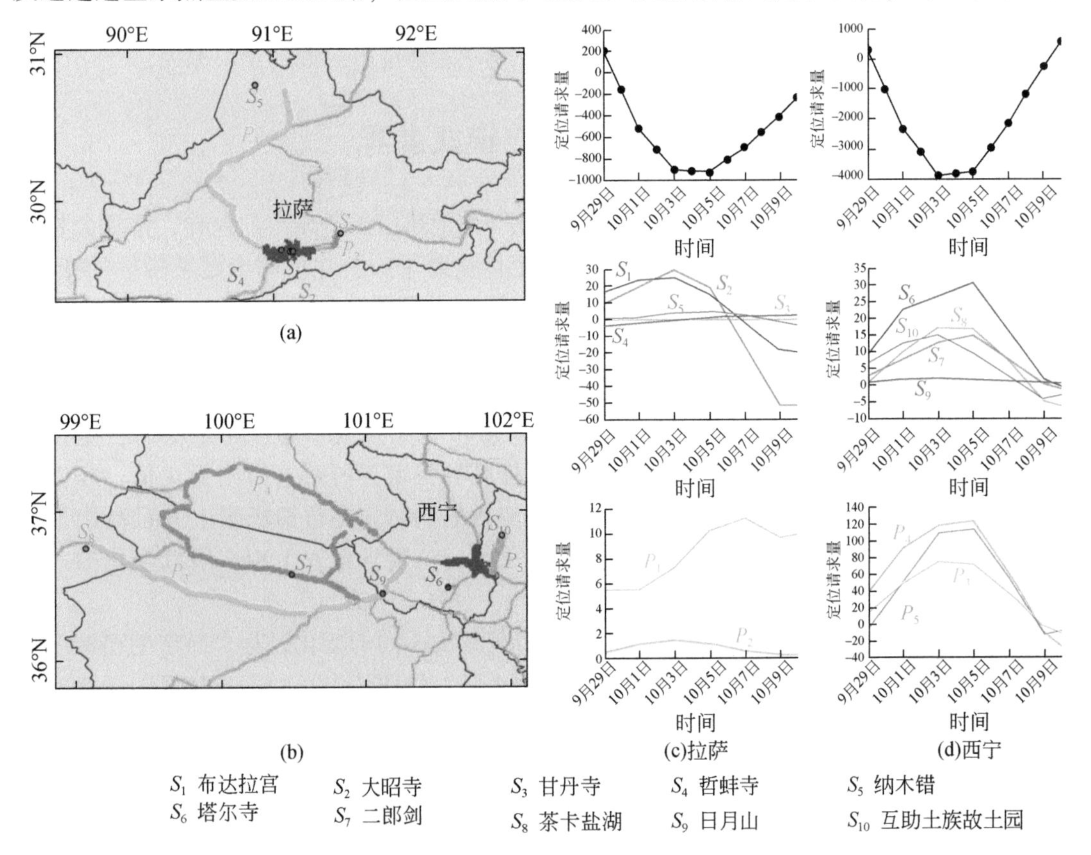

图 4. 8　热门景点及主要通往道路 2017 年国庆假期定位请求量趋势变化

S_1 ~ S_{10} 为所选的 10 个旅游景点位置，P_1 ~ P_5 为通往上述景点的主要旅游路线

区的起伏变化正好相反。由此可见，国庆假期人们向青海和西藏这些热门景点移动聚集的旅游行为是这些地方及通往道路上定位请求量出现变化的重要原因。

二、节日人群移动对人群动态分布的影响

结合腾讯迁徙大数据，本章进一步探讨国庆期间青藏高原潮汐变化背后的人口迁徙特征。根据腾讯迁徙数据的分析结果（图 4.9），西宁在国庆前后均有大量的省外净流入，并且在 10 月 2 日到达峰值；在青海内部的流动中，西宁到海东、海南州、海西州的流动量较大，并且假期前半程（10 月 4 日左右）以西宁流向海东、海南州和海西州为主，而后半程以回流至西宁为主。对比 9 月 30 日和 10 月 2 日各地级单元的流入流出情况，可以发现西宁、海南州和海西州都有较明显的净流入，而青海很多热门景点也位于这三个地级单元内。与西宁不同，拉萨在 10 月 1 日前以自治区外净流出为主，10 月 3 日净流入值达到峰值；在自治区内，拉萨与日喀则、那曲、林芝、山南地区的流动相对较大，并且在国庆前后以拉萨净流出为主。对比 9 月 30 日和 10 月 2 日的流入流出情况，可以看到从拉萨流出到自治区外的总量锐减，而从自治区外流入到拉萨、日喀则、林芝等地均有所增加。对比定位请求数据所反映的变化，国庆期间，西宁和拉萨在省（自治区）内的人口迁徙从净流出到净流入的转换，应是城市周边地区定位请求趋势先升后降的重要原因。

三、高原城市与其他城市的节日响应模式差异

为了探究西宁、拉萨在国庆期间呈现的变化与其他热门旅游城市的差异，本章分析了 9 月 29 日、10 月 1 日和 10 月 3 日的净流率与定位量距平归一化值两个定量指标的变化，并与全国前十热门的旅游目的地（据携程旅游统计）进行了横向对比，定位量距平归一化值计算为实际值除以中值后再减 1。根据分析结果（图 4.10），进入国庆假期后，北京、上海、杭州、昆明、厦门和贵阳的定位量距平值均为负值且逐日下降，而净流率在此期间一直为负或下行至负值（如厦门），表明这些城市有大量人口净流出的同时，定位请求量逐日下跌且低于平日水平；相反，三亚、桂林和张家界的距平值则为正值，净流率也处于正值区间，显示这些城市在大量人口净流入的同时，定位请求量上升且高出平日水平。由此可见，人口流动带来的人口数量变化是定位请求量发生相应增减变化的一个重要原因。

然而，通过对比可以看到，西宁和拉萨两市表现出不同的变化过程。西宁的净流率在进入假期后逐渐下降，但仍为正值，而定位量距平归一化值却由正变负；拉萨的净流率在进入假期后由不到-0.2 上升至 0.2 以上，而定位量距平值同样由正变负。可见，净流率的变化虽然能解释很多热门旅游城市在国庆期间的定位请求量变化，但不能完全解释西宁和拉萨两座高原城市定位请求量下降的变化，定位请求数据中无法解析的请求频次变化、用户覆盖率等都是导致这些变化的其他潜在原因。

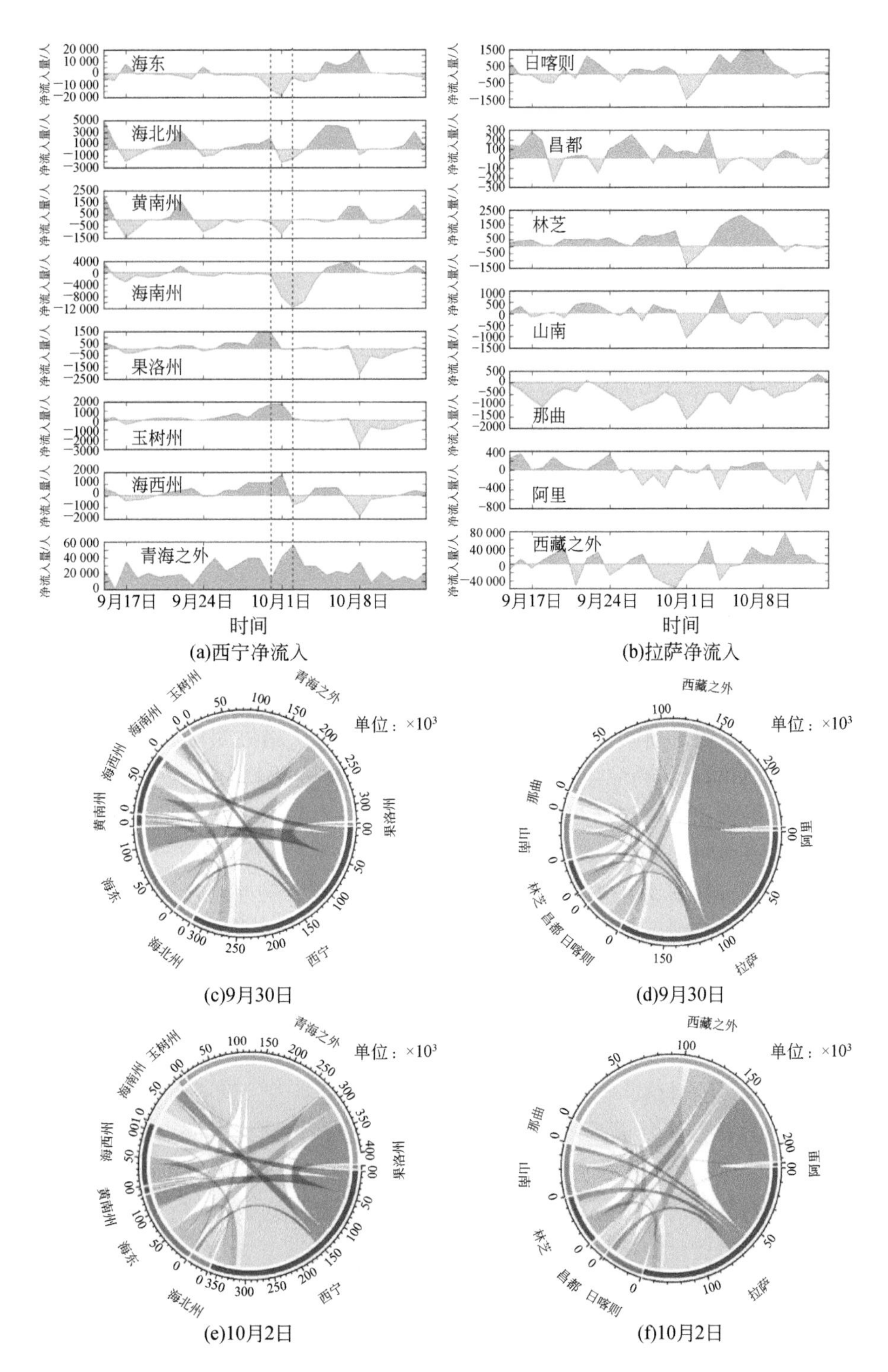

图 4.9　西宁和拉萨 2017 年国庆期间净流率变化（a）~（b）及国庆前后各地级单元人口迁徙弦图（c）~（f）

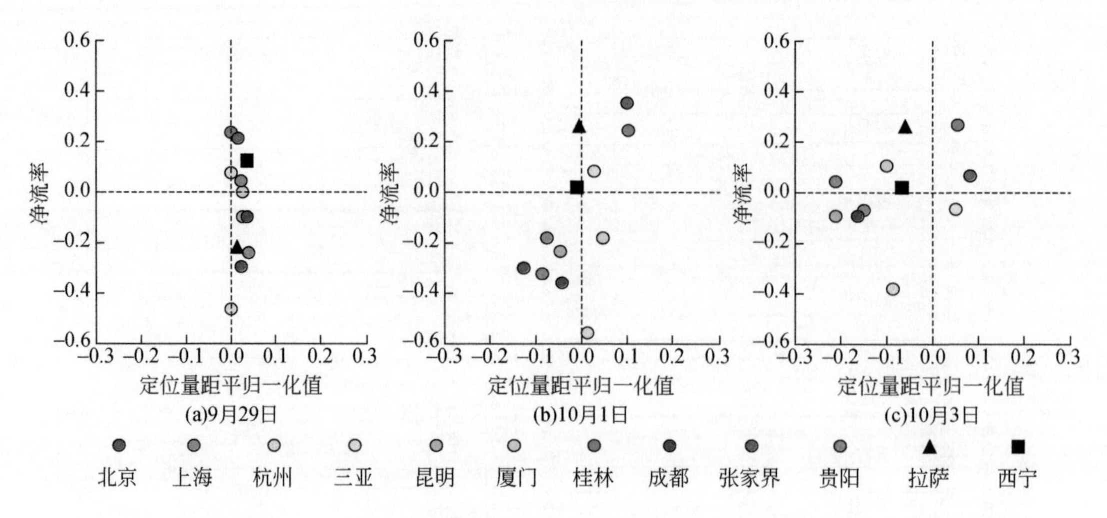

图 4.10 国庆前后西宁、拉萨及全国热门旅游目的地的净流率与定位量距平归一化值对比分析

第四节 小 结

为了从精细尺度上探究青藏高原人群分布在节庆假期的时空变化，本章利用网格化的逐日定位请求数据，通过时间序列分解与异常探测方法，从趋势变化和异常振荡两方面分析了 2017 年国庆期间青藏高原主要城市的人群分布时空变化特征，并结合人口迁徙数据探讨了假期旅游行为和人口流动与时空变化之间的关联关系。国庆假期青藏高原人群分布的主要时空变化模式归纳如下。

（1）按行政单元统计分析趋势变化，发现国庆期间青海和西藏及其省会和首府的定位请求量在时间变化上呈现先降后升的潮汐变化特征。青海的波动起伏比西藏更强烈，省区内其他地级单元差异明显，呈现定位请求量先升后降的相反潮汐变化现象。

（2）在精细网格尺度上分析趋势变化，发现西宁和拉萨两市国庆期间的定位请求量在空间上呈现中心跌、周边涨的“离心化”变化特征，定位请求的趋势距平值在城市中心由正转负，在周边乡镇、村落、道路等地区由负转正。

（3）通过点异常检测分析，发现青海的西宁、海东、海北州、海南州、黄南州等地级单元在进入假期后有明显的异常数量和偏离总量上升，并且数量上以正异常居多，散布在城市周边地区，而负异常集中分布在西宁、拉萨等人口聚集的城市中心，同样呈现中心骤减、周边普涨的空间变化特征。

针对上述高原人群在国庆假期呈现的时空变化特征，本章进一步结合迁徙大数据深入挖掘并探讨了该变化的潜在原因。

(1) 热门景点旅游人群聚集是导致景区定位请求量上升的重要因素。在对热门景点及通往道路的定位请求量进行了详细分析后，发现景点和道路呈现先升后降的“潮汐”变化特征，表明了假期人们的旅游行为是景区及通往道路出现潮汐变化的重要原因。

（2）结合迁徙数据分析后，发现西宁和拉萨的国庆期间的流入流出变化也是城市周边地区定位请求趋势出现先升后降变化特征的潜在原因。

（3）与其他热门旅游目的地城市对比后发现，尽管西宁和拉萨与北京、上海等热门旅游城市一样，在大量游客涌入的国庆假期出现定位请求量下降的变化，但两座高原城市的潮汐变化不能完全通过净流率指标来解释。假期定位请求频次的变化、用户覆盖率等都是这种变化的潜在原因，而现有的手机定位数据局限于记录一定空间范围一段时间内的聚合总量，难以有效解析出上述变化，所以在后续的研究中，可进一步结合微博文本、图片、签到等更多有价值的位置大数据，共同揭示青藏高原人群分布的精细动态变化，加深对高原人口的分布格局与流动变化的认识，为青藏高原的城镇化过程与生态保护提供决策支持。

第五章　青藏高原人类活动节律模式解析

随着青藏高原城镇化的发展和人口的增长，人类活动强度不断加剧。据统计，1990～2010年，青藏高原的人类活动强度增加了约30%（Li et al.，2018）。除了当地人口的活动，旅游人口的活动不容小觑。2000年以来，青藏高原旅游人口年均增长率高达25.31%，2017年共有5100万游客登上青藏高原，旅游业已成为青藏高原地区经济支柱型产业。快速的城镇化过程和人口集聚虽然带动了当地经济的发展，但也给脆弱的高原生态环境带来巨大的压力，并对当地文化系统造成冲击（方创琳和李广东，2015；李广东等，2015；张惠远，2011）。当然，不同的人类活动强度和类型作用于不同脆弱性等级的高原生态系统中时，会带来不同的生态环境效应。因此，为了揭示不同时空维度人类活动对青藏高原的影响效应，需要研究青藏高原地区人类活动的时空模式和分布规律。除此之外，旅游人口的活动和当地居民的活动不同，导致的环境影响也不同，将旅游人口的活动与当地人口的活动区分开，对全面评价人类活动的生态环境影响具有正面意义。

第一节　人类活动节律模式提取

近年来，多种类型位置大数据的获取，如公交车智慧卡、手机数据、社交媒体数据、出租车轨迹数据、兴趣点（point of interest，POI）数据等，为研究人类活动提供了多样的数据源，在很大程度上改善了人类活动研究的手段（Degrossi et al.，2018；裴韬等，2019）。Sorokin和Merton（1937）曾提出人类的社会活动具有一定的韵律，近期利用大数据的研究也揭示了城市人类活动空间规律和时间律动（Demissie et al.，2015；Sagl et al.，2012；Xu et al.，2015）。正是这种时空律动为发现人的行为和城市空间功能提供了可能，为分析人类活动模式提供了依据，使人们可以从时空大数据中挖掘出城市空间功能和土地利用类型（Pei et al.，2014；Tu et al.，2017）。

一定区域内的定位请求次数与该区域内的人数有相关关系，能够在一定程度上反映区域内的人群聚集程度（Ma et al.，2018），而人群聚集程度的变化体现了人类活动的时空模式。在对西藏的拉萨、日喀则、那曲、昌都及青海的西宁、海西州、海东、海南州、黄南州、玉树州等地的调研中发现青藏高原居民普遍使用智能手机，手机定位请求数据能够反映青藏高原人群的聚集特征，用大数据研究青藏高原的人类活动切实可行。因此，本章采用腾讯位置大数据作为人群时空分布的依据，通过分析人类活动时空模式了解青藏高原人类活动。为发掘旅游群体对青藏高原总体人类活动时空模式的改变和不同时段人群的时空活动特征，本章选择旅游淡季和旺季的数据进行对比分析，将淡季的人类活动作为青藏高原人类活动的本底，将旺季的人类活动作为被旅游人口改变的活动模式，从而区分当地居民和旅游人口活动的时空模式。

一、方法和流程

本章采用张量分解（Kolda and Bader，2009）方法对高维数据进行降维分析，提取不同维度的模式，方法和流程如图 5.1 所示。首先，对数据进行预处理，根据矢量边界提取数据、建立格网区域、剔除异常数据；接着以日、小时和空间格网为单位划分数据，构建三阶张量，然后运用 Mørup 等（2008）提出的 Tucker 模型，选择合适的参数和规则，对张量分解求解，获取数据在日、小时和空间维度上的因子矩阵；最后通过因子矩阵和核心张量分析人类活动的时空特征，并对空间因子矩阵进行聚类得到活动模式相似的空间格网集合，属于同一区域模式的格网中的定位数在时间上具有相似的变化规律。以下详细介绍张量的构建方法和张量分解的参数选择过程。

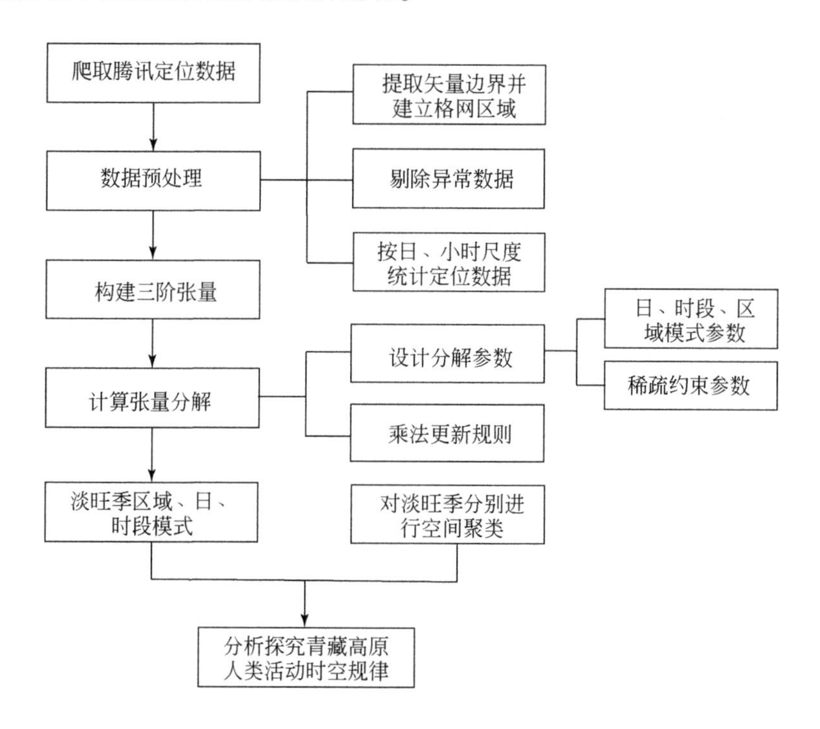

图 5.1　方法和流程

（一）定位请求数据的张量构建

本章选择 1 月作为旅游淡季，7 月作为旅游旺季。从定位请求数据中提取出青藏高原研究区范围内的数据，选择包含青藏高原淡季和旺季各 7 天的完整定位请求数据，其中淡季为 2018 年 1 月 16～22 日，旺季为 2018 年 7 月 10～16 日，分别对应周二至下周一。腾讯位置大数据实时记录全球每 0.01°×0.01°经纬网内通过腾讯软件定位的次数，因此本章将研究区内的定位请求数据按0.01°×0.01°为空间单元建立栅格格网，获取的定位请求数据即为每个格网的定位请求数据。实验使用淡季和旺季各7天的定位请求数据，分别构造数据张量 X=(定位点、时段、日)，每日划分为24小时，青藏高原有定位点的格网为90 694个，分别构建淡季和旺季90 694×24×7的张量，即7张日切面，每张切面共有90 694行24列，其中每一张垂直切面表示一天；垂直切面的每一行表示一个定位点，每一列表示24小时中的一个时段，其中1时段对应0：00～1：00，依次类推24时段对应23：00～24：00；垂直切面中格网元素值表示该定位点在对应时刻的定位数量（图5.2）。

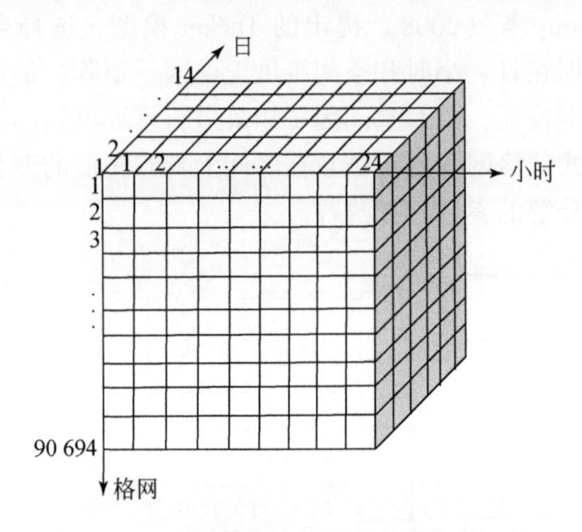

图5.2　青藏高原定位请求数据张量构建

（二）参数选择

张量分解中的重要问题是选择合适的参数求解其核心张量 G 及因子矩阵。因子矩阵包括区域模式矩阵 A、时段模式矩阵 B 和模式矩阵 C。核心张量中的值显示不同模式之间的相关程度，一个模数较高的核心张量也许能很好地拟合样本数据，但同时也会带来过拟合的问题，而核心张量模数过小则会造成各类别模式冗杂在一起，无法有效区分有差异的类别模式。

为了使区域模式划分清晰、时段模式分布合理且日模式明显，对模数和稀疏约束参数进行多组实验，分别设置区域模式模数 $S\in[3,15]$，时段模数 $T\in[3,6]$，日模数 $D\in[2,3]$，共计24组实验，模数选择范围见表5.1。由于实验变量较多，采取控制变量的方法进行分析，根据目标函数和模式组合表现来确定三个因子矩阵模数的最终取值。

表5.1　张量分解模数选择范围

参数	参数含义	参数范围
S	区域模式特征模数	[3,15]
T	时段模式特征模数	[3,6]
D	日模式特征模数	[2,3]

图 5. 3 是整体数据张量分解在不同模式组合下的损失目标函数。在日模数为 2 或 3 时，目标函数均在 $S=12$ 时趋于平稳，所以淡旺季的 S 值确定为 12；在 $S>12$ 时，时段模式在 3 和 4 时较为平稳，根据目标函数的大小，时段模式选择 4；而日模式为 2 时有明显划分，也最符合淡、旺两季的数据特征，所以对整体数据的分解模数确定为 12×4×2。

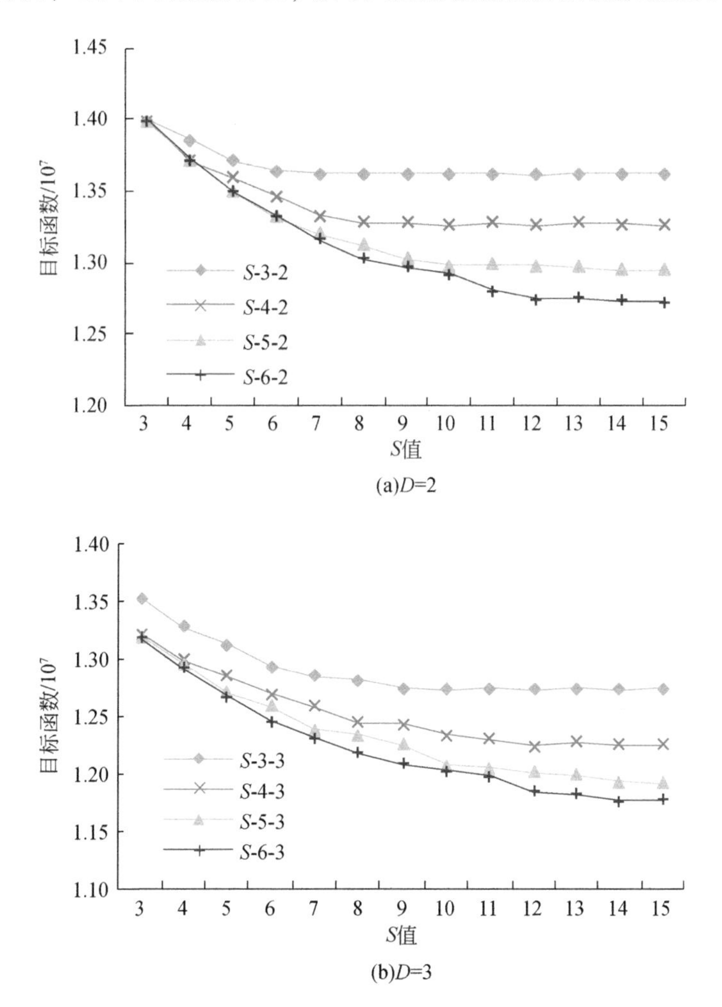

图 5. 3　整体数据张量分解目标函数与 S 值

图 5. 4 和图 5. 5 分别是淡季和旺季数据张量分解在不同模式组合下的损失目标函数。由图 5. 4 可知，淡季在日模数为 2、时段模数取 3 和 4 时和日模数为 3、时段模数取 3 时，目标函数能够较快趋于平稳，同时各模式组合对应有清晰的分解结果。通过比较目标函数大小，选取淡季的分解模数为 9×3×3，但分解结果中有一类空间模式几乎为空，所以最终确定为 8×3×3。由图 5. 5 可知，旺季在日模数为 2、时段模数取 3 和 4 时，以及日模数为 3、时段模数取 3 时，目标函数能够较快趋于平稳，同时各模式组合对应有清晰的分解结果，通过对这几组模数分解结果可视化的比较，旺季的分解模数最终确定为 8×4×2。

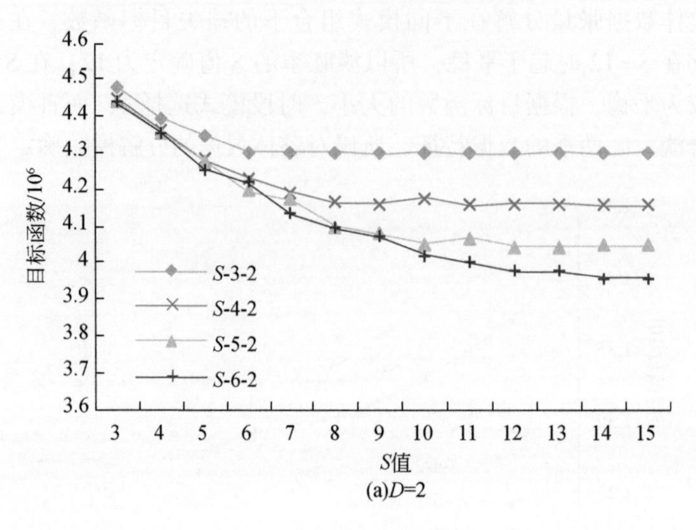

(a)D=2

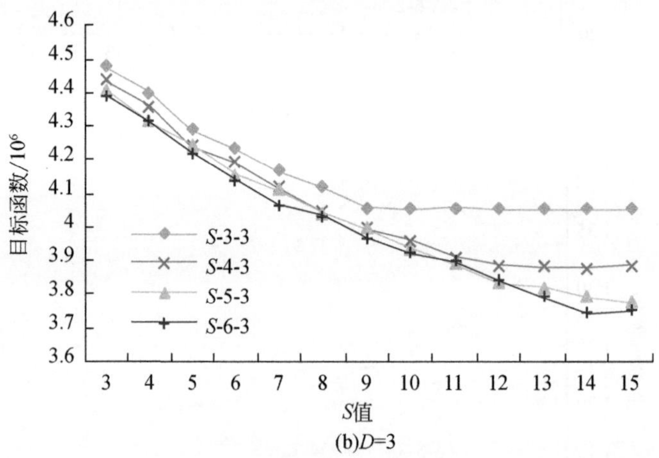

(b)D=3

图 5.4　淡季数据张量分解目标函数与 S 值

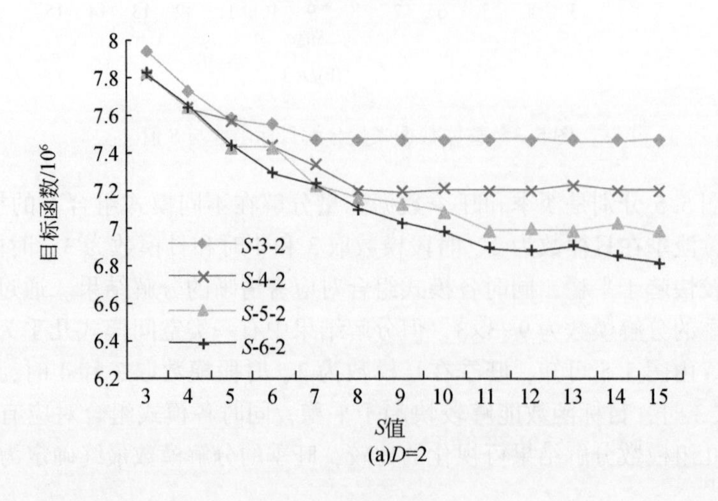

(a)D=2

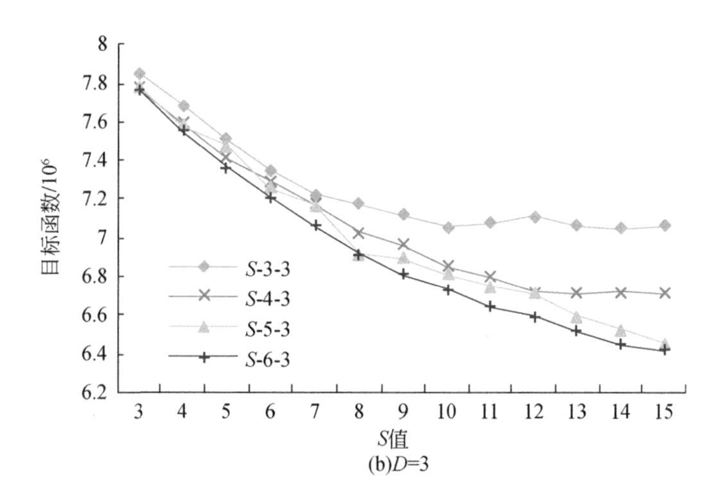

图 5.5 旺季数据张量分解目标函数与 S 值

二、人类活动节律模式

通过 Tucker 分解，将整体定位请求数据的张量分解为 1 个核心张量和 3 个因子矩阵 $A\in R^{90\,694\times 12}$、$B\in R^{24\times 4}$、$C\in R^{7\times 2}$ 的乘积形式，将淡季定位请求数据的张量分解为 1 个核心张量 $G\in R^{8\times 3\times 3}$ 和 3 个因子矩阵 $A\in R^{90\,694\times 8}$、$B\in R^{24\times 3}$、$C\in R^{7\times 3}$ 的乘积形式，将旺季定位请求数据的张量分解为 1 个核心张量 $G\in R^{8\times 4\times 2}$ 和 3 个因子矩阵 $A\in R^{90\,694\times 8}$、$B\in R^{24\times 4}$、$C\in R^{7\times 2}$ 的乘积形式。A、B、C 可被认为是每一个特征维度上的主成分，即空间维度、时段维度和日维度的主成分，对应的模式值越大意味着相关程度越高。Tucker 分解的 3 个因子矩阵中每一列分别代表不同的区域模式、时段模式和日模式。以淡季为例，淡季中 A 的某一行表示的是某个空间格网代表的定位点与 8 种区域模式的相关程度；B 的某一行代表的是该时段与 3 种时段模式的相关程度；C 的某一行代表的是该日与 3 种日模式的相关程度。旺季同理，对应的模式值越大也就意味着相关程度越高。

图 5.6 显示数据的日模式分布，其中横坐标的 1 月 16 ~ 22 日对应的是淡季，横坐标的 7 月 10 ~ 16 日对应的是旺季，图中的两种日模式在淡季和旺季表现完全不同，蓝色线在淡季的模式值达到高值且处于平稳状态，而在旺季模式值接近 0，为淡季模式；绿色线在淡季模式值接近 0，在旺季是高值且处于平稳状态，为旺季模式。淡季和旺季的日模式区别明显，为了防止相互干扰，提取清晰的时段模式和空间模式，将数据分为淡季和旺季两组，分别进行张量分解，以下只对淡季和旺季的分解结果进行分析。

（一）日模式

淡季和旺季的日模式因子矩阵如图 5.7 所示。图 5.7（a）为淡季日模式，对应的日因子矩阵为 $C\in R^{7\times 3}$。淡季的日模式有 3 个，D_1 模式对应周三至周五，D_2 模式对应周六至周一，1 月 16 日这天单独对应一个特殊的模式 D_3。2018 年 1 月 16 日（藏历 11 月 30 日）

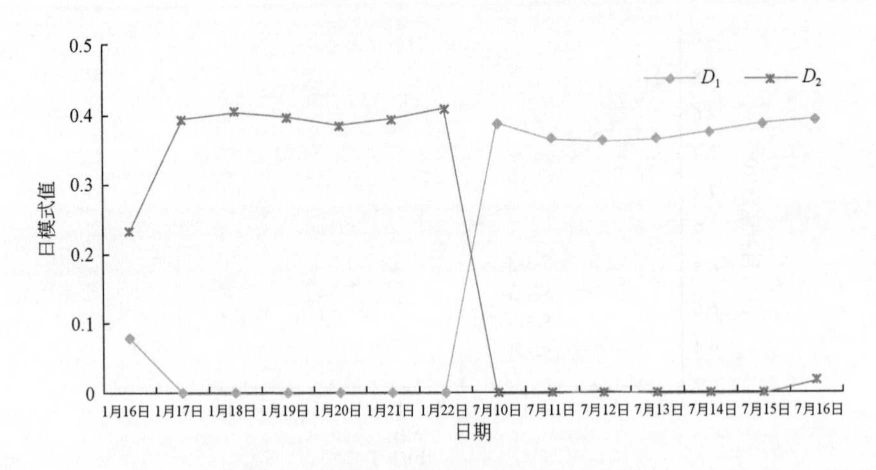

图 5.6　淡季和旺季人类活动日模式分布

为民族节日，本地居民多进行绕寺、绕山、绕湖、煨桑等户外活动，因此活动模式与平常不同。图 5.7（b）为旺季日模式，对应的日因子矩阵为 $C \in R^{7\times2}$。旺季的日模式有 2 个，分别为周二至周五对应的 D_1 模式和周六至周一对应的 D_2 模式。与通常所了解的工作日和周末的活动模式不同，青藏高原的人类活动呈现周一与周末相同的模式，而周二至周五为另一种模式。将淡、旺季的 D_1 模式称为周中部模式，D_2 模式称为周头尾模式，称 D_3 模式为特殊日模式。旺季的 7 月 13 日也是释迦牟尼佛节日，但是没有表现出特殊的活动模式，与周中部模式相似。

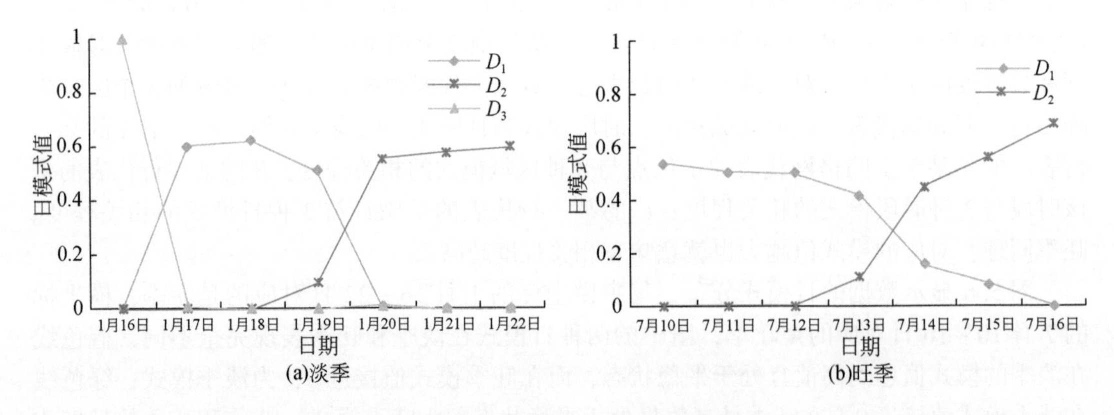

图 5.7　淡季和旺季人类活动日模式分布

（二）时段模式

淡季和旺季的时段模式分布如图 5.8 所示。图 5.8（a）为淡季的时段模式分布，对应的时段因子矩阵为 $B \in R^{24\times3}$。淡季的时段模式有 3 个，T_1 在凌晨阶段较为活跃；T_2 在 8：00～16：00 处于高值状态，午间有个低谷，对应为日间的活动，而且日间活动中间有午休；T_3 在 17：00～24：00 为高值，并且在正午有个小高峰，填补了午休时间的活动，这些时间通常对应的是饭点和休闲娱乐时间，可归并为休闲活动。T_1 凌晨模式是青藏高原旅游淡季一个非常显著的活动模式。中国大部分城市的人类活动都显示在 0：00 ~ 6：00 是个活动低谷，6：00 以后逐渐增高并在日间维持高值（Cai et al.，2019；Ma et al.，2019）。而青藏高原旅游淡季在凌晨有个活动高峰，甚至比旅游旺季的活动强度还大，代表了青藏高原居民的一种特殊活动方式。图 5.8（b）为旺季时段模式分布，对应的时段因子矩阵为$B \in R^{24 \times 4}$。旺季的时段模式有 4 个，T_1 在 0：00 ~ 3：00 较为活跃，为凌晨活动；T_2 在7：00 ~ 10：00 处于高值状态，对应为清晨的活动；T_3 在 10：00 ~ 20：00 处于高值，对应为日间活动；T_4 在 20：00 ~ 24：00 达到高峰值，对应为晚间活动。相比于淡季，旺季凌晨活动的峰值提前，并随后在 7：00 ~ 10：00 有另一个高峰模式，旺季时段模式没有正午的低谷，分布比较连续，且时间上比淡季推迟，旺季的晚间活动时间也比淡季的晚间活动推迟，但是峰值较高。

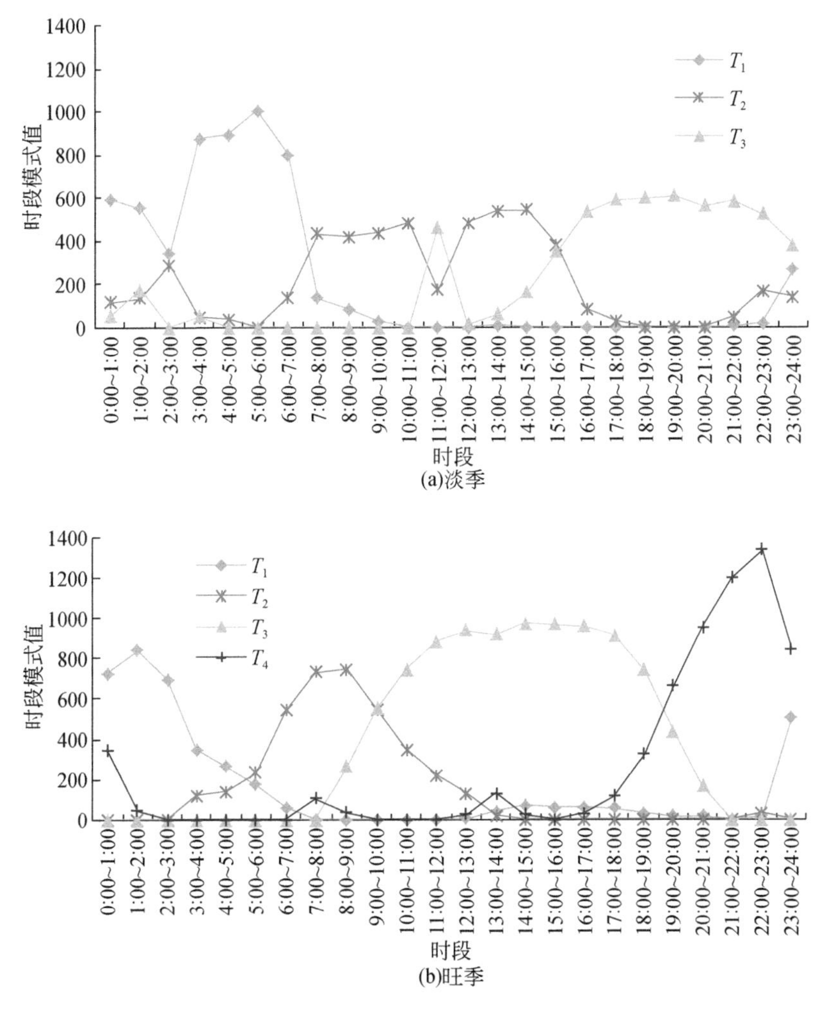

图 5.8　淡季和旺季人类活动时段模式分布

（三）空间模式

分解结果中淡季的空间因子矩阵 $A \in R^{90\,694\times 8}$、旺季的空间因子矩阵 $A \in R^{90\,694\times 8}$ 表示在淡季和旺季中研究区域的空间格网分别对应有 8 种定位模式，因子矩阵中的每一行的 8 个模式值代表了每个格网与这 8 种定位模式的相关程度。格网对应的每个模式值表示该格网在模式中的贡献，与该格网的定位数量成正比，即该格网的定位量越大，贡献值越大。每个格网的定位数本身存在很大差异，导致无法比较同一格网中各个模式的重要性，因此对因子矩阵 A 在行方向进行归一化处理：

$$A'_{i,\,j} = \frac{A_{i,\,j}}{\sum_{i}^{n} A_i} \tag{5.1}$$

式中，分子为因子矩阵 A 中第 i 行第 j 列元素；分母为第 i 行所有元素之和。

因子矩阵 A 归一化后得到淡季矩阵 $A' \in R^{90\,694\times 8}$、旺季矩阵 $A' \in R^{90\,694\times 8}$，分别表示淡季和旺季 8 种定位模式，因子矩阵中每一行的 8 个模式值代表每个格网与这 8 种定位模式的相关程度。格网对应的每个模式值表示该格网在模式中的贡献，模式值越大则贡献越大，说明该模式在格网中越突出。

由于每个格网不是只有一种空间模式，而是多种空间模式的混合，不同活动类型区域的空间模式混合方式不同。根据归一化后每个格网中 8 种空间模式的贡献率，将空间模式组合相似的格网聚类，得到人类活动相似的空间聚类。本章采用 K-means 聚类方法，根据 Calinski-Harabasz（CH）指标将淡季的空间模式聚为 11 类，旺季的空间模式聚为 10 类（图 5.9）。从图 5.9 中各类的聚类中心可以看出，除了 8 种单一空间模式的类别 $S_1 \sim S_8$，淡季还有分别以 S_2 和 S_5 为主且包括其他空间模式的类别 S_{2+} 和 S_{5+}，以及多种空间模式混合的类别，旺季有以 S_5 为主的类别 S_{5+} 和多种空间模式混合的类别。图 5.10 显示了淡季和旺季空间模式聚类的分布，可见无论是淡季还是旺季，大部分区域都是多种空间模式混合的类别。

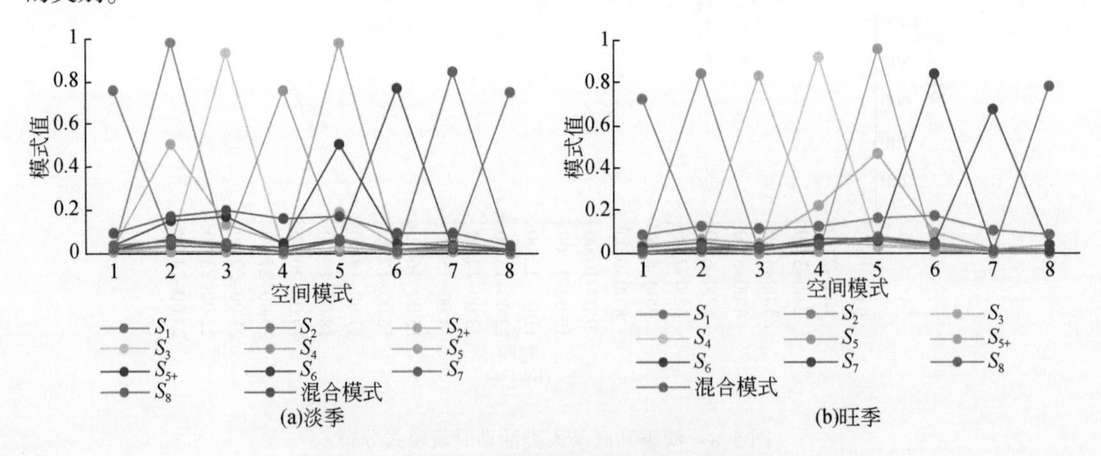

图 5.9 淡季和旺季人类活动空间模式聚类中心

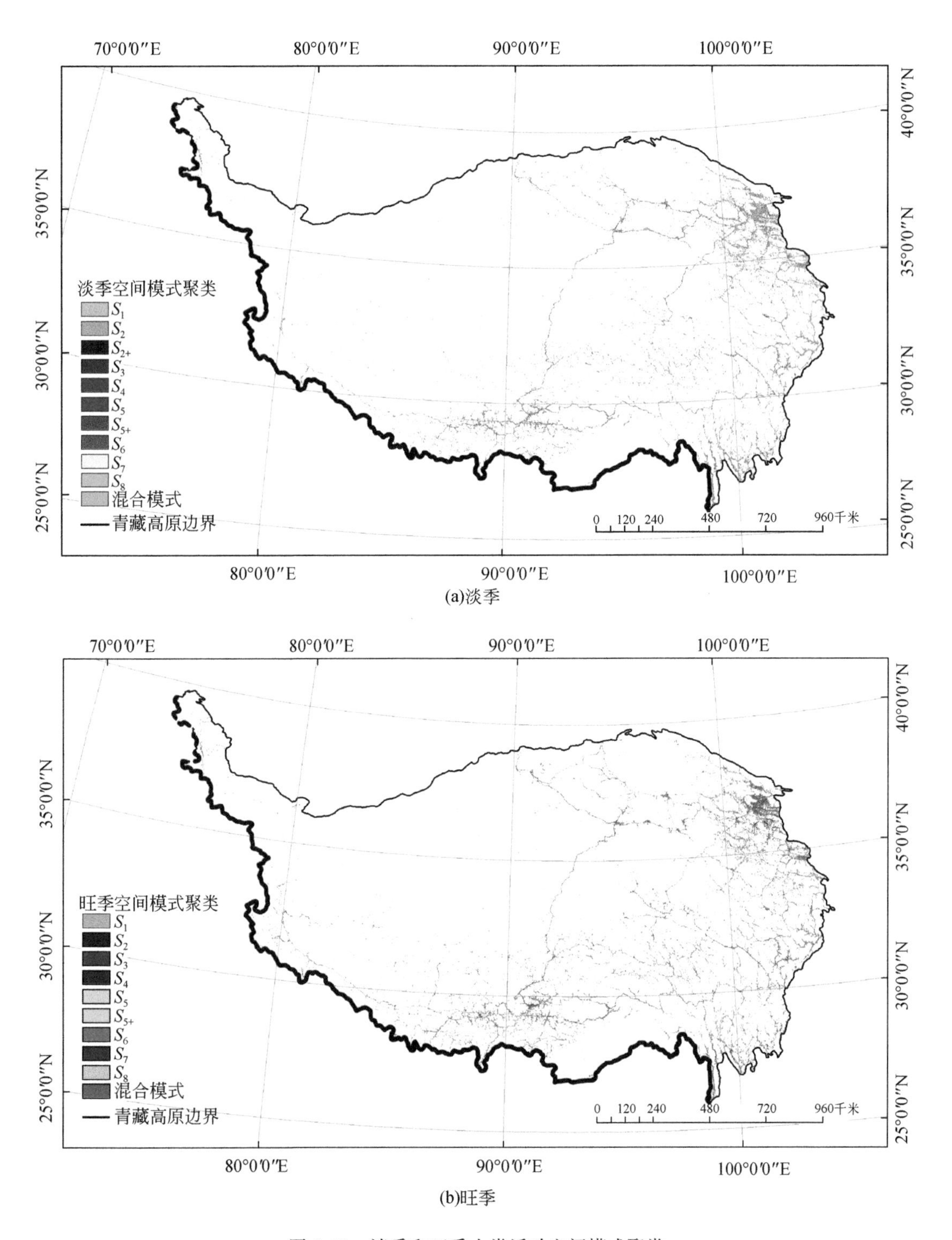

图 5.10　淡季和旺季人类活动空间模式聚类

第二节　青藏高原人类活动节律模式解析

人类的社会活动具有一定的韵律，时间上的规律可以反映出活动的内容。张量分解的结果显示青藏高原人类活动具有一定的时空律动规律，可以通过时间上的律动揭示青藏高原人类活动类型。核心张量反映了各个维度不同模式之间的联系强度，通过核心张量可以分析活动类型的空间分布。

表 5.2 显示淡季 8 种定位模式、3 个时段模式和 3 个日模式之间的联系强度，如 S_1 空间模式与 D_1 日模式的 T_1 时段和 T_2 时段有较强联系，即工作日的凌晨和日间活动较强，休息日活动较弱，则 S_1 很可能是与工作有关的场所，但如第一节所述，T_1 是青藏高原凌晨时段的一种特殊活动，其原因值得进一步研究；S_5 与 D_2 日模式的 T_3 时段有较强联系，即周头尾的休闲时段活动较强，S_5 是休闲场所的可能性很大；S_1 和 S_3 与 T_1 时段有较强联系，则在清晨活动较强，S_6、S_4、S_8 则分别与 D_3 的 T_1、T_2、T_3 时段有较强联系，它们是与特殊日活动有关的场所。

表 5.2　淡季张量分解的核心张量

空间模式	T_1			T_2			T_3		
	D_1	D_2	D_3	D_1	D_2	D_3	D_1	D_2	D_3
S_1	0.1231	0.0000	0.0000	0.2751	0.0000	0.0000	0.0000	0.0000	0.0000
S_2	0.0000	0.0000	0.0000	0.0000	0.0000	0.0000	0.3983	0.0000	0.0000
S_3	0.2224	0.2617	0.0000	0.0000	0.0000	0.0000	0.0000	0.0000	0.0000
S_4	0.0000	0.0000	0.0000	0.0000	0.0000	0.3775	0.0000	0.0000	0.0000
S_5	0.0000	0.0021	0.0000	0.0000	0.0000	0.0000	0.0000	0.4192	0.0000
S_6	0.0005	0.0000	0.2564	0.0000	0.0000	0.0000	0.0003	0.0012	0.0000
S_7	0.0000	0.0958	0.0000	0.0000	0.2938	0.0429	0.0000	0.0000	0.0000
S_8	0.0000	0.0000	0.0000	0.0000	0.0000	0.0000	0.0000	0.0000	0.3913

从表 5.2 可以计算出淡季的特定时段模式在不同日子的发生概率［式 (5.2)］，以及特定日模式在不同时段的发生概率［式 (5.3)］：

$$
P(T \mid D) = \begin{array}{c|ccc} & T_1 & T_2 & T_3 \\ \hline D_1 & 0.3393 & 0.2698 & 0.3909 \\ D_2 & 0.3349 & 0.2736 & 0.3915 \\ D_3 & 0.2401 & 0.3936 & 0.3664 \end{array} \tag{5.2}
$$

$$P(D|T)=\begin{array}{c|ccc} & D_1 & D_2 & D_3 \\ \hline T_1 & 0.3597 & 0.3738 & 0.2665 \\ T_2 & 0.2781 & 0.2970 & 0.4249 \\ T_3 & 0.3293 & 0.3474 & 0.3233 \end{array} \tag{5.3}$$

从式（5.2）和式（5.3）可以看出，清晨 T_1 时段的活动在 D_1 和 D_2 的概率较大，而在特殊节日 D_3 的概率较小，但是从对应的空间模式上看，D_1 和 D_2 的清晨时段活动分布范围小且大，多散布在居民点内部或附近［图 5.10（a）］，D_2 的清晨时段活动更多沿旅游路线分布。D_3 的清晨时段活动比较密集，在居民点内部大面积连片分布，并且沿交通路线附近也较多，说明特殊日的活动对居民生活影响很大。日间 T_2 时段的活动在 D_3 的概率较高，且分布面积较大，主要在大居民点附近，说明特殊日的活动主要是日间活动，因此 S_4 是特殊日佛教活动的主要场所。D_1 的日间活动分布范围小，较为零散，且与 D_1 清晨的活动分布范围接近，而 D_2 的日间活动比清晨的活动分布更向城市周边发散或沿旅游路线分布，说明 D_2 的日间活动偏向出游，D_1 的日间活动偏向工作。晚间 T_3 时段的活动在不同日子的概率相差不大，但是从分布上来说，D_1 和 D_2 的晚间活动分布较广，且多有重合，而 D_3 的晚间活动分布比较零散，且与 D_1 和 D_2 的晚间活动区域不重合，说明 D_3 的晚间活动较弱，且与平日的晚间活动不同。

表 5.3　旺季张量分解的核心张量

空间模式	T_1		T_2		T_3		T_4	
	D_1	D_2	D_1	D_2	D_1	D_2	D_1	D_2
S_1	0.4005	0.0000	0.0000	0.0000	0.0000	0.0000	0.0000	0.0000
S_2	0.0000	0.0000	0.0000	0.0000	0.0000	0.0000	0.0000	0.3904
S_3	0.0000	0.0000	0.3422	0.0000	0.0000	0.0000	0.0000	0.0000
S_4	0.0000	0.0000	0.0000	0.0000	0.0000	0.3618	0.0000	0.0000
S_5	0.0000	0.0000	0.0000	0.0000	0.2748	0.0000	0.0000	0.0000
S_6	0.0000	0.0000	0.0000	0.0000	0.0000	0.0000	0.3493	0.0000
S_7	0.0000	0.3427	0.0000	0.0000	0.0030	0.0001	0.0062	0.0000
S_8	0.0000	0.0000	0.0000	0.3524	0.0000	0.0000	0.0000	0.0000

表 5.3 显示旺季 8 种定位模式、4 个时段模式和 2 个日模式之间的联系强度。从表 5.3 可以计算出旺季的特定时段模式在不同日子的发生概率［式（5.4）］，以及特定日模式在不同时段的发生概率［式（5.5）］：

$$P(T \mid D)= \begin{array}{c|cccc} & T_1 & T_2 & T_3 & T_4 \\ \hline D_1 & 0.2911 & 0.2487 & 0.2019 & 0.2584 \\ D_2 & 0.2368 & 0.2435 & 0.2500 & 0.2697 \end{array} \tag{5.4}$$

$$P(D \mid T)= \begin{array}{c|cc} & D_1 & D_2 \\ \hline T_1 & 0.5389 & 0.4611 \\ T_2 & 0.4927 & 0.5073 \\ T_3 & 0.4343 & 0.5657 \\ T_4 & 0.4766 & 0.5234 \end{array} \tag{5.5}$$

从式（5.4）和式（5.5）可以看出，凌晨 T_1 时段的活动在 D_1 的概率比 D_2 大，但是 T_1 时段活动在 D_2 的分布范围略大，且与 D_1 多有重合。T_1 和 T_2 时段的活动分布有地区差异，拉萨的 T_1 时段活动分布较均匀，T_2 时段的活动分布非常分散，而西宁 T_1 时段活动分布较分散，T_2 时段的活动分布较广。日间和晚间的活动在 D_2 的概率比 D_1 大。西宁人口总量和建成区面积分别是拉萨的 2.6 倍和 1.5 倍，西宁基本形成了“两个中心、八个片区”的复杂带状组团式城市结构，而拉萨只有“两岸三区”的简单组团结构。因此，通过腾讯位置大数据挖掘的人类活动模式，可以反映出不同时段差异性的人类活动空间分布规律。

与淡季工作日日间活动的零星分布相比，旺季无论是工作日还是休息日，都有大面积的人类活动［图 5.10（b）］，说明旅游人口对青藏高原旺季的人类活动空间分布影响很大。与淡季晚间活动主要分布在城市内部不同，旺季晚间时段的活动更多分布在城市周边，反映了旅游人口与本地人口晚间休闲活动的不同。

第三节　典型区域的人类活动模式

青藏高原不仅拥有特殊的气候和地理环境，也拥有独特的民族风情和文化。同时，青藏高原总体地广人稀、城镇化水平低，因而人类活动也具有与东部城市群不同的特征。同时，旅游业是青藏高原地区经济支柱型产业，为了更好地分析人类活动对青藏高原的影响，寻求挖掘本地人口活动和旅游人口活动带来的不同影响，本章根据腾讯定位请求数据在淡季和旺季的分布差异，以及淡季和旺季人类活动空间模式聚类结果，选择几个典型区域进行分析。

从图 3.4 可以看出淡旺季的定位数量有较大差距，淡季定位数量较少，而旺季在一些淡季没有或有少定位请求数据的区域，有较大的定位量，但是淡季和旺季的空间分布趋势大体一致，主要集中在青藏高原东部人口密集的城镇和道路附近，西部广大无人区定位请求数据非常稀疏。首先选取拉萨和西宁，作为西藏的首府和青海的省会，拉萨和西宁无论在淡季还是旺季都存在明显的人口聚集模式，均以混合模式为主，多种空间模式共存，如图 5.11 所示。省会（首府）城市定位请求数据一直处于同时段的高值状态，说明省会

（首府）城市总是青藏高原的人类活动中心，在旅游人口大量涌入后，拉萨和西藏定位请求数据的增幅也体现出作为青藏高原的中心，不仅城市结构与青藏高原其他地区相比较为稳定，而且在旅游旺季，拉萨和西宁更多的是作为交通中转枢纽，向青藏高原各地输送旅游人口。而在格尔木，根据图 5.10 可以发现，无论是淡季还是旺季，其到拉萨的人类活动始终呈现一条稳定的活动线，这说明青藏铁路的重要性，在淡季主要承担运输物资的角色，在旺季除运输物资外，在运输旅游人口方面也扮演着重要的角色。青藏铁路连接青海和西藏，对改变青藏高原贫困落后面貌，增进各民族团结进步和共同繁荣，促进青海与西藏经济社会又快又好发展产生广泛而深远的影响。同时，旺季格尔木及拉萨周边有部分地区的定位请求数据上升较大，说明青藏铁路对开发青海、西藏丰富的旅游资源，促进青海、西藏的旅游事业飞速发展起到了积极作用，为改变西藏不合理的能源结构，从根本上保护青藏高原生态环境的长远需要做出了巨大贡献，正成为青藏高原经济社会快速发展的强大“引擎”。

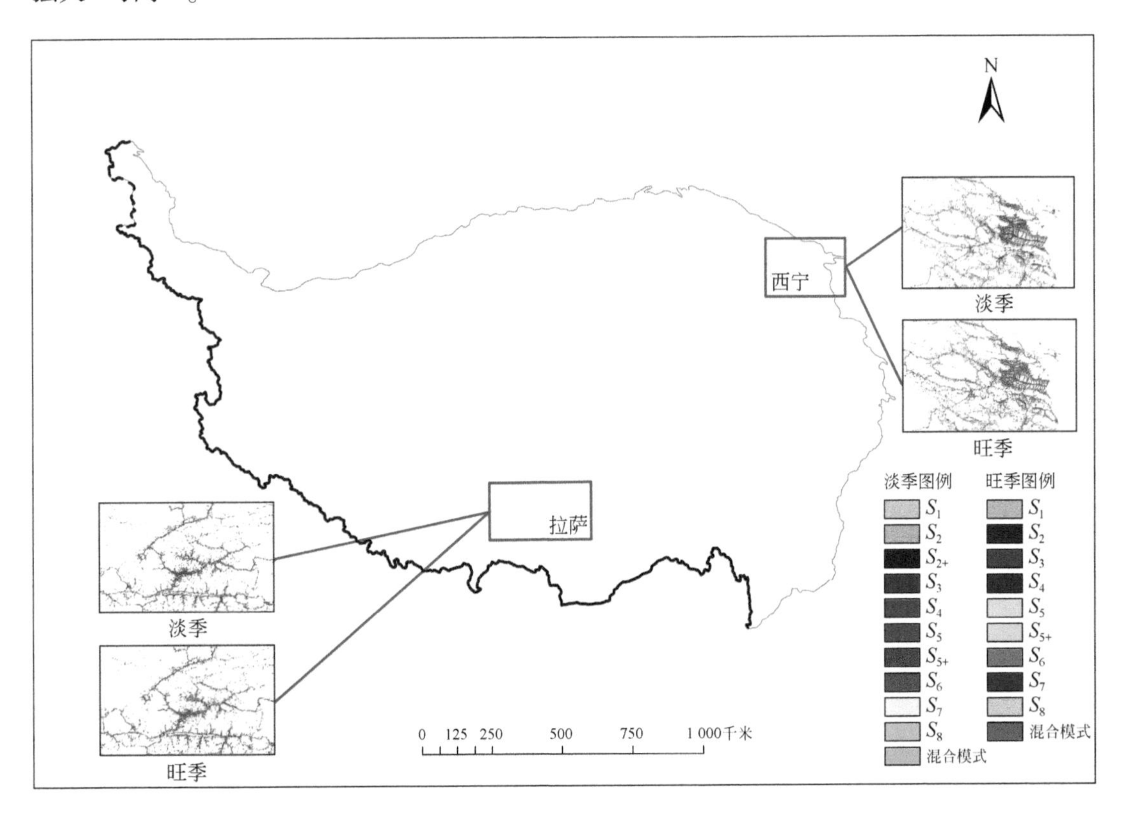

图 5.11　省会（首府）淡旺季空间模式聚类

青藏高原淡季和旺季空间差异的可视化显示，旺季时青藏高原的部分区域定位请求量较淡季激增，能够较好地呈现青藏高原的旅游特点。除作为人类活动中心的省会（首府）和承担交通枢纽的城市外，可以注意到部分地区出现了明显的定位聚集现象。以西藏地区为例，淡季时除拉萨外基本没有明显的人口聚集现象，但在旺季，阿里、那曲、林芝的定位请求量大幅度提升，同样，青海淡季时定位请求量密集的区域大多分布在省会西宁周边和格尔木，但在旺季，海西州、海北州等多地出现了大量的定位请求量增长现象。淡旺季的定位空间差异侧面反映了青藏高原旅游资源丰富且分布广泛的状况。

在淡季和旺季人口聚集空间差异下，可以注意到有些城市在淡季定位请求量低于省会（首府）城市，却高于其他定位稀疏的城市，并且在旺季大幅度提升。本节选取西藏阿里地区和青海海西州代表那些淡季定位请求数据稀疏的区域，因为这些区域大部分都处于高海拔地区，而阿里地区平均海拔为4500米以上，常住人口为10.74万人，气候环境条件恶劣。值得注意的是，阿里地区（尤其是阿里昆莎机场周边）在淡季和旺季定位请求数量的空间差异明显。淡季的人类活动主要是本地人口，而旺季越来越多的人挑战去高海拔地区旅游，旅游人口的激增导致人类活动范围扩大，导致人类活动范围扩大，在很多淡季没有或很少有人类活动的区域，旺季出现了明显的人类活动。不同于拉萨和青海，阿里地区全年大部分时间需要承载的人口数较少，而在旅游旺季游客的活动在许多人烟稀少的高原地区留下足迹，这部分具有短时性、局域性的人类活动需要被注意，并制定相对应的生态环境保护措施。从图5.12中可以明显看到，淡季时阿里地区定位请求量分散且稀疏，活动模式以混合模式为主，周头尾的休闲时段活动 S_5 模式为辅；而旺季除主要的混合模式外，形成多种空间模式混合的人类活动模式，且定位请求量更集聚、分布更广泛。如

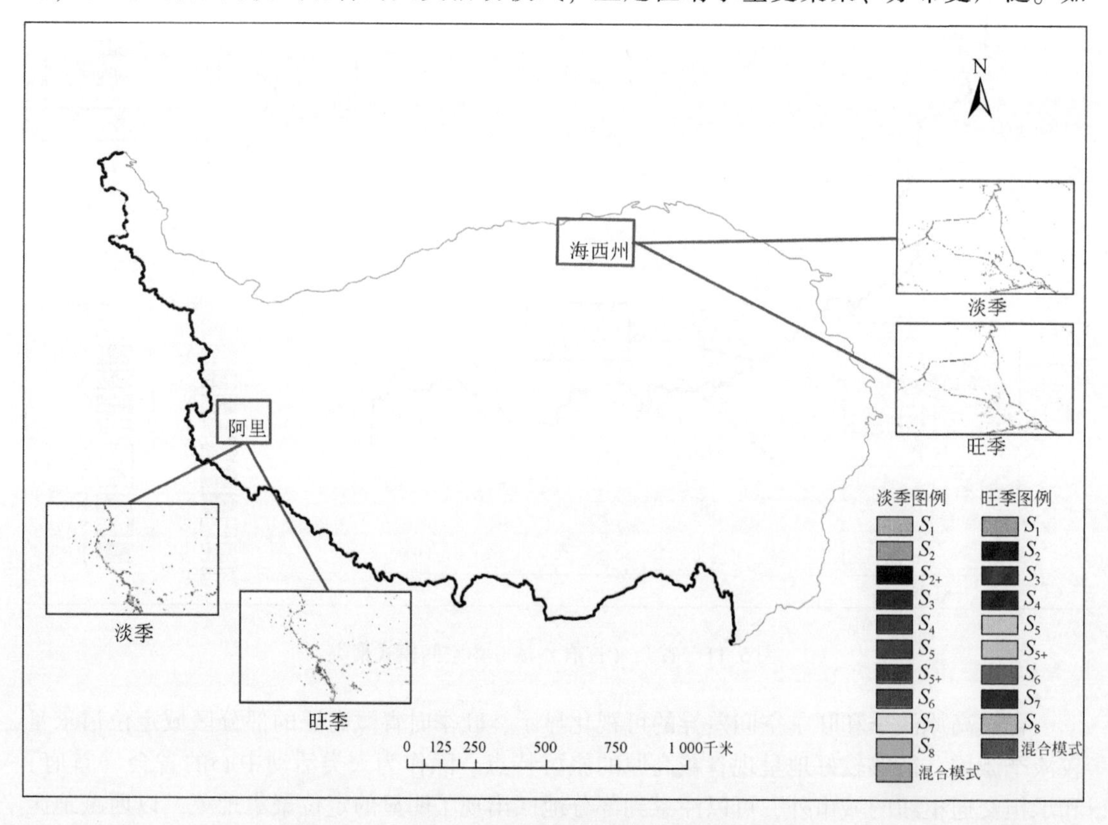

图5.12 阿里、海西州地区淡旺季空间模式聚类

图 5.12 所示，淡季时海西州以混合模式和周中部的休闲时段活动 S_2 模式为主，且定位请求量分布较为稀疏，而旺季除混合模式外，周中部日间的 S_{5+}模式和周中部晚间的 S_6 模式成为人类主要活动模式，且相较于淡季，人类的活动轨迹更加广泛和完整。由于海西州和阿里地区没有承担交通运输的作用，其淡季和旺季的定位请求量和空间模式聚类差异更多地表现了海西州和阿里地区丰富的旅游资源及游客吸引力。水上雅丹、南八仙魔鬼城、可鲁克湖、班公湖、扎达土林等旅游景点成为吸引游客的主要景点，说明旅游人口的大量涌入带来的人类活动差异对当地空间模式的改变有所影响，但由于其距离省会城市较远且交通相对不便，因此合适的旅游规划是今后旅游及相关产业发展的方向。

青藏高原地区旅游资源丰富，图 5.13 显示由拉萨、日喀则去往定日、仲巴方向的空间模式聚类，注意到，淡季和旺季均有一条东西方向的聚集轨迹，淡季时该轨迹稀疏且不连续，旺季时该轨迹由周中部日间的 S_5 和 S_{5+}模式组合而成，说明这条路线不仅承载接待拉萨至定日、珠峰大本营方向游客的功能，还兼具交通运输功能。除此之外，旺季时上述轨迹的南北方向都有定位聚集现象，表明去往那曲方向和藏南边境线旅游的游客数量众多，这和西藏目前的多目标、多路线旅游业发展模式相呼应。同时，考虑到西藏各地间路途遥远，大部分游客都在途中落脚，定日、吉隆等多地出现了空间模式混合现象，所以在可持续发展西藏旅游业的同时，更需要利用大数据等技术综合考虑长途旅行的服务及基础设施建设。

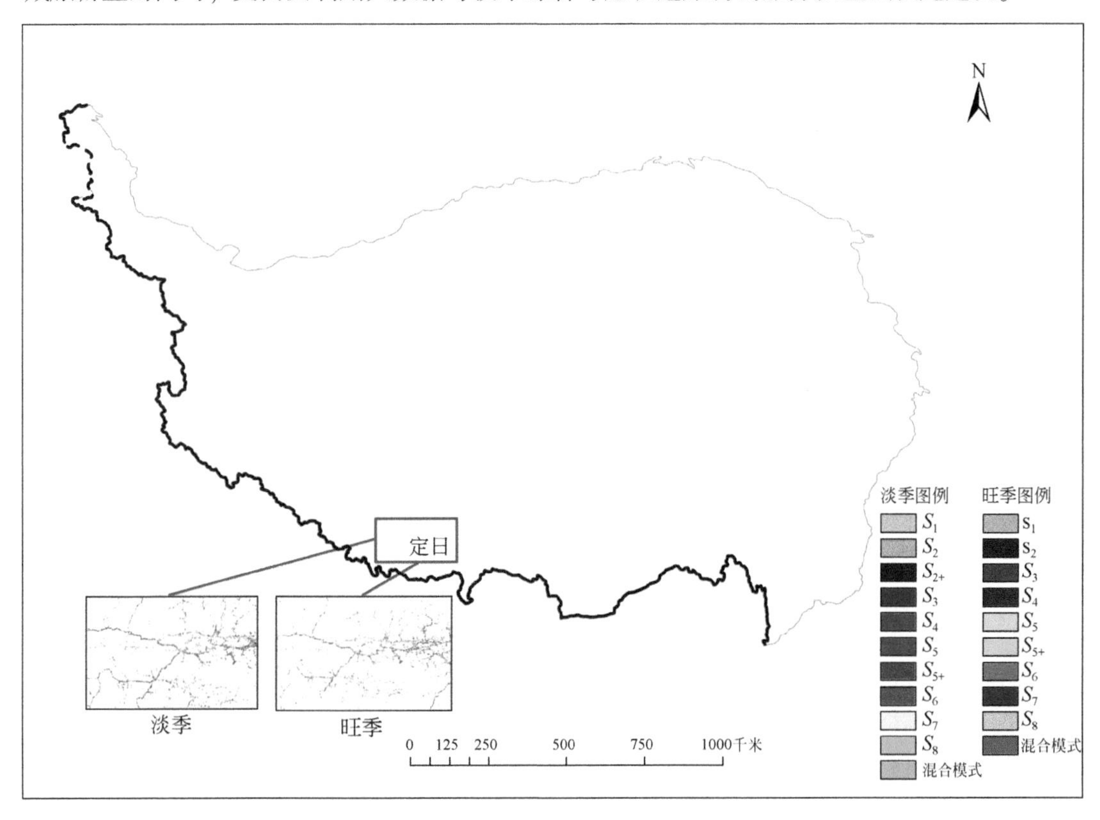

图 5.13　藏西南地区淡季和旺季空间模式聚类

青藏高原上一些旅游淡季少有人类活动的地区在旺季也有人类活动迹象，所以除针对当地人口活动制定相应的生态环境保护措施外，旅游人口大量涌入带来的影响也需给予关注，应出台针对旅游人口大量涌入的生态环境保护措施。同时，旅游人口的活动和当地居民的活动不同，具有短时性和广域性，大部分区域的人类活动由本地人口和旅游人口叠加，这也解释了为什么很多区域内存在多种空间模式混合的现象。考虑到火车出行的便捷性和常用性，以及青藏高原铁路的日趋完善性，游客出行及铁路运输也会更多地选择陆路方式，但随之而来的旅游垃圾等环境压力也不容小觑，因此如何在推动青藏高原经济不断发展的同时保护青藏高原的生态稳定性将是亟须解决的问题。

第四节　小　结

本章利用腾讯位置大数据，研究青藏高原旅游淡季和旺季的人类活动时空模式。定位请求数据表现出青藏高原的人类活动强度在旺季大于淡季，在空间上淡季和旺季定位相差较大的区域也是人类活动密集区。总体来说，青藏高原在旅游淡季和旺季的活动模式在时间上和空间上都有很大差异，反映了旅游人口造成的影响。通过构建张量和运用张量分解的方法，得到青藏高原旅游淡季和旺季的人类活动时空模式。

第一，青藏高原的人类活动模式与通常所了解的工作日和周末模式不同，呈现出周头尾模式和周中部模式，并且还有特殊日模式。这反映了青藏高原生活节奏较慢，周一的人类活动很大程度上延续了周末的休闲状态，同时也说明民族文化对青藏高原居民的活动内容和活动轨迹具有深刻的影响。

第二，在人类活动的时段划分方面，青藏高原凌晨出现人类活动高峰模式，主要源于时差因素影响。调研发现，受时差影响，拉萨和西宁等大城市市民睡眠普遍较晚，且夜生活丰富，居民一般通过唱歌、喝酒、打麻将等方式缓解一整天的工作劳累。

第三，淡季和旺季都呈现 8 种空间分布模式，但是单一模式的覆盖区域很少，大部分区域都是多种空间模式的混合，说明多种活动类型在空间上交互存在。该结论表明，青藏高原人类活动受城市人口规模、空间规模和功能组团的影响较大。

第四，通过对核心张量的分析，推断活动类型，发现旅游淡季的凌晨比较活跃，这主要是因为本地居民在清晨绕寺、绕山、绕湖已经形成了较为稳定的模式。另外，淡季工作日的人类活动主要分布在城镇等人口聚集区，而休息日分布则向城镇周边和旅游区发散，主要表现出当地居民工作日在城镇活动，周末在城市周边休闲的活动规律。而旅游旺季受大量游客的行为模式影响很大，日间定位活动分布较广，且工作日和休息日差别不大。

此外，大数据获取迅速，包含大量人群的活动信息，有助于对人类活动的模式挖掘，但是大数据的数据量大，处理难度高，需要高效的挖掘算法。与调查数据相比，大数据缺乏语义信息，需要结合土地利用、文本语义等多源数据解读更多类型的人类活动。本章的研究表明利用大数据研究人类活动的方法可行，但是由于青藏高原面积广阔，还有广大的无人区，人类活动多样，因此本章利用张量分解在大部分区域得到的都是混合模式。应当降低空间尺度，选择人类活动频繁的区域深入研究，才能得到进一步细化的人类活动类型。

第六章 青藏高原人群移动时空模式挖掘

人口流动作为区域间生产要素流动，反映了区域吸引、容忍和传播的能力及区域间互动的能力。在大数据时代，来自网络的人口迁徙数据为我们深入分析人群移动的相互作用和区域的辐射作用提供了良好的基础，有助于我们深入理解不同时期城市发展的区域差异。本章基于腾讯迁徙数据（2015～2019 年），借助时间序列分析、社交网络分析、统计分析和人口迁徙的辐射动能模型等方法，挖掘了青藏高原人群流入、流出模式，探讨了青藏高原与国内城市之间以及青藏高原内部城市之间的季节性时空格局和互动网络特征。另外，我们还利用全国城市间人口流动网络，对青海和西藏在 365 个城市的人口流入、人口流出进行可视化、数量统计，研究青藏高原内部人口流动（近程）和与外部的人口交互（远程），发现流动模式相似的地区，为发现区域特征和确定人口流动的驱动因素能够提供有针对性的帮助。

第一节 研究方法概况

一、青藏高原人群移动研究概述

人口迁移反映了城市的活力，这是因为它触发了区域间的物质、信息、资本和技术流动。它可以促进文化、经济和社会在一定空间内的灌输和传播（郑伯红和钟延芬，2020）。人口迁移在不同城市和地区的城市化、信息化、工业化与经济发展中也发挥着重要作用。了解人口迁移的空间特征和结构，对城市化管理和经济规划具有重要意义（王录仓等，2021）。

目前对青藏高原人口流动的研究，主要采用人口普查、统计年鉴及问卷调查等传统数据，针对局部地区从人类学、社会学和人口学等方面开展人口流动的特征及影响因素研究。王树新（2004）从人口学的角度给出西藏迁移人口所经历的多个阶段及第五次人口普查后的迁移人口状况；朱玉福和周成平（2009）针对青藏铁路通车后西藏地区的流动人口所带来的社会治安、生态环境和文化保护等问题开展了深入分析与讨论；钟振明（2011）在分析了西藏流动人口的构成与特点后提出了完善西藏流动人口管理与服务的对策建议。随着多次人口普查任务的完成，诸多学者在不同的区域从不同的研究视角开展了西藏、青海或藏区的人口流动的综合分析及与城镇化进程的关系。其中，杨成洲（2019）最新的研究表明西藏的人口流动具有低强度、单向性和近距离等空间特征，地理近邻性和民族文化因素成为其空间流动的驱动因素。上述研究虽然在一定程度上阐述了西藏和青海人口流动基本特点及面临的问题，但受人口普查数据更新速度的限制，青藏高原人口流动的时空模式至今还没有系统的定量分析，更无法通过人口流动来解析青藏高原的区域发展特征和影响力。

随着互联网与通信技术的发展，智能手机定位、社交媒体签到、视频与图片等位置大数据提供了新颖且快速感知人类移动的网络大数据，为开展城市间人口流动的时空模式及交互强度研究带来了新的契机。当前采用移动网络数据开展的研究主要侧重于不同尺度的人口流动网络特征、流动格局及假日期间人口流动的模式变化等。例如，Belyi 等（2017）在全球尺度探讨国家间人口流动的短期格局和长期格局；刘望保（2019）等给出了我国人口日常流动格局及与“胡焕庸线”的关系；Lin 等（2019）从复杂网络角度运用多源大数据分析了珠江三角洲城市网络结构的连通性；Naaman 等（2012）利用社交媒体数据分析了美国城市网络的活动等级及交互联系；魏冶等（2016）从对外联系度、优势流和城市位序等维度解析转型期中国城市的网络特征；赵梓渝等（2019）利用百度迁徙数据，借助重力模型推算春节期间人口省际流动格局及影响变量；Xu 等（2017）基于腾讯迁徙数据进行的中国城市网络的分析研究表明了春节期间中国地级市间人口的不平衡流动，揭示了城市间人口流动的交互方向。上述研究已经充分表明了移动网络数据凭借高精度的时空分辨率用于多尺度人口流动模式研究的可行性和有效性，为城市规划和发展提供了大量的政策建议，但上述的研究从时间序列来看相对较短，大多集中在某时段内城市间人口交互的一般特征及格局的挖掘，缺乏城市交互的周期性及季节性变化模式的系统分析及原因的深入解析。

因此，本章从青藏高原人口流动模式的研究需求出发，结合腾讯迁徙大数据，采用时间序列分析方法开展青藏高原的人口流动季节性交互模式研究，并利用复杂网络方法分析青藏高原在全国的影响力和地位以及内部城市之间的交互流动，进一步探讨交互模式的驱动因素。研究结论能够为加强青藏高原地区与全国的互动，针对城市交互的空间格局制定科学的、可行的发展政策，促进青藏高原地区的整体协调发展提供一定的参考依据。

二、研究方法与数据简介

（一）研究技术流程

本章的研究方法主要包括时间序列分解和断点检测、社会网络分析方法、相互作用关系模型及人群移动的辐射能模型。时间序列分解和断点检测用于青藏高原季节性模式的发现，社会网络分析方法用于评价人口流动网络中节点的重要性，相互作用关系模型用于计算流动网络结构中节点之间的联系强度，人群移动的辐射能模型用于研究各个城市节点辐射效应及辐射能量的变化情况。此外，为了分析青藏高原在时段与其他城市联系的时空变化以及青藏高原内部城市之间的交互作用，利用 T-检验方法进行显著性差异的统计检验。

1. 人群移动的季节性模式发现

在大气科学领域，季节是每年循环出现的地理景观相差比较大的几个时段，具有两个典型特征——季节变换的周期性和季节之间的差异性。青藏高原人口流动量的时间序列图(图 6.1) 表明其每年在特定时段具有规律性的上升或下降趋势特征。为了获取并验证这样的季节性，本节具体采用 STL (seasonal and trend decomposition using loess) 时间序列分解方法 (Cleveland et al., 1990) 对青藏高原日尺度的人口流动时间序列数据进行季节性因子获取，并采用 DBEST 模型的断点检测方法 (SadeghJamali et al., 2015) 对季节性分量因子的时间序列进行季节性划分。图 6.2 为青藏高原地区人口流动季节性划分的流程图。

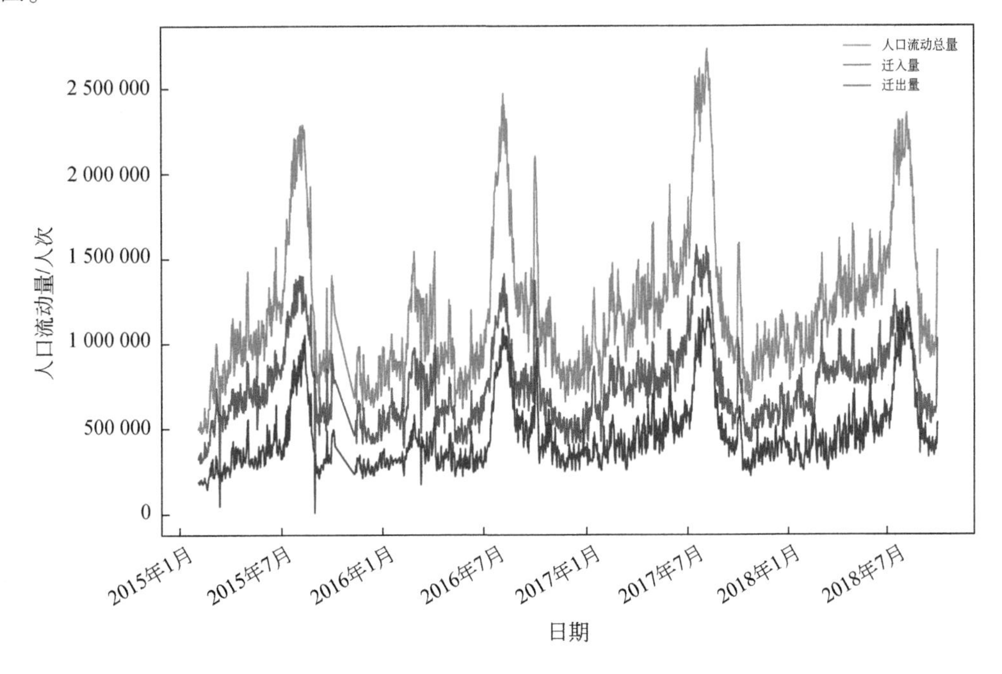

图 6.1 以日为单位的青藏高原人口迁入量、迁出量及流动总量的时间序列变化图

STL 为常见的时间序列分析的因子分解方法，具体采用 Loess 算法将时间序列分解为趋势分量 (trend component)、季节分量 (seasonal component) 和余项 (remainder component)，本节利用该模型进行青藏高原人口流动量的时间序列分解，并利用 DBEST 模型中的趋势分割技术对季节分量进行断点检测，从而实现周期性的季节性划分。DBEST 模型首先根据特定的阈值时间序列变化曲线上波峰与波谷的探测 (f 函数)，进而根据全局优化阈值获取时间序列的断点 (g 函数)。

2. 社会网络分析方法

1) PageRank

本节具体采用 PageRank 算法对青藏高原在人口流动网络结构中的重要性进行评价。该算法是 Google 搜索引擎对网站页面的重要性进行排名的一种算法，基于越重要的网站其拥有的来自其他网站链接越多的前提，通过“链接流行度”来进行网站重要性的排序 (Page et al., 1998)。与传统的社会网络分析方法中所使用的节点中心性指标 (如度，介数和接近中心性) 相比，PageRank 算法不仅仅考虑到网络节点连接的数量，还考虑到与

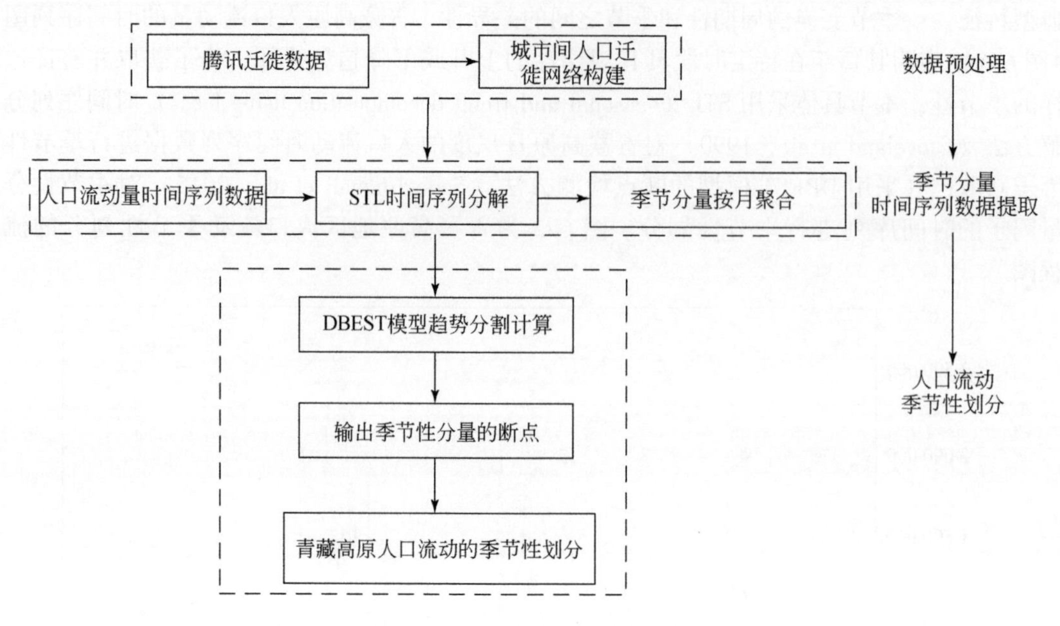

图 6.2　青藏高原地区人口流动季节性划分流程图

其相连的节点的质量。而人类的流动网络与互联网的网站链接关系很像，重要性更高的城市节点可以获得更多连接关系和来自其他城市的人口，此算法已经在人口流动网络的研究中得到应用，因此本节采用此算法评价青藏高原在不同季节的人口流动网络中城市节点重要性的变化。

2）基于相互作用关系模型的交互强度计算

青藏高原地区与不同城市人口流量的大小代表不同地区对青藏高原地区人口和资源的影响能力，但是不能反映两个区域之间的联系强度。因此本节采用 Sforzi（1991）的相互作用关系模型来计算人口流动网络结构中青藏高原与其他城市节点的相互作用关系值，并表征他们的联系强度［式（6.1）］。该模型与传统的重力模型相似，但其去除了距离因素的影响，这与当前交通设施不断完善且弱化区域之间进行交流的距离影响趋势是相符的。该模型能够探索突破距离限制的区域之间真正的交互联系强度，我们将运用此模型来揭示青藏高原与全国其他城市的交互模式。

$$IV_{ij}=\frac{f_{ij}^2}{O_i\times I_j}+\frac{f_{ji}^2}{O_j\times I_i} \tag{6.1}$$

式中，IV_{ij}为城市 i 与城市 j 之间的相互作用关系值；f_{ij}和f_{ji}分别为从城市 i 到城市 j 和城市 j 到城市 i 的流动人口数；O_i和O_j分别为城市 i 和城市 j 的总的迁出人口数；I_i和I_j分别为城市 i 和 j 总的迁入人口数。

3. 人群移动的辐射动能模型

在物理学领域，辐射能是物体以电磁波或粒子的形式发射或传输能量的过程。它代表一个物体影响周围世界的能力。在人口移动网络中，一个节点的辐射能量越大，就越能将更多的人传送到更远的距离。本节引入人口迁移辐射模型，研究不同人口流量季节城市节点辐射动量和辐射能量的变化。辐射动量是指一个城市节点对人口向各个方向流动的影响，是人口流动与距离的乘积，其方向是单个人口流动矢量求和的方向。辐射能量代表一个城市接受和传播人口流动的能力，与流动的距离和人口流动的数量成正比。其计算方式如下：

$$RMin_i = \sum_{j=1}^{n} (Mf_{ij} \times \overrightarrow{Ud_{ij}} \times |d_{ij}|) \tag{6.2}$$

$$RMout_i = \sum_{j=1}^{n} (Mf_{ji} \times \overrightarrow{Ud_{ji}} \times |d_{ji}|) \tag{6.3}$$

$$RE_i = \sum_{j=1}^{n} (Mf_{ij} \times |d_{ij}|) + \sum_{j=1}^{n} (Mf_{ji} \times |d_{ji}|) \tag{6.4}$$

式中，$RMin_i$ 和 $RMout_i$ 分别为流入和流出城市 i 节点的辐射动量。同样，Mf_{ij}和 Mf_{ji}分别为城市 i 向城市 j 的人口流动量值以及城市 j 向城市 i 的人口流动量值。因此，$\overrightarrow{Ud_{ij}}$表示城市 i 的人口流向城市 j 的单位向量，而$\overrightarrow{Ud_{ji}}$表示城市 j 的人口流向城市 i 的单位向量。最后 $|d_{ij}|$和$|d_{ji}|$分别表示城市 i 和城市 j 之间的道路距离（通过百度地图 API 接口计算所得）。

（二）青藏高原迁徙数据组织及处理

人口迁徙数据来自腾讯位置大数据网站（https：//heat. qq. com/），利用其“腾讯迁徙”平台 API，获取 2015 年 2 月 23 日至 2018 年 10 月 1 日全国 365 个城市逐日的迁徙数据，包含人口流动的起点城市、终点城市和具体迁徙人数三部分。这 365 个城市包括 333 个地级行政单位、4 个直辖市、26 个县级市，以及香港特别行政区和澳门特别行政区。人口迁移数据集包括从一个城市到另一个城市的迁移，以及任意两个城市之间的迁移人数。该数据集被广泛应用于城市间的人口流动研究，其有效性已得到很多研究成果证实（Xu et al.，2017，魏冶等，2016）。

本章构建了一个由 365 个城市构成的人口流动网络，其中每个城市为一个节点，与其他城市之间的人口流动量刻画了两个城市节点之间的联系程度。在这里，流动人口的数量被定义为特定城市的流入和流出人口总数。青藏高原位于 26°00′N ~ 39°47′N、73°19′E ~ 104°47′E，总面积约 260 万平方千米（张镱锂等，2002）。青藏高原人口稀少，经济发展和人口分布存在明显的地域差异。一般来说，大多数居民生活在低海拔和经济较发达的地区。西藏和青海完全位于青藏高原。此外，青藏高原地区还包括新疆、甘肃、四川和云南这 4 个省级行政单位的部分地区。本章选取了地域面积 90% 以上位于青藏高原地区的 18 个地级市，包括拉萨、日喀则、昌都、林芝、山南、那曲、阿里、西宁、海东、海北州、黄南州、海南州、海西州、果洛州、玉树州、甘南藏族自治州（简称甘南州）、甘孜藏族自治州（简称甘孜州）和阿坝藏族羌族自治州（简称阿坝州），土地面积总计约为 216 万平方千米。

为了研究整个青藏高原在全国人口流动网络中的季节性变化规律，探索和分析青藏高原在全国人口流动网络中的特殊模式。本章将青藏高原所包含的 18 个地级行政单元当作人口流动网络的一个节点与剩余的 347 个城市共同构成含有 348 个节点的网络，同时将城市之间的日人口流动轨迹量作为网络关系，从而在研究时段内构造 348×348 城市间日人口流动的网络（Tibet network of China，TNC）。为了研究青藏高原内部城市之间的人口流动网络特征，本章构建了一个 18×18 的网络矩阵，以表达青藏高原 18 个地级市之间的人口迁移情况。

第二节　青藏高原人群移动的时空模式挖掘

一、青藏高原人口流动的季节性模式

网络中青藏高原人口日尺度的流入、流出及总量的时间序列变化如图 6.1 所示，其中，日均流入量和流出量分别约为 50 万人次和 57 万人次，日均流动总量约 107 万人次，日流动最大峰值达到 200 万人次以上，呈现规律性的起伏，有着较为明显的年际之间的季节性变化模式。

（一）青藏高原人口流动的季节性划分与检验

由 STL 算法分解得到的趋势、季节和残差分量序列如图 6.3 所示。STL 时间序列分解算法并利用断点分析法实现青藏高原人口流动的季节性模式划分。这里给出了通过序列分析 STL 算法分解得到的趋势因子、季节性因子和残差因子。从趋势序列看，青藏高原地区人口流动总量从 2015～2018 年总体呈现上升趋势，并且显示出提取后的季节因子按月进行的数据聚合后，采用断点检测方法获取到的季节性划分结果（根据实际的时间序列波动特点，本节将 10 月 1～7 日国庆假期归入迁徙高值季）。

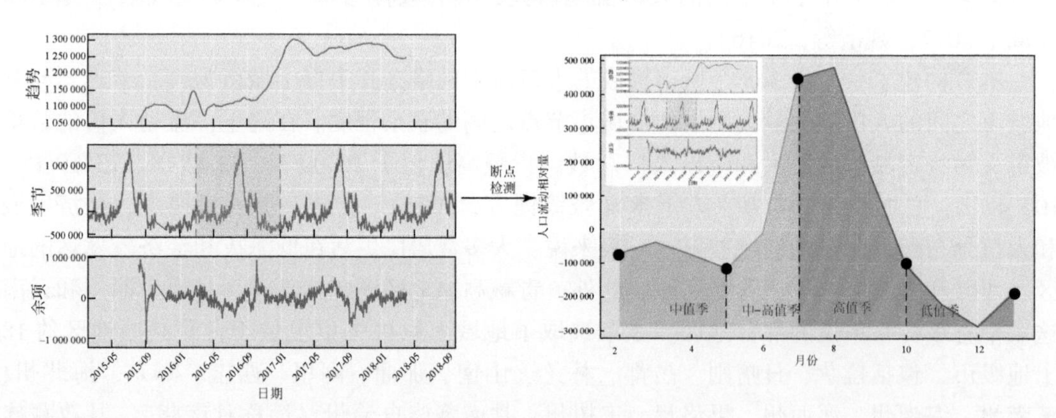

图 6.3　青藏高原人口流动季节划分图

季节性划分的时段和对应的代号如表 6.1 所示，每一年的 7～9 月及国庆黄金周 10 月 1～7 日被划定为人口流动高值季（high-season），在这个时段人口流动量最大；10 月 8 日～次年的 1 月被划定为人口流动低值季，在这个时段，人口流动量骤减，且流动量为四个季节的最低值（low-season）；2～4月被划定为人口流动中值季（midium-season），在这个季节人口流动量开始回升，并稳定维持；5～6月被划定为人口流动中-高值季（medium-high-season），在这个季节，人口流动量呈持续增加态势，且流动量仅次于高值季。为了进一步验证季节性划分的有效性，本章对青藏高原四个季节的人口流动进行两两的显著性差异的检验且均在95%的置信水平上通过显著性检验，进一步表明了青藏高原人口流动的季节性差异与周期变化特征，并且利用我们的方法划分的人口流动季节性差异明显，具有较大的实际意义，可用于青藏高原地区人口流动的时空交互模式研究，具体显著性检验结果见表6.1。

表6.1　青藏高原地区的人口流动季节性显著性检验结果

*T*值/*P*	低值季	中值季	中-高值季	高值季
低值季	0/1	-8.32/<0.001	-15.14/<0.001	-23.06/<0.001
中值季	8.322/<0.001	0/1	-5.56/<0.001	-16.51/<0.001
中-高值季	15.14/<0.001	5.56/<0.001	0/1	-10.22/<0.001
高值季	23.06/<0.001	16.51/<0.001	10.22/<0.001	0/1

（二）青藏高原人口流动重要性地位的季节性变化分析

按照PageRank的计算方法获取了人口流动网络中青藏高原的重要性排名的季节性变化（图6.4）。由图6.4可知，2015～2018年，曲线呈现整体下降趋势，说明青藏高原的重要性随年份的变化而逐步升高，而在全国人口流动网络中的位序排名呈现逐渐减小的趋势。4年来青藏高原的PageRank值总体提升了16.3%，而重要性的排序总体上升了5位，其中低值季上升6位，中值季上升6位，中-高值季上升9位，高值季上升1位；表明近年青藏高原对全国其他城市的吸引力在不断增强，不同季节均有提升。青藏高原与全国其他区域人口流动的增长也提升了青藏高原在全国人口流动网络中的地位。

低值季、中值季、中-高值季、高值季，其PageRank值与重要性位次依次为0.0052（36）、0.0055（32）、0.0064（30）、0.0071（24）。高值季相比于低值季，PageRank值提升36.5%，重要性位序排名提升12位，呈现显性的增高（*T*检验值为5.876，在0.05置信水平上通过检验），与四个划分季的平均气温（-6.0℃、-3.8℃、8.8℃、10.3℃）呈现出高度相关性（Pearson相关系数为0.965，在0.05置信水平上通过检验），体现出气候条件对青藏高原人口流动的限制作用。

二、青藏高原与全国城市的时空交互模式

（一）人口流动总量的空间分布

青藏高原的人口流动在总量和方向上随着季节的变化呈现出不同的空间特征。我们根

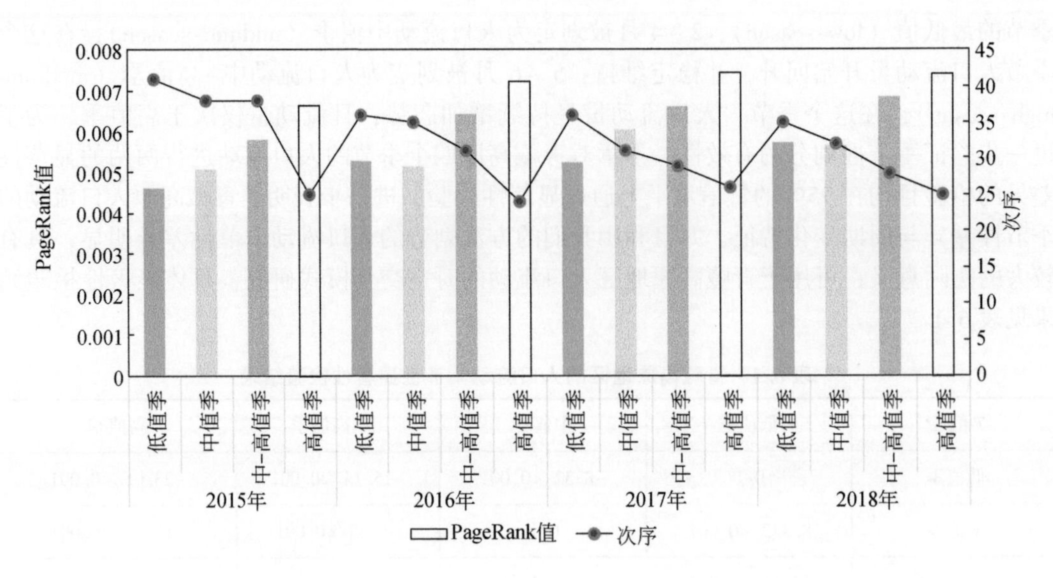

图 6.4　青藏高原的 PageRank 值及其在全国人口流动网络中的重要性变化

据空间位置划分出青藏高原人口流动的共 16 个方向（图 6.5）。图 6.5 给出青藏高原人口流动的方向分布，可以看出青藏高原的人口流动主要集中在以青藏高原东西轴线的南北 22.5 度的扇形区内，在该扇形区域内，四个季节的人口流入量的空间分布分别占总青藏高原流入量空间分布的 88.4%、88.7%、90.4%、93.0%，而该扇形区域内流出量的空间分布分别占总流出量空间分布的 89.9%、92.2%、93.0%、90.8%。从季节变化来看，高值季的人口流入除了 NW 方向外，在其他方向都占有优势，特别是在 NE、NNE 方向上尤为

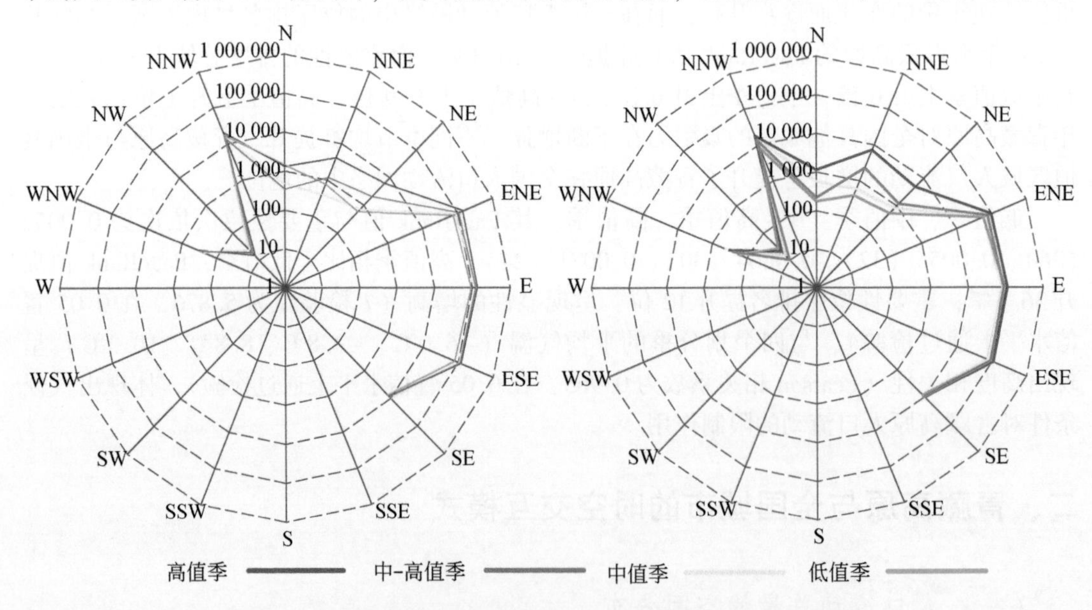

图 6.5　不同季节的青藏高原人口流入、流出的方向分布情况

突出；冷值季的时段，青藏高原 NNW 的新疆区域相较其他季节占有优势，在 NE、NNE 方向的交互量占比微弱，分别仅为 0.05%、0.08%；在人口流动中值季和人口流动中-高值季，青藏高原 SE 方向的云贵川地区和 NW 方向占比明显升高。对于迁出来说：从不同季节来看，人口流动高值季同样在大部分方向上相对其他季节都占有优势，特别是在 N、NE、NNE 方向上尤为突出，三个方向迁出占比均超过 50%；低值季没有具有绝对优势的流动方向，但在 NE、NNE 方向交互占比仍很微弱，仅为 0.04、0.08；中值季在人口流动的 NWN 方向上有较大优势，中-高值季没有明显的优势和劣势的人口流动方向。

图 6.6 显示与青藏高原有着较大交互量的城市方向和距离分布情况，图中红色圆圈代表与青藏高原四个季节都稳定处于前 20 位的城市，黄色圆圈表示在高值季交互量进入前 20 位的城市，蓝色圆圈表示与青藏高原交互在低值季处于前 20 位而其他季节跌落的城市。交互量较大的区域在四川的成都、雅安、绵阳、南充等城市，甘肃的兰州、临夏回族自治州（简称临夏州），新疆的巴音郭楞蒙古自治州（简称巴音州）等城市，以及北京、重庆、长沙、武汉等一二线城市，且集中分布于 1500 千米距离内。其中，成都、兰州、北

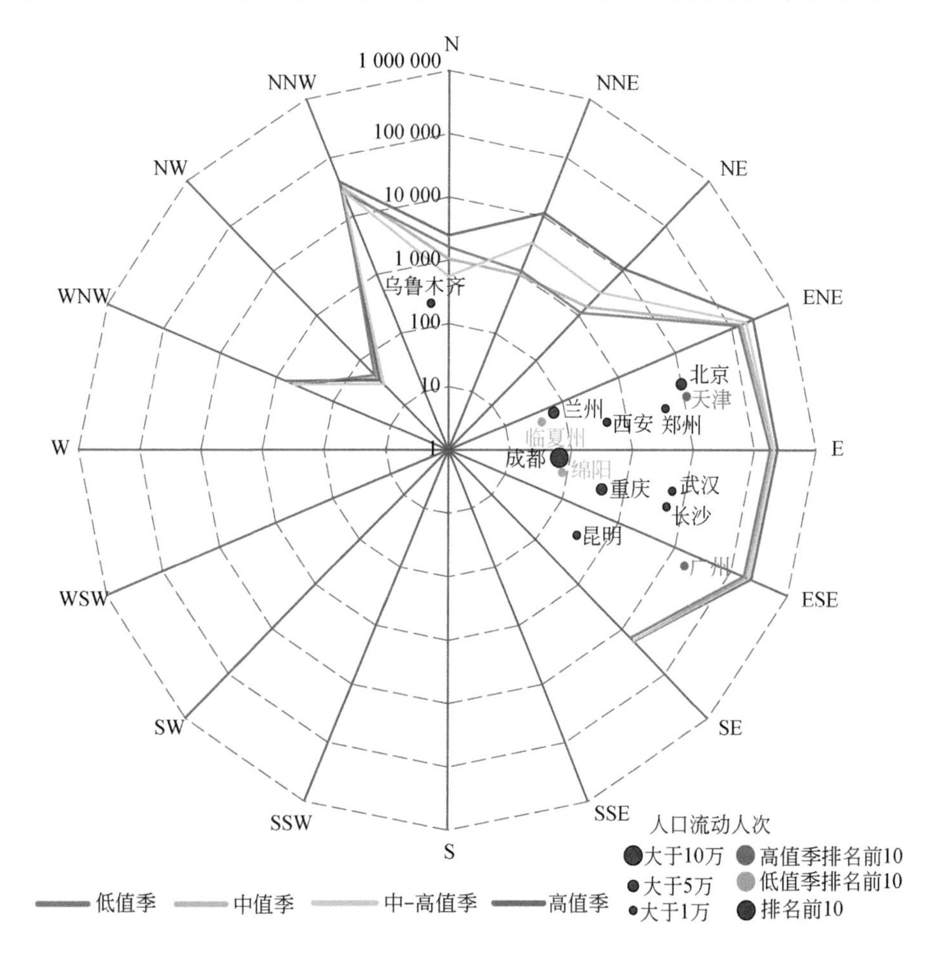

图 6.6　青藏高原各方向的交互城市分布情况

京、重庆、广州等省会（首府）级别城市与青藏高原的交互量最大，而甘肃部分城市由于旅游驱动在高值季交互量显著提升进入前20位，新疆的巴音州和哈密地区则在低值季达到较大交互量。

（二）相互作用强度的空间分布

城市间流动的交互关系反映了城市的交互作用强度，相互作用值越大说明两个地区的人口联系越强。从交互关系上看，不同季节与青藏高原进行人口流动并具备交互强度的城市占比不超过12%，这表明青藏高原在全国大范围内吸引力有限，与全国的交互联系较少。图6.6显示了不同季节全国城市与青藏高原地区交互作用的空间分布情况，可以看出具备交互强度对各自都能够产生影响的区域集中在南疆、与青藏高原接壤的甘肃、四川和华北地区的北京以及郑州、武汉、长沙等一二线城市。与人口交互量不同的是，交互强度较大的区域更偏向于分布在青藏高原邻近的城市或周边的重庆、成都、乌鲁木齐等省会（首府）级别的重要交通枢纽城市。新疆地区与青藏高原地区在中-高值季的联系相对较弱，甘肃的张掖、嘉峪关、天水、酒泉等城市在人口流动高值季期间相互作用关系值有较大的提升，四川的雅安、绵阳、南充等城市相互作用关系值在人口流动中值季与人口流动中-高值季较强。其中，兰州、成都、临夏州、重庆和乌鲁木齐是与青藏高原相互作用关系最强的城市。

为了探索青藏高原的影响范围，将不同季节的不同城市相互作用强度与对应的距离之间的关系进行散点图制图，结果如图6.7所示。图6.7（a）和图6.7（b）分别显示与青藏高原交互强度累积值与交互强度累积比例随距离的变化情况。图6.8（a）中累积值的大小排序依次是高值季、中-高值季、中值季与低值季，高值季是青藏高原与全国其他城市联系更为紧密的季节，其中高值季与中-高值季在距离1000千米之后相比其他两个季节相互关系的累积值有了较大的提升，并从1300千米之后增加趋势趋向为一致。图6.8（b）反映出不同季节的交互强度的增加趋势，四个季节的上升变化的趋势基本一致，1000千米、1300千米与2000千米是三个变化最大的拐点。交互强度在1000～1300千米累积速率较快，1300～2000千米速度放缓，直到2000千米距离之后基本无变化。

1000～1300千米的距离圈内的城市是与青藏高原邻近的甘肃、四川、云南、新疆等省（自治区）的城市，这个阈值圈内的城市不仅是青藏高原地区人口流动的重点城市，同时也是旅游因素驱动下影响最大的地区，是进行青藏高原地区旅游人口转移、输送、中转的重要枢纽。1300～2000千米范围分布的主要是郑州、石家庄、长沙、武汉等少量省会级别城市和首都北京，由于其完备的交通设施及较强的经济实力能够与青藏高原地区产生一定的交互强度，但其交互关系较弱，且城市数量有限，且受季节因素影响波动较小。

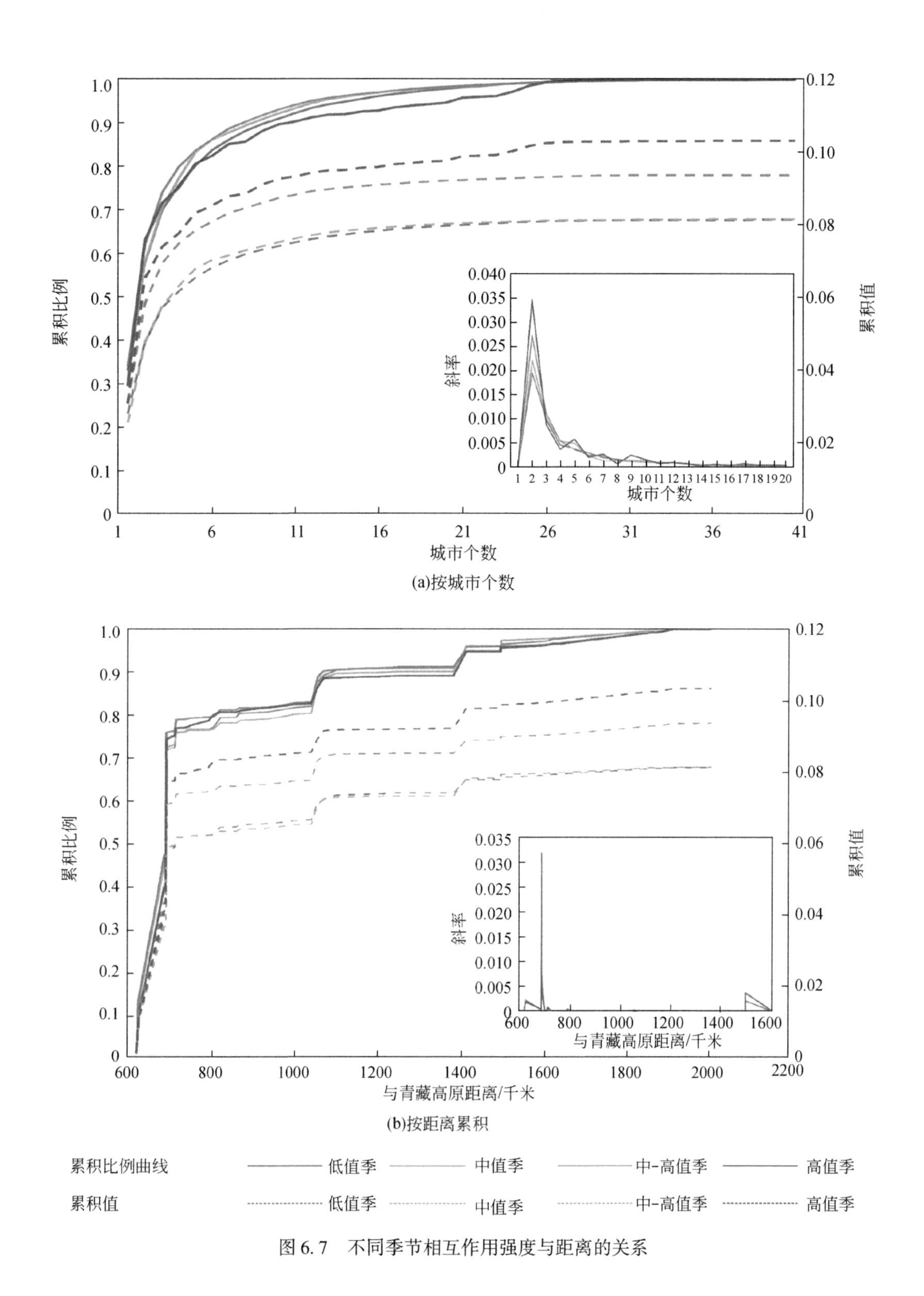

图 6.7　不同季节相互作用强度与距离的关系

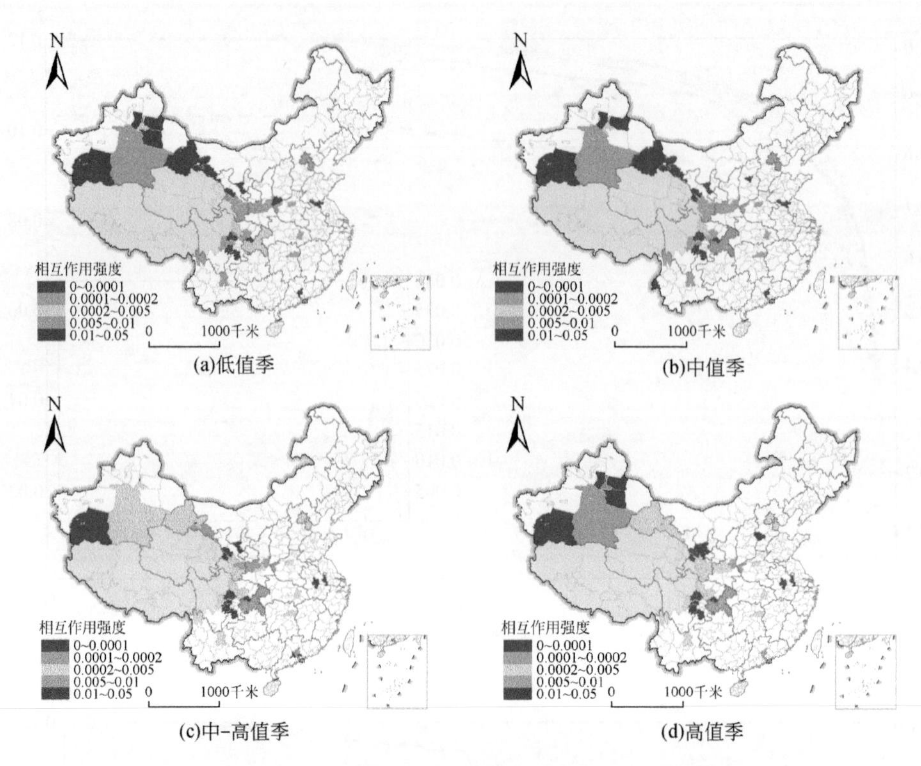

图 6.8　不同季节下的全国城市与青藏高原的相互作用关系空间分布情况

(三) 青藏高原在全国人口流动网络的地位解析

基于相互作用强度关系进一步分析青藏高原地区在不同季节与其他城市交互变化的显著性，能够探索与青藏高原交互关系显著变化的城市的空间分布情况，更能够挖掘青藏高原对全国城市不同时段吸引力的驱动力因素。我们利用 T 检验统计方法进一步分析不同季节中每个城市与青藏高原交互量的显著变化，其空间分布如图 6.9 所示。图中蓝色色带表示显著性降低的城市，红色色带表示显著性升高的城市，绝对值越大其显著性检验过程中 T 检验量越大。低值季—中值季—中-高值季—高值季，全国分别有 27 个、26 个、22 个、41 个城市被检测出在 0.01 置信水平上具有显著性变化，其中显著上升的城市占比分别为 33.3%、61.5%、68.2%、85.4%。在人口流动低值季，全国大部分城市与青藏高原交互量呈现显著性降低的格局，从中值季开始，全国与青藏高原的人口交互量逐渐回升，到高值季的时候全国大部分城市与青藏高原交互量显著升高。

低值季时段，在全国与青藏高原人口流动量呈现大范围降低的局面下，西北的甘肃、陕西和西南的云南、四川的城市有更显著的降低趋势，而高值季时段，西南的成都、雅安、昆明、丽江、大理等城市，兰新高铁沿线或青藏线沿线的兰州、临夏州、张掖、嘉峪关、酒泉、宝鸡等城市以及北京、长沙、武汉等一二线城市与青藏高原人口流动显著提升，这反映了旅游业对青藏高原人口流动的巨大影响。受气候条件影响，低值季时段冰天

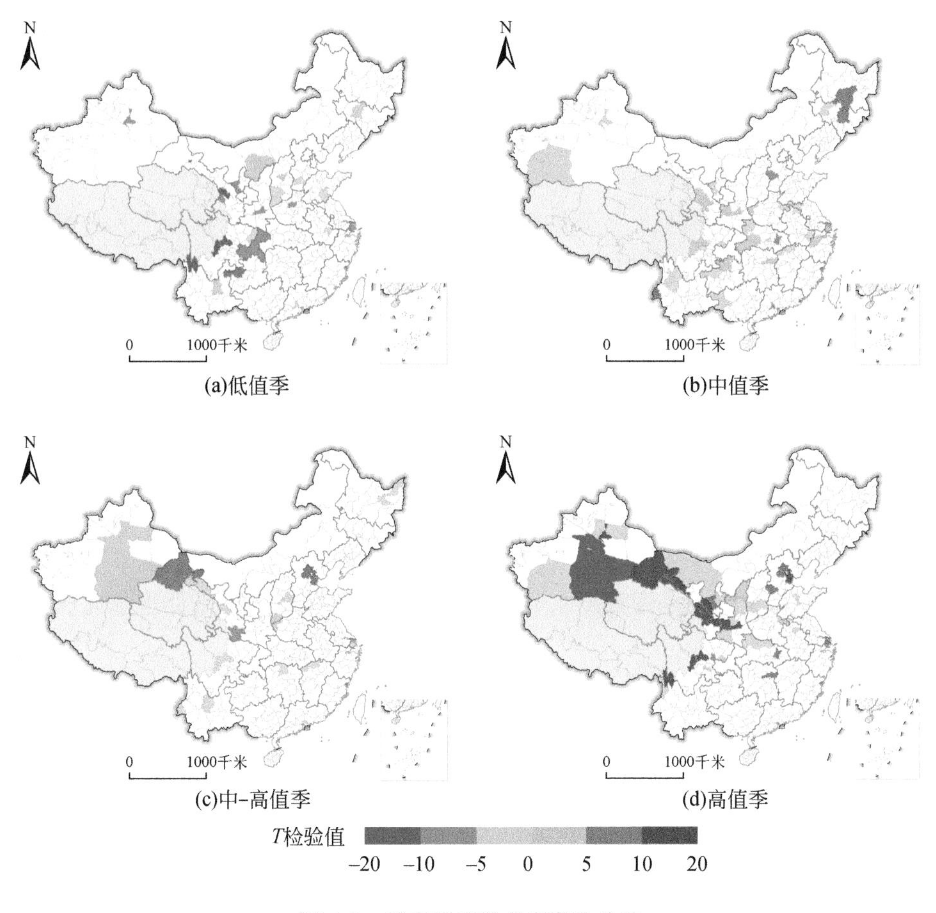

图 6.9 季节性变化的显著性检验

雪地，常因大风积雪道路受阻，这段时期不宜开展旅游，也阻碍了人口的流动，而在旅游的黄金时段，陕西、甘肃、四川等地是青藏高原旅游的主要客源市场，同时也是重要的旅游交通枢纽，很多城市前往青藏高原的中转站，从而极大地带动了其与青藏高原地区的人口流动。北京、天津、广州、长沙、武汉等一二线城市作为经济发展水平高与交通基础设施较完善的区域，成为青藏高原旅游吸引的重要客源。

东北地区、河南、四川的部分城市的在中值季和中-高值季时段人口流量呈现显著上升趋势，这是旅游产业外延扩展带动的外省人员前往青藏高原务工而形成了人口的大范围远距离的流动。新疆地区的巴音州、吐鲁番、和田地区等由于资源的运输往来、工业产业的吸引而增强了人口流动，在人口流动的低值季和中值季显著上升。临沂、运城等城市则因为货运往来在低值季与青藏高原地区有着较强的人口交互。

三、青藏高原内部城市的时空交互模式

（一）内部人群移动的季节性模式

基于每日的人群迁徙流量，我们使用本章第一节中提到的STL时间序列分解和断点检测方法来实现青藏高原人口流动的季节性模式的发现。分别将2015～2019年时间序列的日间和内部日迁移量汇总为一年时间序列，并将绝对数量转换为相对变化值。沿着时间序列，确定了四个断点，这些断点将时间序列分为五部分。这五部分中的迁移流量在置信度为0.01时具有统计学意义，这为分析空间和时间格局提供了数据支持。

在识别到的不同特征的时段中，6月18日至8月18日以及10月8日至次年2月15日分别发现了人口流动强度最强和最弱的两个时段。在迁移最弱的时期，青藏高原18个城市平均每日流量为157 700人次，这个时间大致为青藏高原地区的冬季，低温是阻碍人口流动的主要因素之一。相比之下，在人群移动最频繁的时期，18个城市平均每日流量为319 900人次，这个时段是青藏高原的旅游旺季，外地游客的到来促进了此区域频繁的人口流动。

2月15日至4月4日、4月4日至6月18日以及8月18日至10月8日的三个时段是过渡期。它们的相对变化值都在迁移流量最强和最弱的时期之间。在对青藏高原内部城市的人群移动状况的时空模式挖掘中，我们主要侧重于分析和探讨在最弱人群移动季节（weakest migration season，WMS）和最强人群移动季节（strongest migration season，SMS）期间人群流动的时空变化。

（二）交互量的分布情况

对不同季节内部流量的分析揭示了青藏高原内城市之间流量的分布变化。图6.10（a）和6.10（b）显示了少数的交互关系之间主导了青藏高原内部城市的交互格局。西宁和海东之间的人群移动最为密集，在最强和最弱的季节分别占内部迁移量的28.30%和15.28%。而在最强时期和最弱时期，西宁和海西州、西宁和海南州及西宁和海北州之间的人口流动分别占内部人群流动量的10.75%～9.28%、6.50%～9.60%及5.74%～6.53%。但是排在第五的拉萨和海西州之间的人口流动在这两个时期均不到人群移动总量的5%。总体来看，在这两个时期中，排名前五的人群移动路线的流动量分别占青藏高原内部迁徙总量的55.57%和44.21%。就单个城市而言，西宁是推动人口迁移的最重要城市，它与其他城市的人口流动量在最强季节和最弱季节分别占人群移动总量的29.5%和24.7%；第二名是拉萨（11.3%和13.4%）；其次是海西州（10.8%和11.8%），海东（18.1%和11.1%）和海南州（5.1%和9.1%），排名前五的城市在WMS和SMS分别占总人口流动量的74.8%和70.1%。也就是说，青藏高原的内部人群移动呈现出明显的不平衡现象。青藏高原的大多数城市地理位置偏远，发展相对落后，与外界的交流很少，这样的地理位置分布造成了少数城市主导人群移动的基本格局，那些经济发展较好，交通便

利的城市之间发生着频繁的人群移动现象。

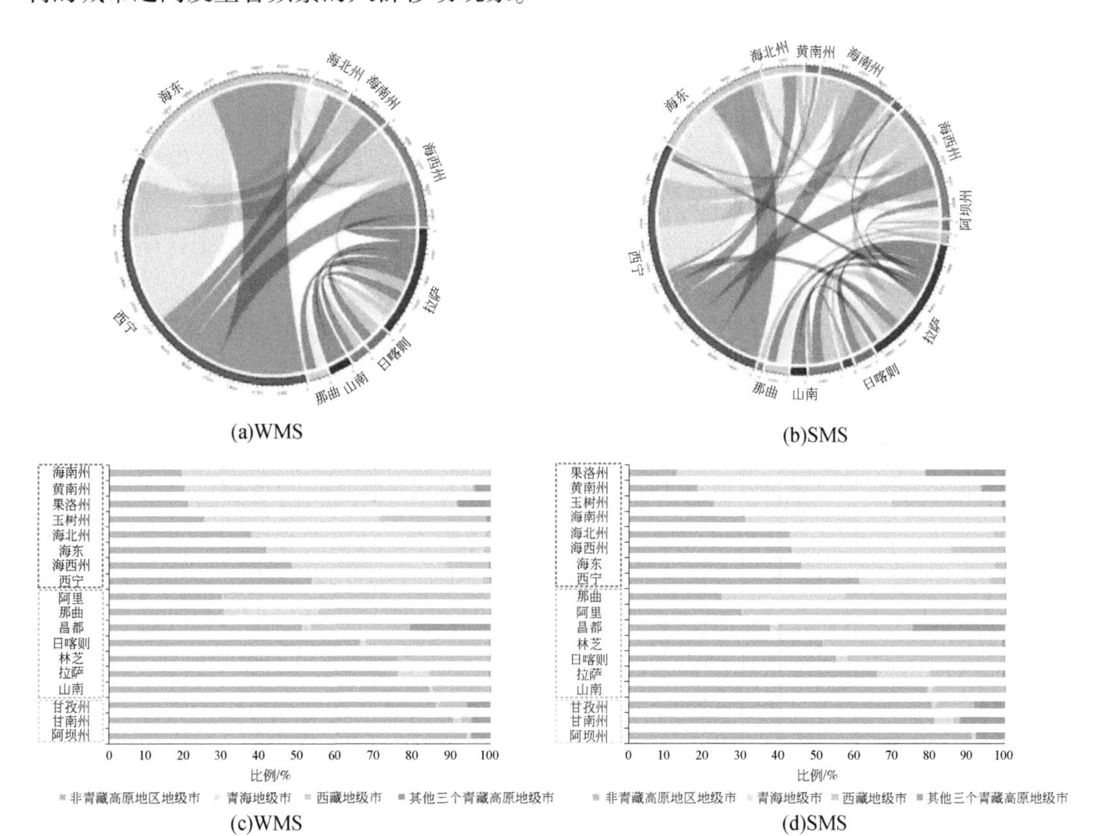

图 6.10　在 WMS（a）和 SMS（b）期间，青藏高原内部城市的迁徙弦图；在 WMS（c）和 SMS（d）期间，18 个城市与全国其他城市、西藏、青海及青藏高原其他三个城市的交互量占比分布

图 6.10（a）和 6.10（b）也显示了在最弱和最强两个时期内人群流动结构的巨大差异。与最弱的人口流动时期相比，最强的人口流动时期更多的是两两城市之间的流动量在显著增加。例如，在最强的人群移动时期，林芝–海南州和西宁–拉萨之间的人口流动增加，而阿坝州、甘南州、黄南州和林芝等地区的人群移动量所占的比例也有所增加。这些城市中人群移动变得频繁的主要驱动力是旅游旺季时段大量游客的旅游活动。

图 6.10（c）和 6.10（d）显示了在人群流动最强和最弱的季节中，来自中国非青藏高原地区的其他 347 个城市，西藏的 7 个地级市，青海的 8 个地级市，以及其他 3 个青藏高原城市（四川阿坝州和甘孜州、甘肃甘南州）的人群流动量分布的结构特点。

首先，在最强和最弱人口流动季节，其他 3 个青藏高原城市与全国其他 347 个城市之间都有大量的人口迁移，主要原因是这 3 个城市属于藏族自治州，它们与青海和西藏的地域差异较大，因此它们与青海和西藏的相互作用较弱，从而这三个地区 80% 以上的人群移动量都发生在与全国 347 个城市之间的交互，其余的人群移动量也主要分布在这三个地区的互交中，只有甘孜州在最旺盛的人口流动季节与西藏的人口流动联系略强。除此之外，甘孜州地区在最强的人群移动季节显示了与西藏地区较强的人群移动现象。

其次，对于青海而言，在人群流动最强和最弱的两个季节中，青海除西宁外仅有不到50%的市（州）与非青藏高原地区的城市有交互。而西宁在人群移动最弱的季节与全国其他城市的交互量超过了50%，在人群移动程度最强的季节超过了60%。除果洛州和玉树州以外，青海的其他城市的人口流动主要发生在青海境内，其中玉树州在两个季节中都显示出与西藏人口流动的较高比例。在迁移最强的季节，果洛州也从其他三个青藏高原城市吸引了更多的人。

最后，对于西藏而言，来自全国城市的两个季节的人口流动比例在拉萨（65%和76%）和山南（79%和84%）始终很高，那曲（24%和30%）和阿里地区（29%和27%）相比则较低。虽然那曲和阿里地区的人口流动量主要来自西藏，但是在最弱和最强的迁徙季节中，那曲从青海吸引了24%和32%的迁徙人口。还值得关注的是，在两个季节中，昌都从其他三个青藏高原城市吸引了分别为20%和24%占比的移民。

综上所述，玉树州、那曲和昌都的迁徙比例相对均匀，这三个地区处于青藏高原相对中心的地理位置，它们将青藏高原在行政区划、文化和地势上均存在巨大差异的不同地区的人口流动联系起来。最后，海南州、西宁、海北州和海东等旅游城市最强人群移动季节与全国城市的人群移动流量比例大约比最弱人群移动季节高5%～11%。这种趋势表明，在旅游旺季中，来自全国其他城市的访客倾向访问这些城市，这些城市位于青藏高原的重要旅游胜地——青海湖周围。

（三）相互作用强度的空间分布

交互强度分析揭示了节点间种群交互关系的大小，而PageRank计算则反映了节点在网络中的位置。图6.11（a）和6.11（b）显示了青藏高原城市在人口迁移中的重要性排名。在青藏高原内部的相互作用交互格局的空间分布图中，“两个中心、三个连接点”的结构十分清晰，西宁、拉萨分别作为青海和西藏的省会（首府）城市，也是区域的中心城市，它们具有最高的PageRank值，并且与青海和西藏的城市表现出强烈的互动关系，形成了区域中心聚集现象。另外三个城市，玉树州、那曲和昌都也与青藏高原内的其他城市有着较强的相互作用关系，其PageRank值位于前列，它们是青藏高原地区与全国其他城市之间的转移城市，也是跨省流动人群进入或离开青藏高原的重要中转点。

图6.11（a）和6.11（b）还显示了WMS和SMS任意一对城市之间的相互作用强度（交互作用强度值大于0.01的关系将被显示）。昌都、阿坝州和甘孜州是紧密相连的（昌都-甘孜州：0.44，甘孜州-阿坝州：0.43）。青海海东和海西州两大城市都与首都西宁有很强的互动关系（西宁-海东：0.75，西宁-海西州：0.18）。在拉萨都市圈，日喀则和山南与拉萨都保持着较高的互动强度（拉萨-日喀则：0.23，拉萨-山南：0.22）。

在SMS期间，省（自治区）内各城市之间、青海和西藏之间的联系都比WMS期间更加紧密，特别是热门旅游城市与两省会（首府）城市之间的联系更加紧密。例如，西宁与海南州的互动强度增加了46%，而拉萨与林芝的互动强度增加了66%。在SMS期间，西

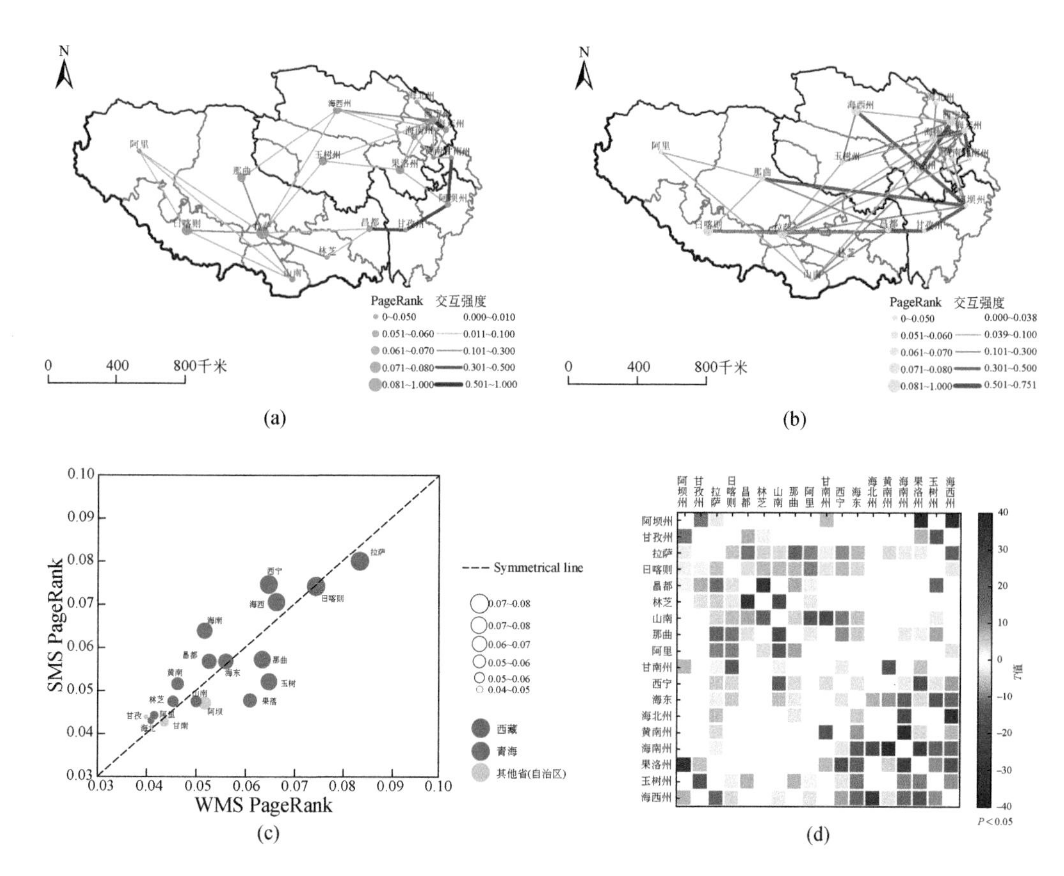

图 6.11 根据 WMS（a）和 SMS（b）期间城市网络地位重要性和城市间互动强度制图；两季 PageRank 值对比（c）；不同城市对间变化的 T 检验结果的相关性（d）

宁-拉萨和海西州-拉萨的联系强度也分别提高了 400% 和 20.7%，拉萨与西宁的省际联系也增强了，这些表明在这个季节省际能够产生更强的连接关系。

图 6.11（c）表示了 WMS 和 SMS 期间各个城市的 PageRank 值的变化。青藏高原地区的政治经济中心——拉萨和西宁，以及经济发达地区的海西州、日喀则处于流动网络地位的第一层次，它们是人群移动网络的主要参与和主导节点（PageRank 值均大于 0.065）。青藏高原的主要枢纽城市——那曲、昌都、玉树州及西宁都市圈的海南州、海东在网络中处于次要地位（PageRank 值大于 0.05）。在比较两个季节不同节点的 PageRank 值的变化之后，发现在 SMS 期间，交通发达城市和热门旅游城市的 PageRank 值相较 WMS 期间显著增加。相比之下，果洛州、玉树州、那曲等地区网络地位降幅最大。这些城市的交通基础设施相对较差，这成了青藏高原内部城市之间产生进一步交互联系的重大局限。

我们对两个季节中的日常互动进行了 T 检验，以找出两个具有重大变化的城市之间的互动关系。图 6.11（d）显示了从 WMS 到 SMS 的两个城市之间的连接强度的变化是否在 0.05 的置信水平上具有统计意义的显著性矩阵。白色显示变化无统计学意义。红色和蓝色分别表示显著增加和减少，颜色越深，T 的绝对值越大，表示变化越明显。可以发现，大多数具备显著性的变化发生在同一省区内的城市之间。例如，西宁-果洛州、西宁-海南州、海西州-海南州、拉萨-那曲、拉萨-阿里、山南-林芝和阿坝州-甘孜州之间的连接强度显著增加。相比之下，海南州-黄南州、海北州-海西州、海南州-海北州、昌都-林芝、林芝-山南、那曲-山南之间的联系强度显著下降，其下降幅度也最大。

（四）青藏高原内部的辐射模式的定量度量

图6.12（a）基于式（6.2）和式（6.3）显示了WMS和SMS期间每个节点辐射动量的流入和流出的最终影响。在WMS和SMS期间，大多数青藏高原城市的流入和流出方向都没有显著变化。拉萨和西宁这两个省会（首府）城市是主要的枢纽，其他城市的流入流出方向都基本指向自己的省会（首府）城市，通过这两个枢纽，流入和流出的人群进入和离开青藏高原。值得注意的是，昌都是四川的流动人群进入青藏高原的枢纽，两个季节的流入人群主要流向林芝。在SMS期间，形成了一条主要的人群移动的重要走廊，从四川到昌都，再到林芝，再到拉萨，大多数跨省人群流动通过该走廊进入并访问青藏高原。相比之下，昌都在WMS期间没有显示出主要的辐射动量流出方向。此外，拉萨作为西藏的中心，吸收和传播人口流动的最终效果是指向青海方向，这主要来源于其与青海海西州较强的互动关系。

在两个季节中，辐射动量也发生了显著变化。甘孜州的流入人群主要来自青藏高原地区的中部，但在SMS期间向青海转移。甘孜州和海西州的辐射动量流出方向分别从果洛州和青海向西藏变化。在这两个人群流动季节，流入和流出的人群流动大多进出西宁，表明人群主要通过西宁这个交通枢纽进入或离开青藏高原。与图6.12（a）的流向相比，大多数区域的辐射动量方向没有明显变化。然而，那曲在青海方向的辐射能力较强，玉树州在西藏方向的辐射能力较强，昌都地区在林芝方向的辐射能力较强，SMS期间则转向四川边界。与WMS期间相比，海南州、西宁、那曲、海西州等地的流动效应产生了更多的能量。在本节中，人口流动网络的节点也是发送和接收辐射能场的节点。我们可以发现，拉萨和西宁节点接受并传递了其所在省（自治区）不同方向的人口运动的辐射动量，是辐射动量转换的中心。玉树州、那曲和昌都这三个藏区的过境中心是能量传递的中介，但大多数都没有明显的方向指向城市。随着WMS转变为SMS，人口流动的影响反映了受旅游因素影响下的每个城市的辐射动量大小和方向的变化。

图6.12（b）显示了两个季节青藏高原辐射能的空间分布情况。在WMS期间，辐射能更强的城市包括四个经济中心，即拉萨、西宁、海西州、海东，以及两个主要的交通枢纽，即玉树州和那曲。这六个城市是青藏高原人口迁移网络中最重要的城市。然而，尽管海东人口流动较大，但其主要流动方向是西宁方向，这样的迁徙路线距离较短，因此整体具有的辐射能较低。相反，在玉树州和海西州，尽管人口较少，但由于交通枢纽的地位，它们有能力将人口转移到更远的地方。沿青藏高原东部和西南边缘的大多数城市的移民流向省会或邻近城市，其辐射能较低。与WMS期间相比，在SMS期间，大量游客进入青藏高原的现象导致所有城市的辐射能显著增加，但在此过程中，黄南州的辐射能变化不大。

我们分别对每个节点的流入和流出方向的辐射动量执行向量减法。图6.13（a）显示

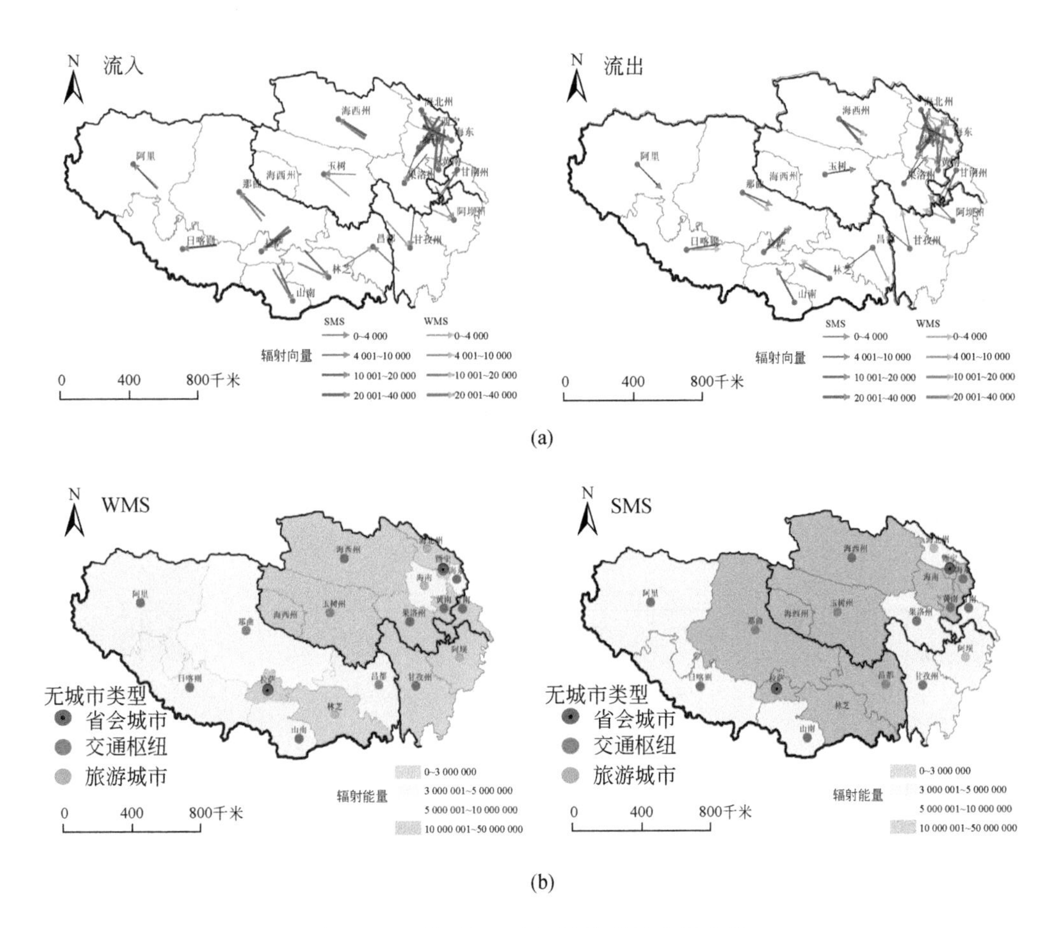

图 6.12 基于人口流辐射模型的分析结果

了两个季节辐射动量的流入和流出方向的变化率。昌都、甘孜州、林芝、甘南州和阿坝州是变化最大的地区，它们位于青藏高原的边缘，游客的涌入对它们产生了巨大的影响。尽管在西宁、拉萨和海西州，移动方向没有重大变化，但移动人群数量和距离却有明显增加。游客人数的增加显著增强了海南州和海北州的主要流向（指向西宁）的辐射动量。

图 6.13（b）显示了每个城市不同季节的辐射能流入和流出方向以及不同方向上辐射能的变化率。林芝（进：277.4%，出：362.3%）、海南州（进：260.1%，出：331.1%）、海北州（进：235.0%，出：382.7%）、阿坝州（进：138.3%，出：245.9%）是人口辐射能变化最大的城市。这四个城市是青藏高原的主要旅游城市，旅游因素发挥了巨大作用。

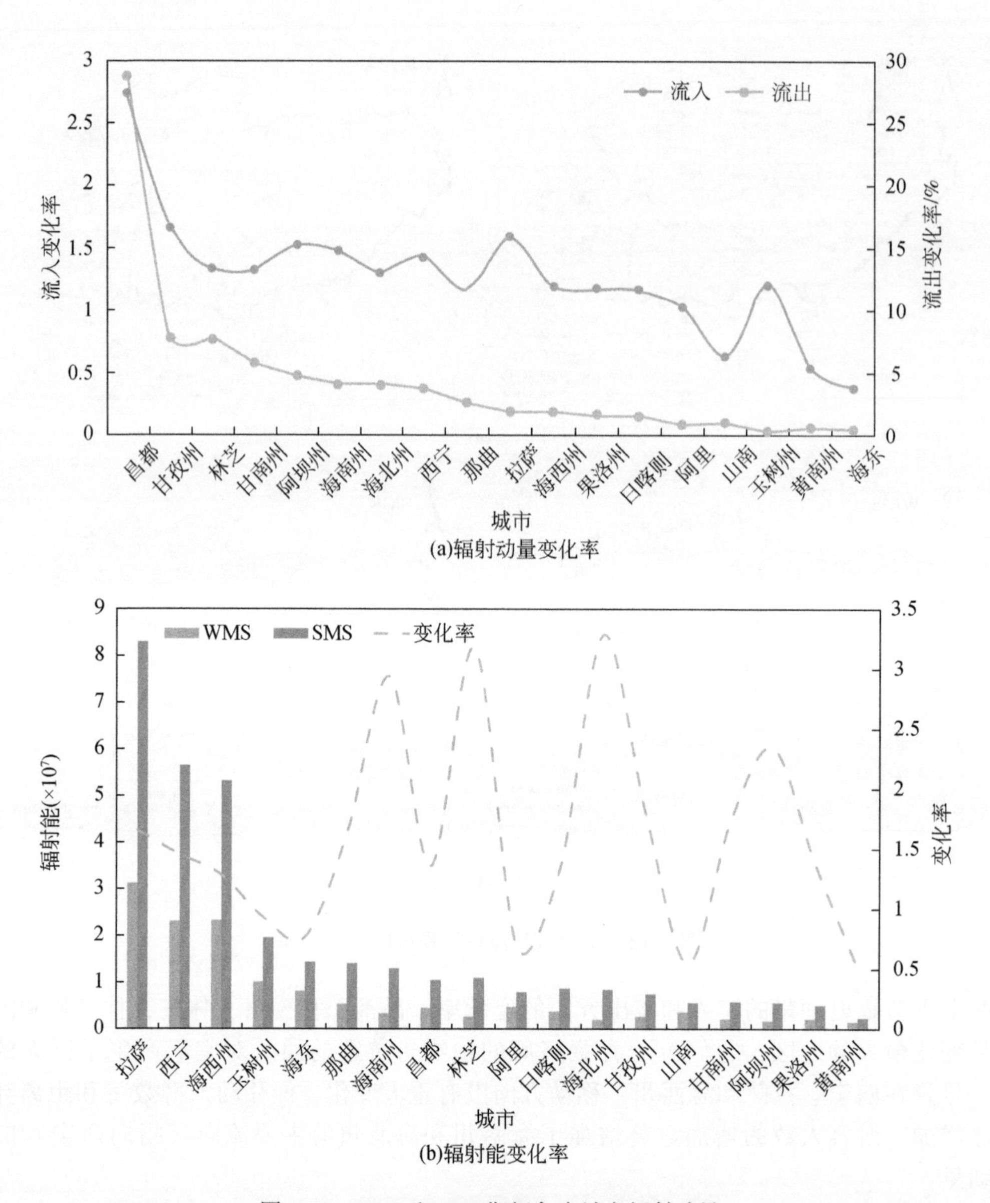

图 6.13　WMS 和 SMS 期间各个城市辐射动量

第三节　青藏高原近远程人群移动的可视化分析

空间相互作用一直是地理学研究的主题（Fischer et al.，2010；Getis，1991，Ullman，1954）。空间相互作用不仅是空间异质性的一个重要特征，也是空间相关性的一个指标，它反映了区域间物质、资本、人口、信息、知识等多方面的联系（刘帅宾等，2019），并已被纳入土地利用/覆被（Seto et al.，2012；Silveira and Dentinho，2018；Ma et al.，

2019)、城市结构与功能(Seto et al., 2012; Silveira and Dentinho, 2018; Ma et al., 2019)、城市化(Xu et al., 2017)、交通(Kerkman et al., 2017)等方面的研究。城市间的人口流动是空间相互作用的一种,是空间差异发展的结果,也揭示了城市间的相互关系,是反映城市吸引力、影响和调整区域经济发展模式的重要方面,发现人口流动模式相似的地区,有助于发现人口流动的驱动因素。

由于地理上的封闭性、独特的自然景观和独特的文化,青藏高原是我国和世界上的一个特殊地区,然而其自然和社会过程仍然与整个世界是密切联系的,高原城市之间、高原城市与国内其他城市之间必然存在许多空间互动。本节利用全国城市间人口流动网络,对青海和西藏在省级市及地级市的人口流入、人口流出进行可视化、数量统计,研究青藏高原内部人口流动(近程)和与外部的人口交互(远程),发现流动模式相似的地区,为发现区域特征和确定人口流动的驱动因素提供帮助。

一、算法和系统实现

本节利用 ECharts (Enterprise Charts) 实现基于 web 的可视化界面,以显示人口流动的时空变化,并探索青藏高原地区的局部和远处的人类流动模式,界面中集成了多维标度(multidimensional scaling, MDS)方法,用来发现和展示具有相似人口流动模式的城市。

(一)人口流动模式的相似性计算

我们将每个城市的人口流动空间模式表示为一个向量。流出向量由一个城市人口流出的数据组成,其中由一个城市到青藏高原内部其他城市的人口流动数据组成的向量为近程流出向量,由一个城市到除青海、西藏外的省(自治区、直辖市)的人口流动组成的向量为远程流出向量:

$$\text{outVector}=(\text{outFlow}_1,\text{outFlow}_2,\text{outFlow}_3,\cdots,\text{outFlow}_n) \tag{6.5}$$

式中,n 为外流城市或省(自治区、直辖市)的数量;outFlow 为从一个城市流向其他城市或省(自治区、直辖市)的人口数量。流入向量由流入一个城市的人口数据组成,其中由青藏高原内部其他城市流入该城市的人口流动数据组成的向量为近程流入向量,由除青海、西藏外的省(自治区、直辖市)流入该城市的人口流动数据组成的向量为远程流入向量:

$$\text{inVector}=(\text{inFlow}_1,\text{inFlow}_2,\text{inFlow}_3,\cdots,\text{inFlow}_n) \tag{6.6}$$

式中,inFlow 为从其他城市或省(自治区、直辖市)流入一个城市的人口数量。

流入向量和流出向量分别反映了一个城市人口流入源地和流出目的地的空间格局,具有相同人口流动来源或目的地的城市,其流入向量和流出向量将非常接近。因此,我们可以通过计算不同城市的流入向量和流出向量之间的余弦相似性来比较不同城市的人口流动模式。余弦相似性是两个非零向量之间相似性的度量。向量 A 和向量 B 的相似性为:

$$\text{similarity}(A,B)=\cos(\theta)=\frac{A\cdot B}{\|A\|\|B\|}=\frac{\sum_{i=1}^{n}A_iB_i}{\sqrt{\sum_{i=1}^{n}A_i^2}\sqrt{\sum_{i=1}^{n}B_i^2}} \tag{6.7}$$

式中，A_i和B_i为向量A和向量B的组成要素；$\|\cdot\|$为向量的模。人口流动都是正数，所以两个城市的余弦相似性总为正。如果两个城市的向量相似度接近1，则两个城市具有相似的人口流动模式；如果两个城市的向量相似度接近0，则两个城市具有非常不同的人口流动模式。

（二）多维标度方法

人口流动向量是高维的，难以可视化，因此我们使用MDS方法进行降维。MDS方法是一种对多维数据的相似性进行可视化表达的方法（Mead，1992）。给定N个被表示为d维向量的对象，以及所有对象之间成对的相似性或距离，MDS方法可为N个保持成对距离的对象找到k维嵌入，其中$k<d$，因此达到数据降维的目的（Chen，2003）。通常情况下，k取2或3，以便可视化。本节选取$k=2$，用人口流动向量间的距离进行MDS计算：

$$\text{distance}(A,B)=1-\text{similarity}(A,B) \tag{6.8}$$

通过MDS计算，可确定对象在低维空间中的表示，并使其尽可能与原先的相似性（或距离）“大体匹配”，使得由降维引起的任何变形达到最小。

（三）可视化方法

ECharts是百度的一个开源的数据可视化工具，一个纯Javascript的图表库，能够在计算机和移动设备上流畅运行，兼容当前绝大部分浏览器（IE6/7/8/9/10/11、chrome、firefox、Safari等）。ECharts提供了常规的折线图、柱状图等统计图功能，也提供地理数据可视化功能。只需要获取数据，填入指定格式的数据，ECharts即可完成统计图和地理数据的可视化。

系统框架见图6.14，前端（Brower）可以选择使用当前绝大部分浏览器，服务器为IIS，数据包括GeoJSON和CSV文件，GeoJSON用于地图可视化，CSV为空间交互数据。前端和服务器通过Ajax进行操作请求和回复请求。系统选择使用ECharts可视化GeoJSON文件，并可视化西藏/青海和其他省（自治区、直辖市）之间的空间交互，使用Python实现MDS算法的实时计算。

二、系统界面和功能

人口流动可视化系统界面如图6.15所示，包括以下3部分。

（1）界面名称“青藏高原近远程人口流动”。

（2）下拉列表，共有4个下拉列表：①人口流动的空间尺度（全国/青海和西藏）；②月份（1~12月，以及全年）；③流动方式（流出/流入）；④MDS距离尺度（远程/

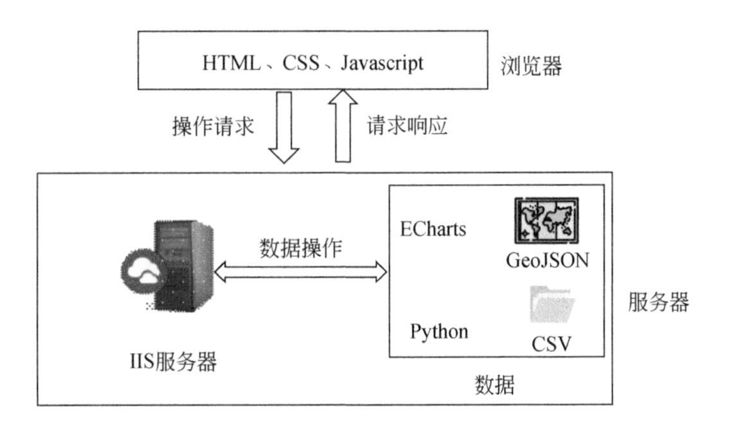

图 6.14　青藏高原人口流动可视化系统框架

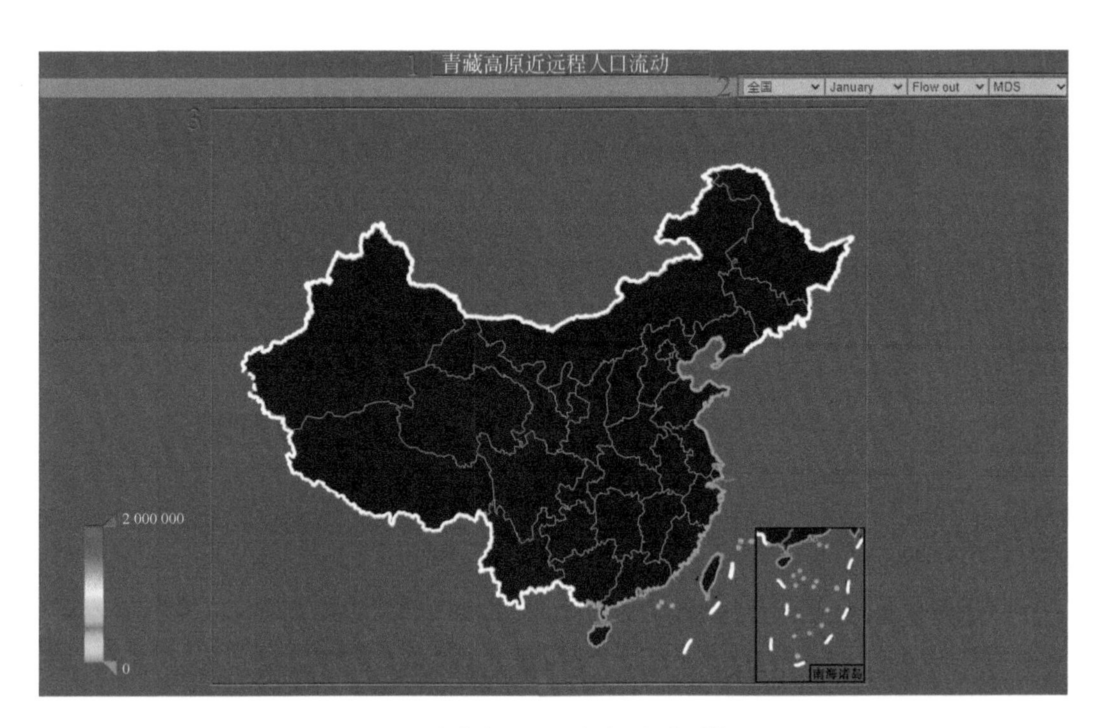

图 6.15　青藏高原人口流动可视化系统界面

近程)。

(3) 人口流动可视化地图。

人口流动可视化系统包括三大功能模块，如图 6.16 所示，其中青海的 2 个地级市/6 个自治州（西宁、海东、黄南州、海南州、海北州、果洛州、玉树州、海西州）与西藏的 6 个地级市/1 个地区（拉萨、日喀则、昌都、林芝、山南、那曲、阿里地区）是本系统中重点展示的 15 个研究区域。

(1) 人口流动可视化。用户可以查看每个月或全年的中国人口流动状况，空间尺度包

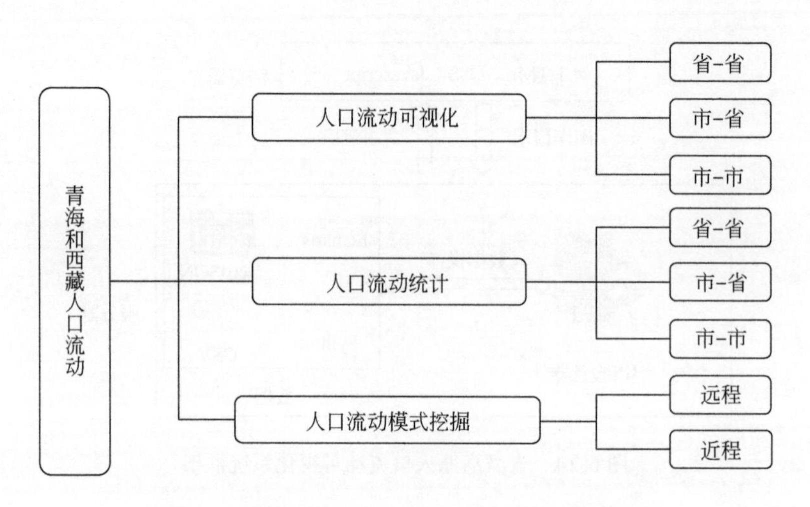

图 6.16　青海和西藏人口流动可视化系统功能模块

括“省-省”：中国 34 个省级行政区之间的人口流动可视化，“市-省”：15 个研究区域和其他 32 个省级行政区之间的人口流动可视化，“市-市”：15 个研究区域之间的人口交流动可视化。其中人口流动包括流出与流入两种方式，用户根据自身需求点击查看流动方式。

（2）人口流动统计。在“人口流动可视化”功能模块的基础上，统计用户当前查看的人口流动可视化的时间尺度、空间尺度和流动方式下的数量，并使用横向柱状图可视化空间交互的人口流动数量。

（3）人口流动模式挖掘。根据 15 个研究区域之间或与其他省（自治区、直辖市）之间的交互数量，用 MDS 方法对其进行降维处理，并在坐标系统中展示降维之后的 15 个研究区域，达到聚类的效果。用户可以选择参数“远程”或“近程”。“远程”：15 个研究区域与 32 个省（自治区、直辖市）之间人口流入或流出数量，MDS 方法将 15×32 矩阵降维到 15×2，即将每个研究区域用一个二维坐标记录，并在坐标系统中展示，相似的研究区域将聚集在一起；“近程”：15 个研究区域之间的人口流入或流出数量，用 MDS 方法将 15×15 矩阵降维到 15×2，即将每个研究区域用一个二维坐标记录，并在坐标系统中展示，相似的研究区域将聚集在一起。

三、人口流动的可视化挖掘

（一）人口流动可视化与统计

人口流动可视化和人口流动统计可在“省-省”“市-省”“市-市”尺度上进行。首先在图 6.17 中标号为 2 的红框中的下拉列表中选择人口流动可视化参数。下拉列表从左到右分别是人口流动的可视化空间尺度（默认选定“全国”）、时间尺度（默认为“1 月”）、流动方式（默认为“流出”），用户可以按照目的自行选择人口流动的三大参数。

当选择尺度是“全国”时，用户可以查看中国省级人口流入或流出和人口流动统计量，如图6.17所示，空间尺度为全国、时间为1月、青海的人口流出，界面右侧显示人口流动的分省（自治区、直辖市）统计量。当选择空间尺度是“青海”和“西藏”时，能查看青海和西藏的15个地级市的近程和远程人口流入或流出数据，且青海和西藏的市将呈现绿色的边界线，以和其他的省（自治区、直辖市）进行区分。例如，图6.18显示那曲1月的人口流出，界面右侧分别统计那曲到其他省（自治区、直辖市）（远程）和青海、西藏内部其他城市（近程）的人口流出统计量。如果我们移动图例栏上的两个光标，就可以显示特定数量范围内的人口流动，流的颜色和气泡的大小反映了流动人口的数量。

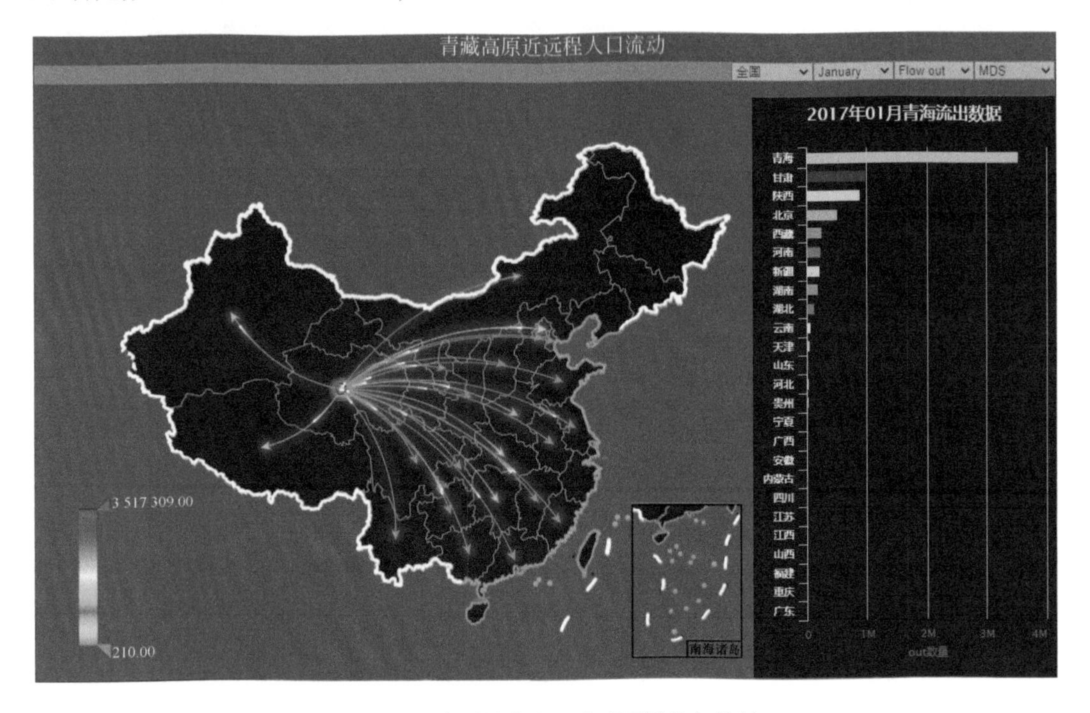

图6.17　全国尺度人口流动可视化与统计

（二）人口流动模式挖掘

当空间尺度为“青海”和“西藏”时，可以进行人口流动相似模式的挖掘。菜单栏的第4个下拉列表为MDS可视化选择参数，“远程”表示计算青海、西藏的地级市之间远程人口流动向量的相似性，并用MDS展示出来它们的相似性关系，“近程”表示计算青海、西藏的地级市之间近程人口流动向量的相似性，并用MDS展示出来它们的相似性关系。选择好时间（默认为“1月”）、流动方式（默认为“流出”）后，选择MDS可视化选择参数“远程”或“近程”，即可得到流动模式相似性的MDS展示结果。如图6.19所示，以3月为例，显示了城市间远程人口流出模式的相似性分析结果，具有相似模式的城市在MDS图上彼此靠近。可以发现西宁、海东、海北州、黄南州、海南州具有非常相似的远程人口流动模式，拉萨、山南、日喀则具有非常相似的远程人口流动模式。用鼠标

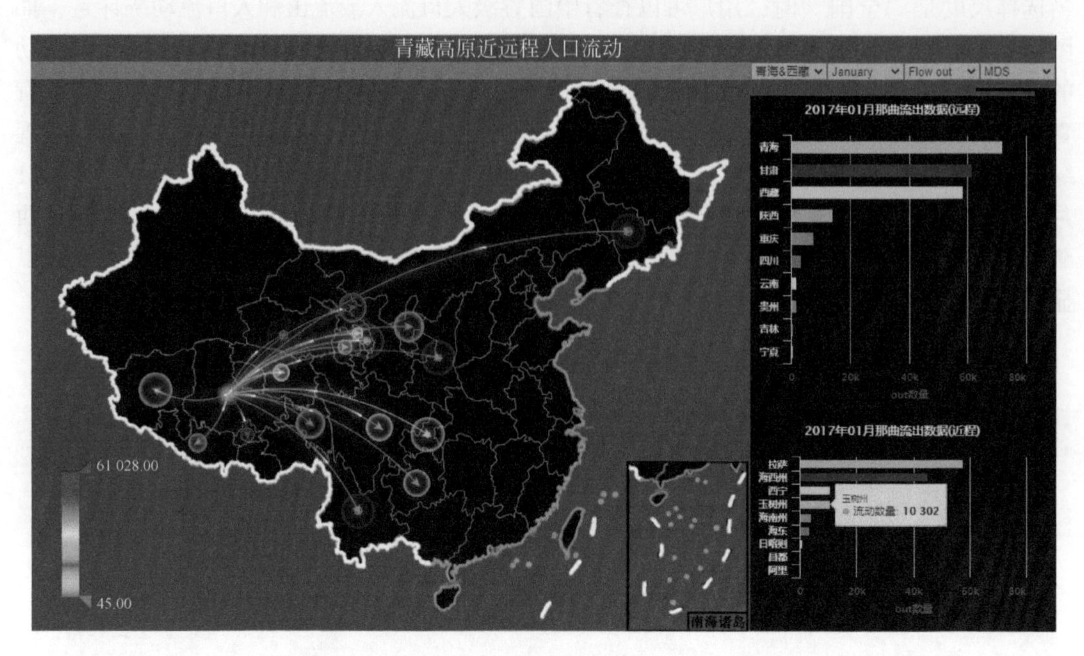

图 6.18 青海和西藏近远程人口流动可视化与统计

点击 MDS 图上的城市，可以在地图上显示相应城市的人口流动。图 6.19（a）和图 6.19（b）分别显示拉萨和山南的人口流动，可以发现其远程人口流出以四川、重庆、云南、甘肃为主，其他省（自治区、直辖市）则较少。

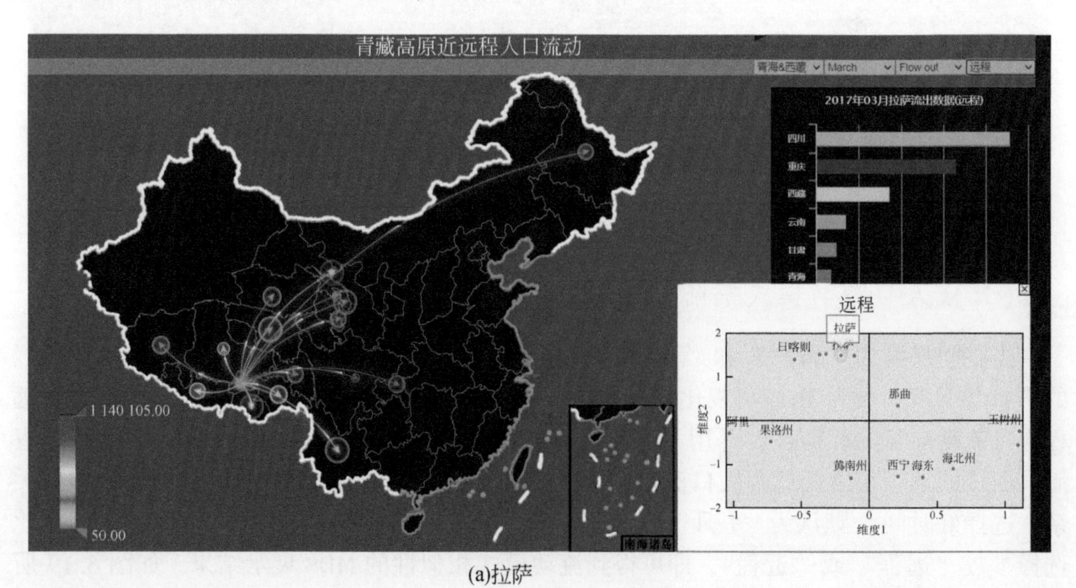

(a)拉萨

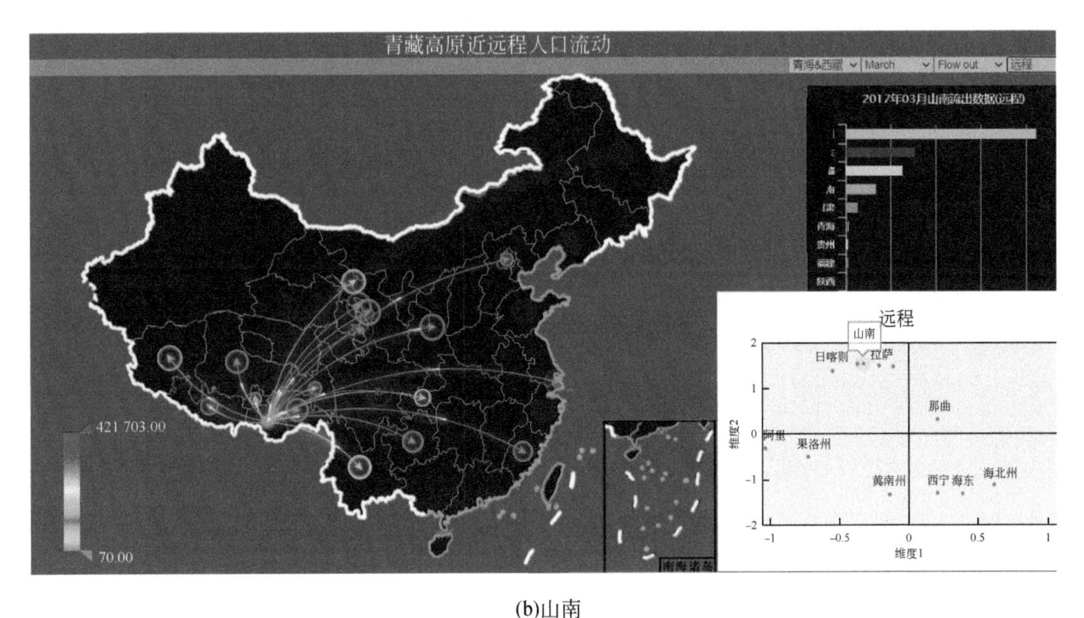

(b)山南

图 6.19　青海和西藏 3 月远程人口流动模式相似性

四、青藏高原人口流动时空模式

通过视觉探索，我们发现高原上的城市有着不同的近程和远程人口流动模式。一些城市有更多的本地人口流动，而其他城市有更多的远程人口流动，并且在时间上也有相似的季节性波动。

(一) 空间模式

运用 MDS 方法对具有相同人口流动模式的城市及其空间分布进行了研究。图 6.20 显示了根据 2017 年全年各城市的近程人口流入向量得到的 MDS 图，可以发现青海、西藏城市的近程人口流动模式具有多样性，其中海北州、海南州、果洛州和海东为一组具有相似近程人口流动模式的城市，通过对地图的互动探索，我们发现它们的流入人口多来自西宁周边的城市；另一组城市是那曲、林芝、山南和日喀则，通过地图互动探索，可以发现它们的流入人口多来自拉萨、阿里、山南和日喀则；阿里和昌都具有相似的模式，它们的流入人口多来自拉萨、山南、日喀则和林芝；其他城市都有不同的近程人口流动模式。我们注意到尽管西宁和拉萨在空间上并不接近，它们却具有相似的近程人口流动模式，作为省（自治区）的省会（首府），它们都有来自高原上几乎每个城市的大量流入人口。

与近程人口流动模式相比，青海和西藏城市的远程人口流动模式可以分为截然不同的三个组（图 6.21）。青海的所有城市为一组，西藏除阿里以外的所有城市为一组，阿里单独为一组，这意味着青海和西藏与其他省（自治区、直辖市）的人口流动具有完全不同的

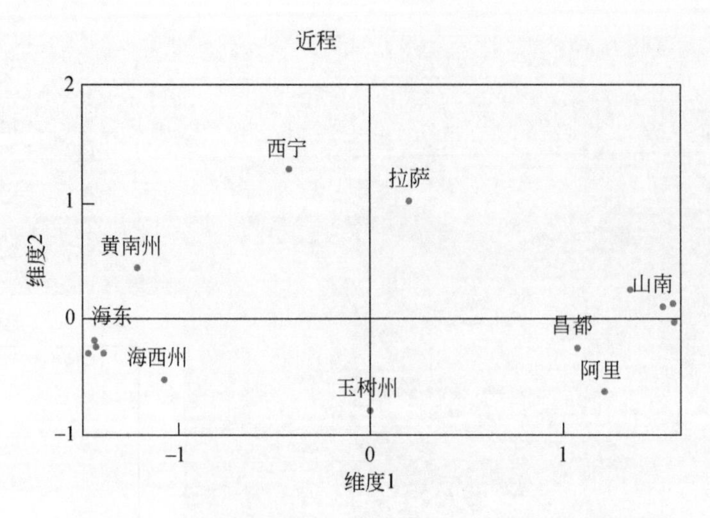

图 6.20 青海和西藏近程人口流动模式相似性的 MDS 图

模式。通过对地图的互动探索，我们发现西藏的城市与四川、云南和重庆之间的人口流动最多，而青海的城市与陕西、甘肃和河南之间的人口流动最多。阿里是一个特殊的地区，它的远程人口流动几乎均匀地分布在所有其他省（自治区、直辖市）（图 6.22）。

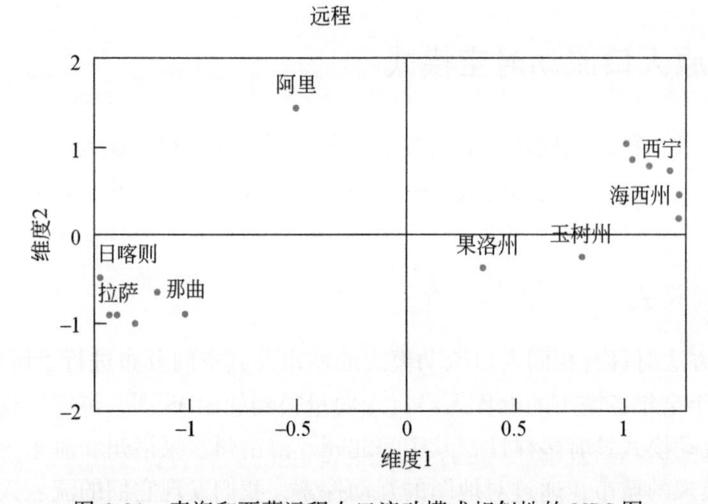

图 6.21 青海和西藏远程人口流动模式相似性的 MDS 图

利用 MDS 的结果，我们可以根据城市之间人口流动模式的相似度对城市进行分类，并在地图上显示各类的空间分布。图 6.23 显示具有相似人口流动模式的城市通常是在空间上聚集的。

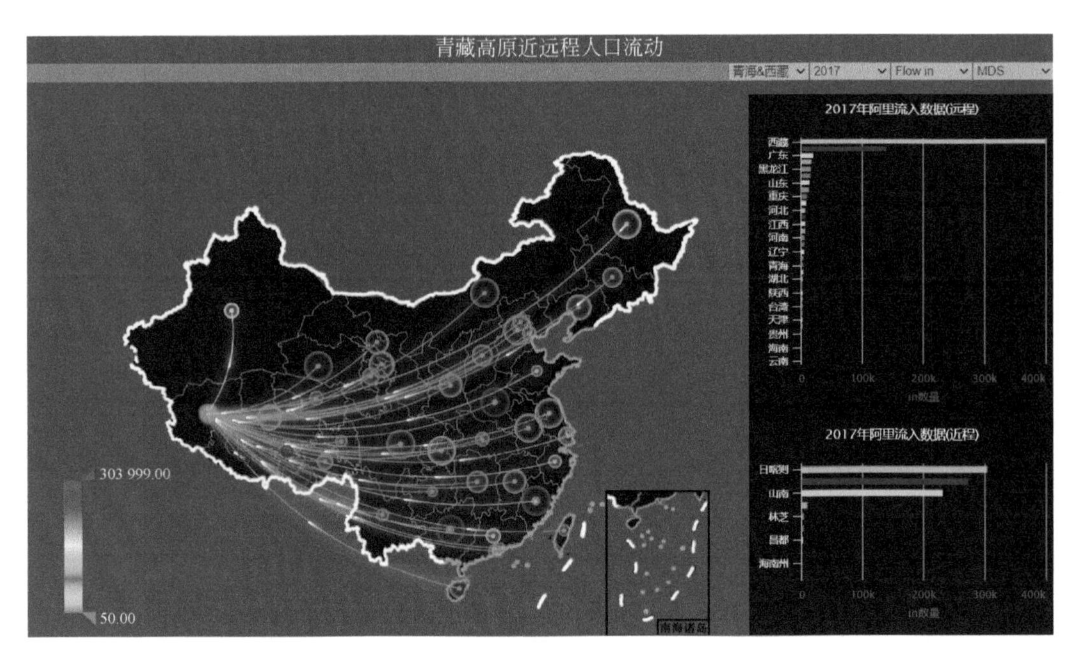

图 6.22 阿里地区的远近程人口流动

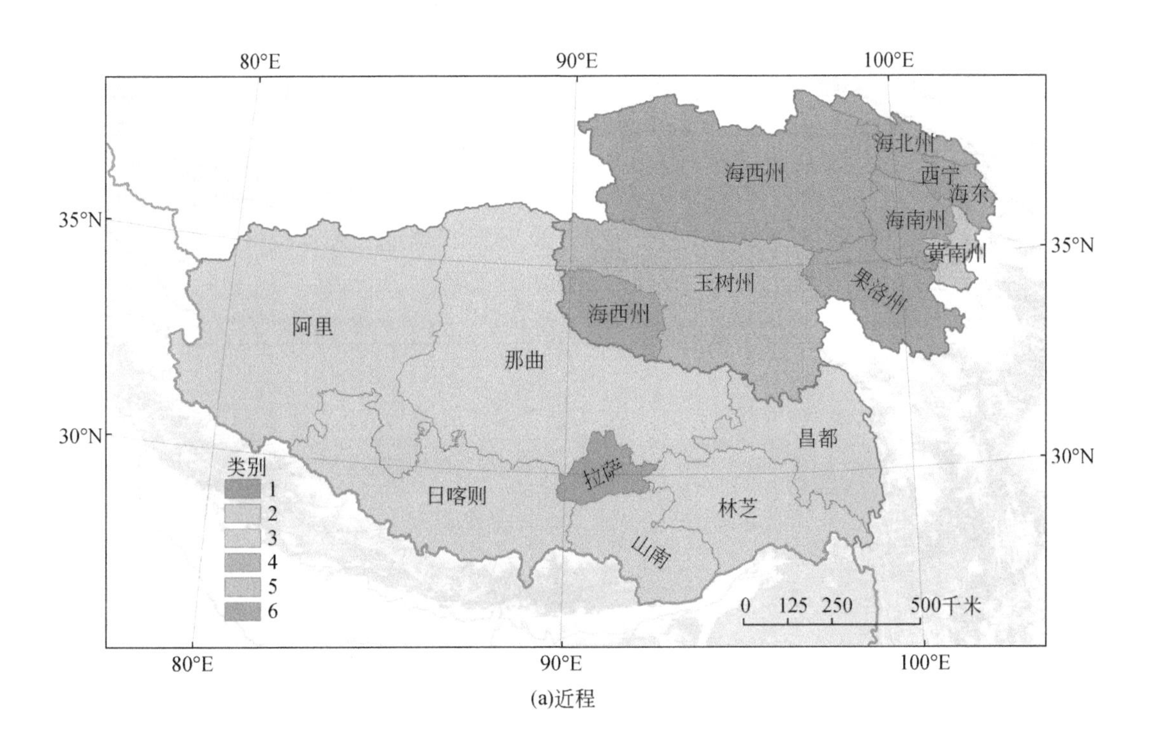

(a)近程

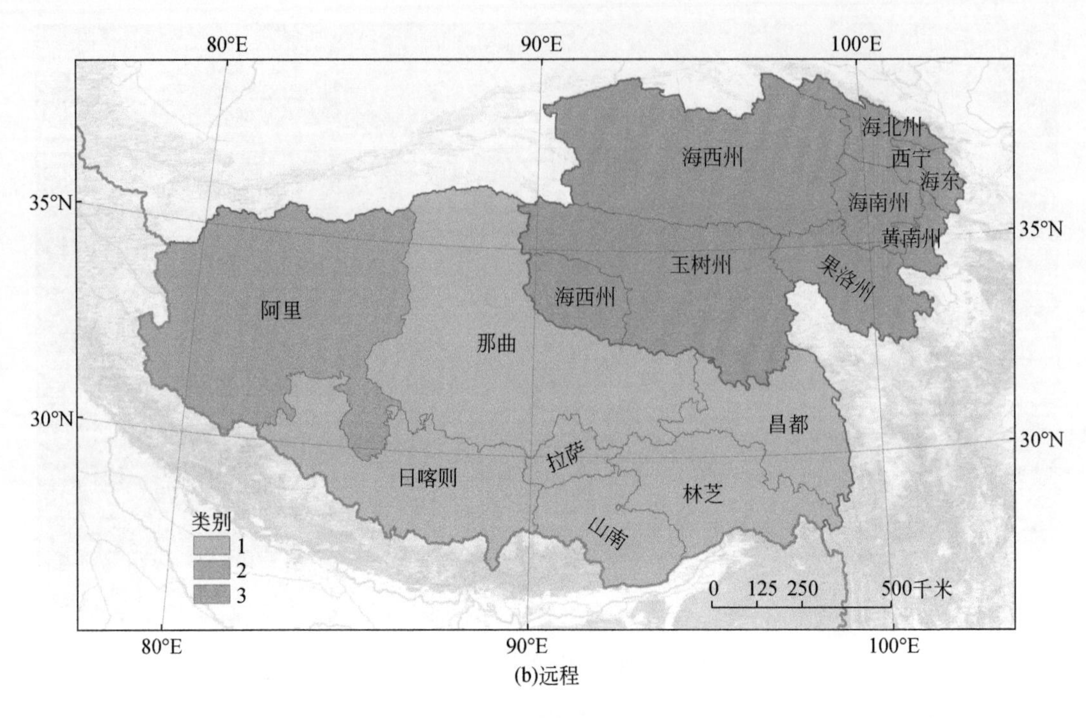

(b)远程

图 6.23 人口流动模式的空间分布

（二）时间模式

选择下拉列表中的时间，可以显示不同时段各城市或省（自治区）的人口流动情况。我们按月计算人口流量以反映时间变化，图 6.24 显示，当地和偏远地区的人口流动在 7 月和 8 月达到高峰，2 月和 3 月有外省到西藏的人口高峰。

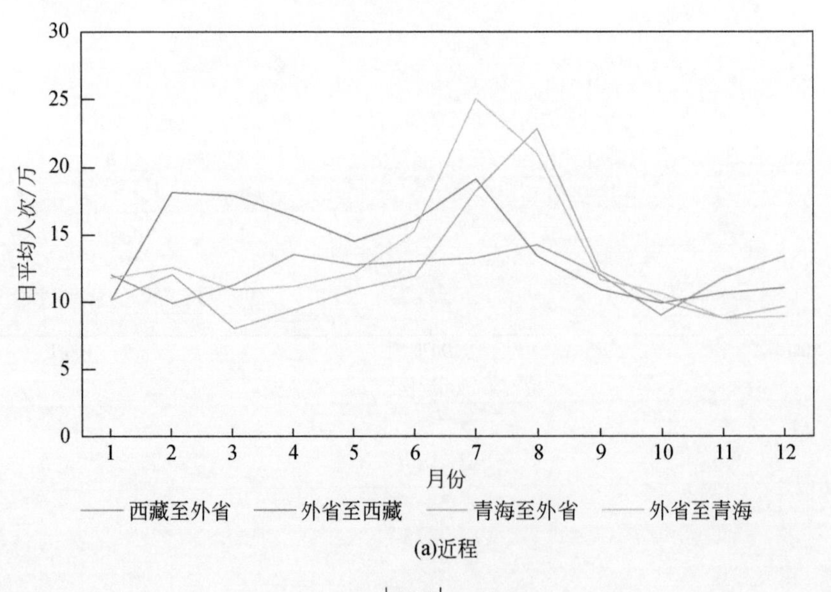

(a)近程

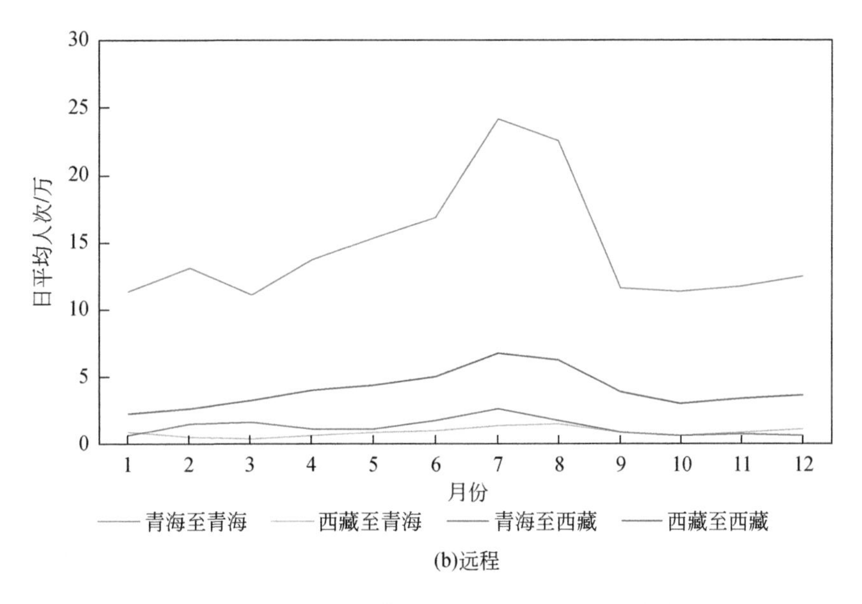

(b)远程

图 6.24 青海和西藏近远程人口流动的时间变化

从时间序列图中选取时段，可以显示不同时段各城市或省（自治区）的人口流动情况，但是系统没有显示人口流动的时间变化。在这里，我们按月计算人口流量以反映时间变化。如图 6.24 所示，青海和西藏的近程和远程人口流动都在 7 月和 8 月达到高峰，2 月和 3 月有外省到西藏的人口流动高峰。

除了人口流量，人口流动模式也会发生变化。例如，1 月的远程人口流出相似性的 MDS 图显示阿里和果洛州具有相似的远程人口流出模式［图 6.25（a）］；然而在 7 月，果洛州的远程人口流出模式与阿里大相径庭，却与那曲接近［图 6.25（b）］，这是因为在 1 月

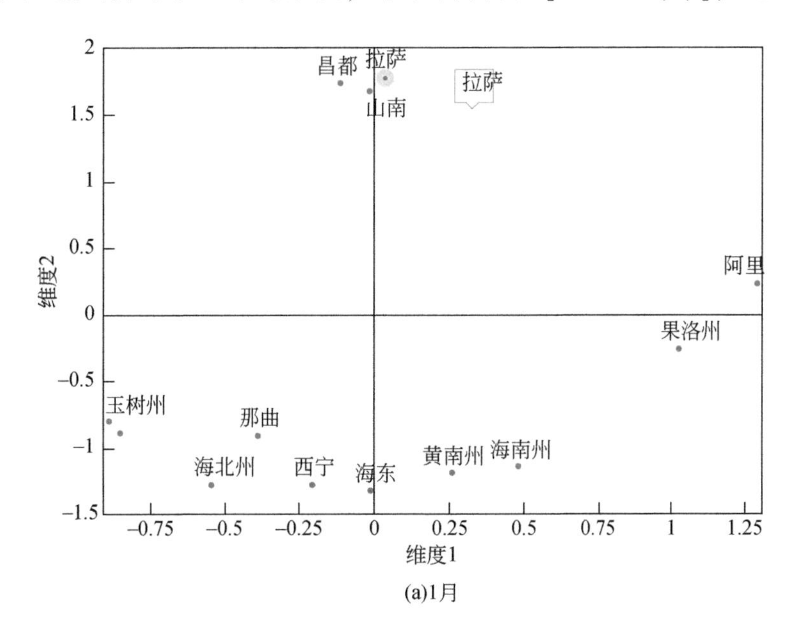

(a)1月

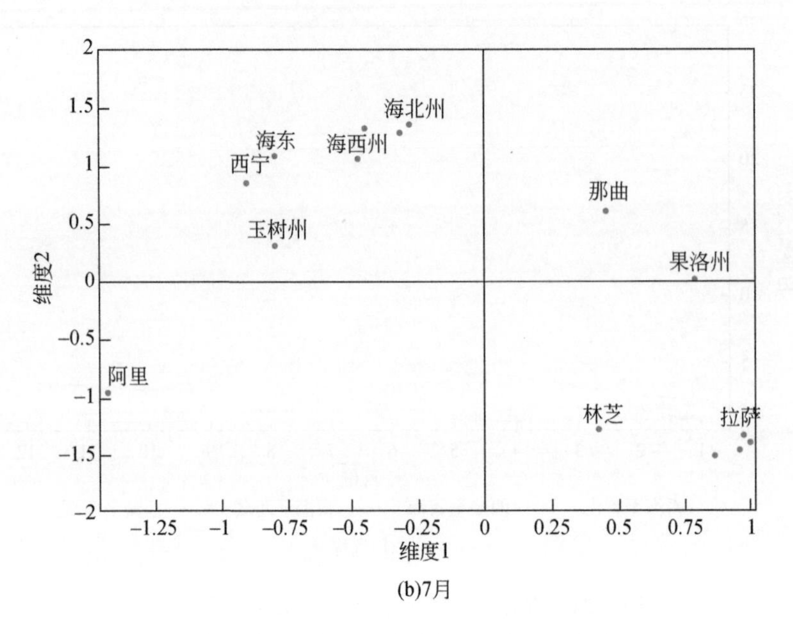

(b)7月

图 6.25　1 月和 7 月的青海和西藏城市的远程人口流出模式相似性

和 7 月，果洛州的远程人口流出模式发生变化，1 月果洛州的远程人口流出主要是流向中国东部的许多省（自治区、直辖市），而 7 月果洛州的远程人口流出只流向中国中东部的少数省（自治区、直辖市）（图 6.26）。

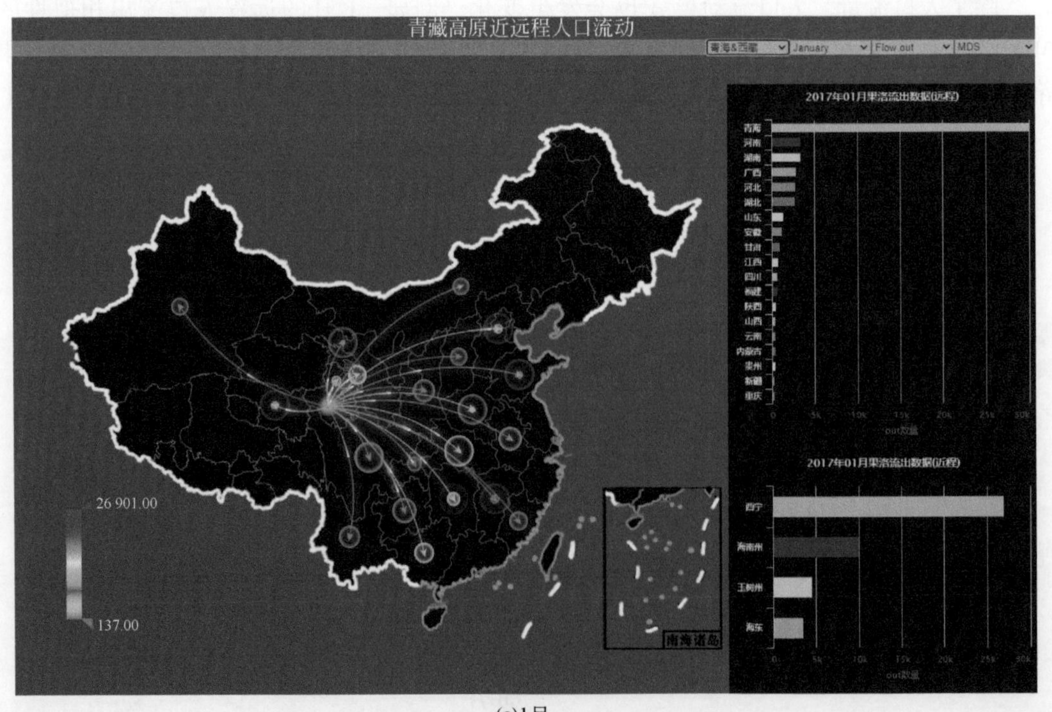

(a)1月

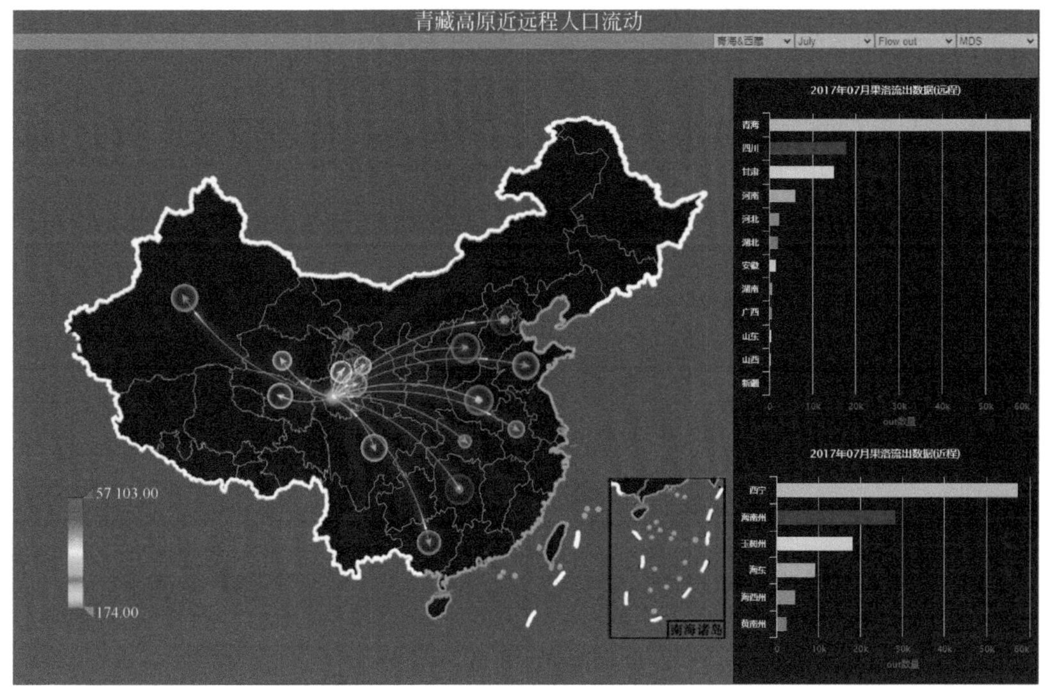

(b)7月

图 6.26　1 月和 7 月果洛州的人口流出

第四节　小　　结

本章在互联网迁徙大数据的支持下，利用时间序列分析、空间统计分析及社交网络分析等方法对长时间序列的青藏高原地区的人口流动情况的时空模式进行了深入分析，并依据结果对其驱动因素进行了探讨，结论如下。

从青藏高原与全国其他城市的人群移动看，青藏高原人口流动具有显著的周期性特征，年内呈低-中-中高-高的季节性变化规律；2015～2018 年，青藏高原在全国城市流动人口互动网络中的地位持续提升，人口流动量提升了 8.2%，在全国城市人口流动网络中的排名提升了 24.5%，中值季、中-高值季、高值季相对低值季而言，日均人口流动量依次提高了 14.2%、26.7%、57.8%；青藏高原人口流动方向集中在青藏高原北偏东 67.5 度至南偏东 67.5 度的 45 度扇形区间，并且青藏高原与周边邻近省（自治区、直辖市）的省会城市互动频繁；全国大部分城市与青藏高原的人口互动强度持续增强，旅游业和服务业发挥了关键的推动作用。

从青藏高原内部城市之间的人群移动看，内部城市的人群移动同样存在显著的季节性变化规律；从各区域的流量分布来看，各区域更倾向于与省内城市互动，流量集中在向拉萨、西宁等中心城市流动，而海西州、玉树州、昌都等地区则成为青藏高原地区重要的交通枢纽，其流量分布较为均匀。青藏高原人口流动网络已形成“两个中心、三个连接点”（西宁、拉萨为中心节点城市，那曲、玉树州和昌都为连接青海、西藏交互的重要节点城市）的基本格局，并且具备西宁圈、拉萨圈、阿坝圈三个互动集圈。

从辐射动量变化的角度看，青海的城市的迁移方向和迁移效应的变化较为明显。在辐射能方面，拉萨、西宁和海西州是辐射能最大的城市，它们具备向更多和更远的网络节点进行人口传播的能力。而热门旅游城市的辐射能在不同季节的变化最大，昌都、林芝、阿坝州、海南州等城市的辐射能均发生了重大变化。同时，本章还实现了基于 web 的可视化界面，以显示人口流动的时空变化，并探索青藏高原地区的近程和远程的人类流动模式，发现和展示具有相似人口流动模式的城市。

第七章 青藏高原空间语义认知与旅游活动分析

人类的文字中记载着丰富的关于空间的描述，它隐含着人们对其所处地理空间的认知过程，包括地域特征、风俗习惯、旅游文化及城市功能划分等，而这些信息可以通过对文本的语义分析进行挖掘。随着互联网的不断发展，从百度百科到社交网络，有关空间的记录文本激增，这对我们分析理解文本并挖掘文本中蕴含的人类活动和空间语义提供了有效的数据支持。此外，随着自然语言处理等技术的不断发展，各种文本分析方法层出不穷，为我们挖掘大量文本中的空间语义信息提供了巨大的技术支持。

在各种各样的文本描述当中，带有定位信息的文本信息尤其能提供大量人群对一个区域的文本描述，反映大众对所处空间的认知。本章一方面通过研究带有定位信息的微博数据，对不同地区的空间语义进行挖掘，从而更好地分析理解人类的生活方式、移动规律以及不同地点、地区的人类活动；另一方面，通过对带有定位信息的旅游签到数据进行分析挖掘，发现多个地区在一定程度上的旅游特征和关联性，从而根据大量的用户旅游足迹生成多种可供选择的旅游行程。

本章利用定位于青藏高原的微博文本和马蜂窝签到数据，通过微博文本的主题提取青藏高原的空间语义，分析语义的空间分布特征；通过马蜂窝签到数据提取旅游足迹，根据大量旅游足迹中签到位置的关联性生成旅游行程。由于获取数据有限，本章研究区域包括青海和西藏，数据来源定位于青海和西藏的新浪微博数据（2017 年）及青海的马蜂窝旅游签到数据。

第一节 青藏高原空间语义认知

青藏高原地区地理位置特殊，海拔、气候等自然因素随地区变化显著，山脉、河流、湖泊众多，自然风光优美，具有丰富的旅游资源，并且有汉族、回族、藏族等多民族融合，具有独特的人文景观，这种错综复杂的空间特征为空间语义挖掘提供了极为有利的因素，通过研究该地区的不同语义特征分布，反映不同地区人们对空间的认知，对了解当地人们的生活、文化及热点事件具有重要意义。

一、空间语义

语义即语言作为一种符号所表达的含义，人们通过语义来表达概念、符号、实物三者之间的关系，即语义三角（Ogden et al.，1989）。人类使用赋予意义的符号作为语言，来明确概念，指代实物，符号、概念和实物之间相互制约、相互作用，语言对事物的指代过程就是符号、概念与实物发生关系的过程。地理空间语义是语义在地理空间的拓展，Kuhn（2005）指出它首先认知地理信息内容，并将其嵌入语言系统。在 GIS 中，语义描述了地理规律，解释了地学知识，表达了地理关系等（胡最等，2012）。地理空间语义由于其视角的特殊性在地学领域得到了语义互操作、地理信息检索、地理空间语义网及地点语义、地名匹配等多个方面的应用研究（肖佳，2017；李灿等，2015；梁汝鹏等，2013；周嘉艺等，2017；王培晓等，2018）。

人类活动使得空间被赋予各种语义（童强，2005）。空间语义反映了空间的生成过程和功能，对空间语义的研究有助于了解空间实体的概念、特征与相互关系（乐小虬等，2005；Hu et al.，2017b）。类语言与空间位置的结合可以反映人类的空间社会活动，对一个地方的语言文字描述能够多方位地刻画区域定性特征和空间关系（Chen et al.，2018），并表达人们对区域空间的认识，能够反映一个区域的地域特征，是提取丰富空间语义的信息源。

近年来，随着手机信令数据、POI、公交卡、社交网络等大数据的获取和广泛使用，利用大数据分析城市用地功能和语义的工作越来越多。Gao 等（2017）利用 POI 和社交网络签到数据识别城市功能区，Jia 和 Ji（2017）从人的活动轨迹推断热点区域功能，Wang 等（2018）利用出租车的起始点和 POI 划分城市区域类型和空间语义，也有结合遥感影像、POI 和路网数据进行城市功能区的语义分类的研究（李娅等，2019）。由于人类活动有时间上的律动，人们在一个区域内的主要活动类型是动态变化的，因此城市区域的功能和语义不是固定的，而是随着人类活动具有功能和语义的变化。与传统的土地利用分类不同，利用人类活动大数据可以获取区域动态的语义特征（Tu et al.，2017；Cai et al.，2019）。

本节从带有定位信息的微博文本提取与区域有关的主题，分别对青海和西藏本地用户和游客的微博进行分析，从本地用户和游客的不同视角感知青藏高原的区域特色。

二、西藏和青海微博短文本主题提取流程

鉴于 ERNIE 强大的中文文本表征学习能力，实验采用 ERNIE 模型用于后续的微博短文本分类过程。

（一）微博数据预处理

我们使用 2017 年定位于青海和西藏的新浪微博共 1 279 455 条。为了发现本地用户和游客微博主题是否存在差异，我们将青海和西藏本地居民与游客发布的微博分开，分别对青海本地居民、青海外地游客、西藏本地居民和西藏外地游客的微博进行分析。

数据集预处理主要包括对原始数据进行表情符号过滤、去重，利用 Jieba 进行中文分词、停用词过滤等操作，并按照用户所在地区将数据分组为西藏本地、西藏外地、青海本地及青海外地微博。原始数据经过清洗之后，实验数据中共有西藏本地居民微博 151 941

条，西藏外地游客微博 267 216 条，青海本地居民微博 361 769 条，青海外地游客微博 498 529条。

（二）文本分类

为了对微博短文本进行不同主题的分类，我们先使用少量主题标注的微博对 ERNIE 模型进行微调，然后用于微博主题提取。首先随机选取 1200 条西藏本地微博进行主题人工标注，作为训练集，参考新浪微博热门话题标签，最终得到 39 个主题标签。由于标注数据集有限，在预训练模型微调阶段采取十折交叉验证的方法选取准确度最高的微调模型进行后续的文本分类。经过微调，在设置权重衰减为 0. 1，微调学习率为 5×10^{-5}，经过 50 次 epoch 以及批大小为 64 时，损失函数基本收敛，且模型准确率达到最优，约 78%。

实验选取 6 个主要微博文本主题分类结果进行词云展示，如图 7. 1 所示。

图 7. 1　微博主题分类词云图

（三）层次聚类

在获得每一条微博的主题标签之后，对不同主题下的微博在市级尺度进行统计分析，并通过层次聚类将语义组成相似的城市聚类，得到青藏高原空间语义的分布格局。

三、西藏和青海微博短文本主题提取结果

对微博主题提取的结果进行统计分析，四组数据中有关生活、情感主题的微博占据了大部分，对西藏本地居民、西藏游客、青海本地居民和青海游客微博主题进行分类统计，选取微博数量相对占比最大的 20 个主题。

图 7. 2 列出了四组数据中这 20 个主题的分布及标准化残差，卡方检验结果表明这些主题在四组数据中的分布具有显著差异。

经过对比发现，从本地居民视角来看，西藏的微博在旅行、美景、美食、宗教、摄影等主题的占比高于青海，但在美容美发、工作、情感等主题上却明显低于青海，微博语义存在明显差异。

从外地游客视角来看，青海相比西藏的微博在生活、情感主题上占比较高，语义更富生活化，但在旅行、美景、宗教、美食等主题上则明显低于西藏，说明西藏的旅游资源对外地游客而言更具有吸引力。

从用户划分来看，定位于西藏的微博中，外地游客在旅行、美景、宗教、地名等主题上高于本地居民，但在生活、情感及美食、节日、摄影则低于本地居民，主题差异明显；定位于青海的微博中，外地游客在生活、情感表达、音乐、影视等主题上却高于本地居民，而在旅行、美景、宗教等主题上与本地居民差距不大，这与西藏形成了鲜明的对比，不过在美容美发、工作等主题上还是本地居民明显高于外地游客，这种对比说明了青海地区的旅游特征存在，但是在人们心中青海旅游的吸引力并不如西藏，青海本地居民与外地用户微博的主题差距不如西藏明显。

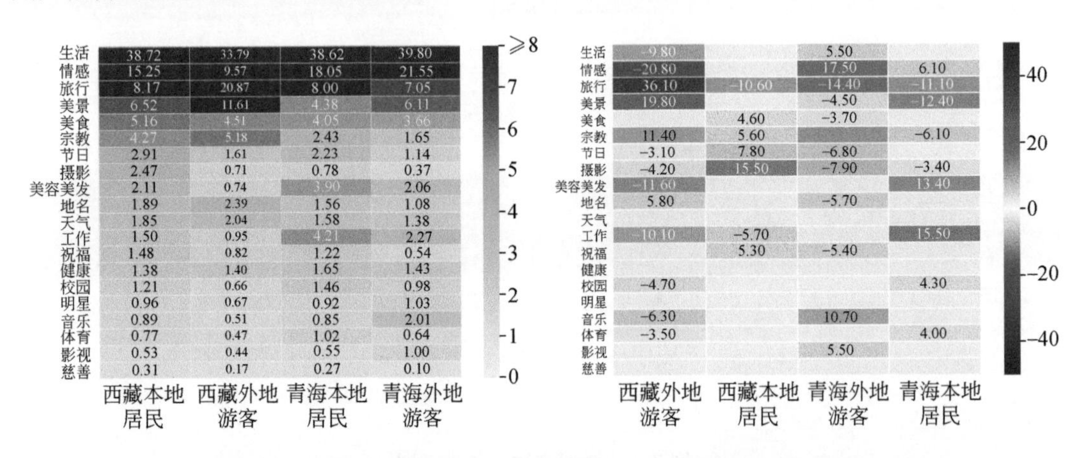

图 7.2　四组数据中占比最高的前 20 个主题的分布及卡方检验标准化残差（单位:%）

综合西藏和青海的微博主题提取结果，西藏相比青海在旅行、美景、宗教、美食语义上偏多，但在情感、工作、美容美发方面整体偏少，反映了西藏相比青海更具旅游特色，人们对于西藏的旅游意识强烈，再加上文化、历史及地理因素的影响，微博用户及微博数量偏少，可以看出其现代化程度相对较低；而青海在旅游资源丰富的同时，其地理位置、文化与国内其他城市连接紧密，流动人口量更大，生活化语义明显，微博数据量及用户数量明显激增，增强了其现代化程度，与东部更加融合。

四、青藏高原空间语义特征

通过微博提取的主题信息，分析青藏高原的空间语义，并比较常住人口和游客对青藏高原空间认知的差异。

（一）青海和西藏的空间语义

旅行、美景、宗教、美食、情感和工作是微博中数量较多的主题。根据微博主题提取的结果，图 7.3 和图 7.4 分别展示西藏和青海本地居民及游客微博的主要主题空间分布。对比图 7.3 和图 7.4，可以发现外地游客的微博在道路沿线的聚集较明显，如图 7.4 所示，日喀则和阿里之间的 219 国道、109 国道，尤其是那曲北部与青海接壤的 109 国道和青藏铁路沿线有大量的游客微博。相比较而言，本地居民的微博则更集中于大的居民点（图 7.3）。

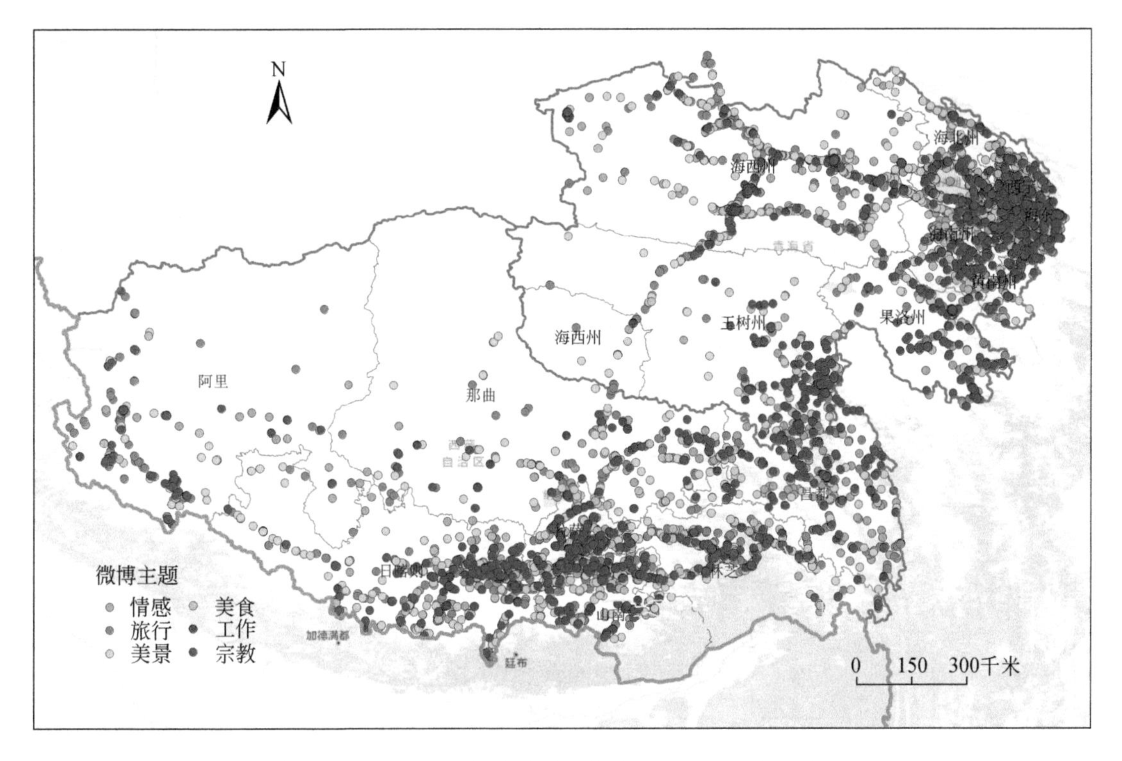

图 7.3　青海和西藏本地居民微博部分主题体现的空间语义

每一类微博主题，都代表了一种空间上的语义，微博主题的空间分布反映了空间语义的分布，比较不同主题的空间分布，可以看出不同语义空间分布上的差异。图 7.5 是几种主要语义在空间 20 千米×20 千米格网中所占比例空间插值后的结果，反映不同语义的在空间上的分布热点，本地居民微博主题的热点分布和游客主题的热点分布差异反映出从本地居民和游客视角的空间语义差异，其中红色区域代表游客微博比例较高，绿色区域代表本地居民微博比例较高。

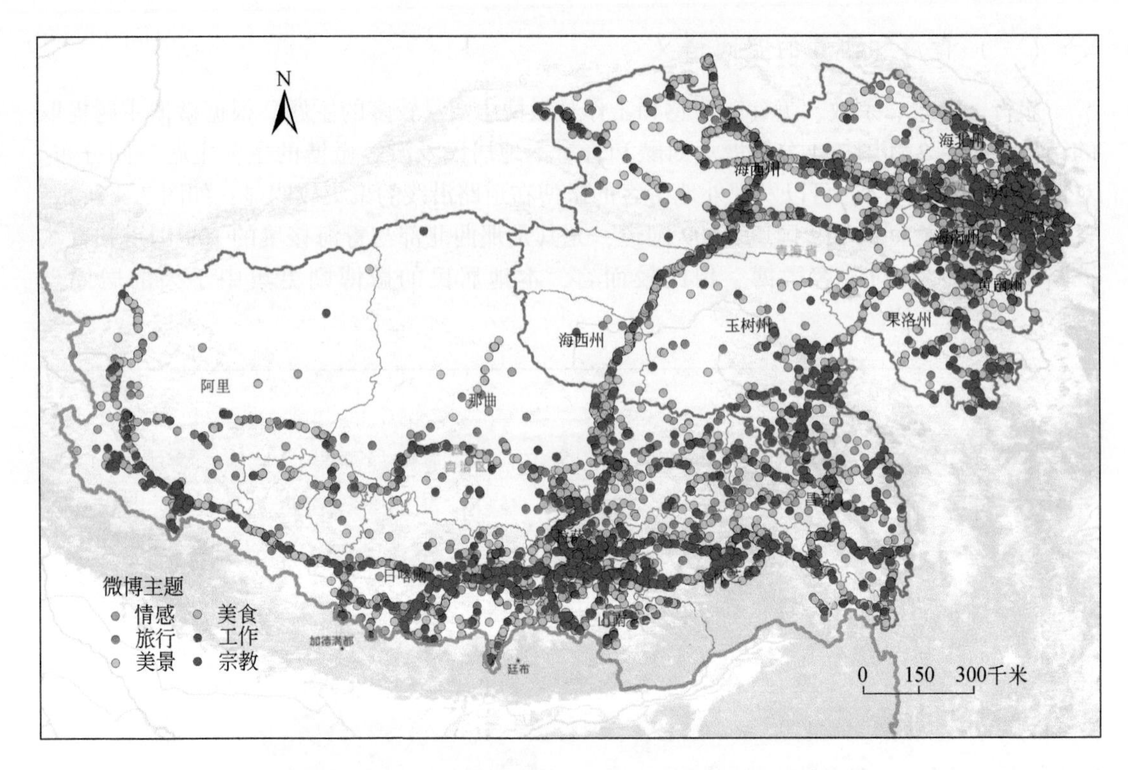

图 7.4 青海和西藏外地游客微博部分主题体现的空间语义

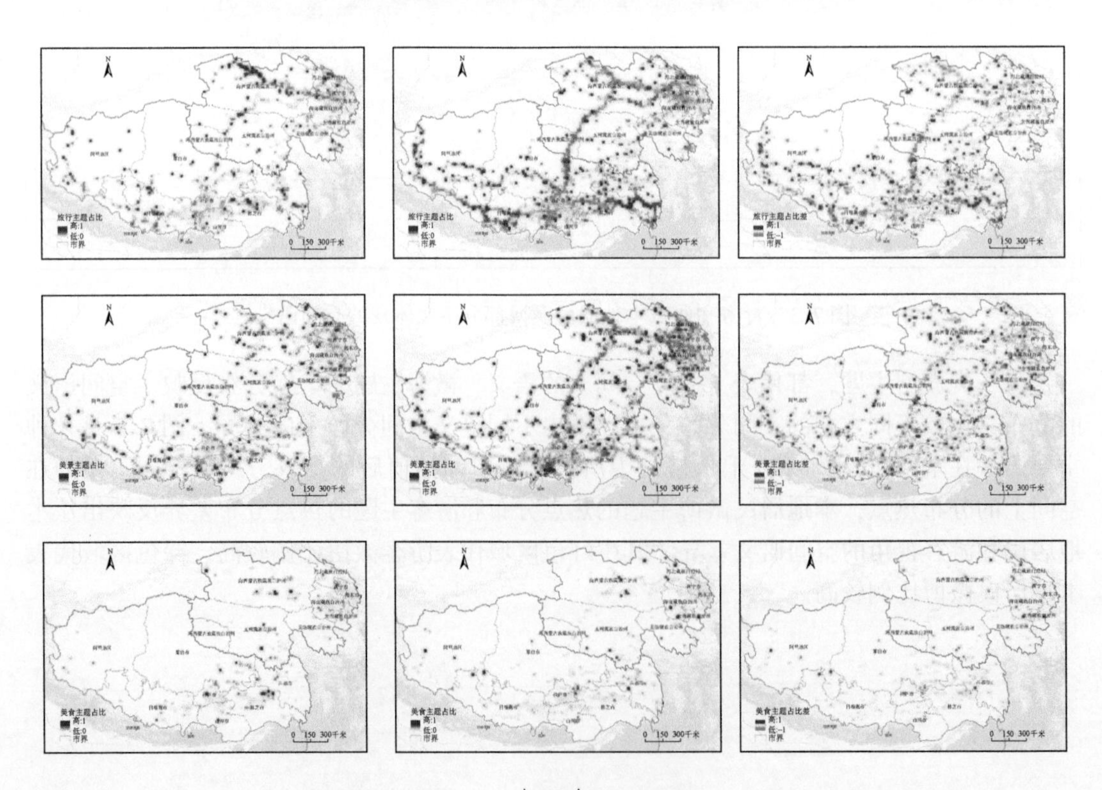

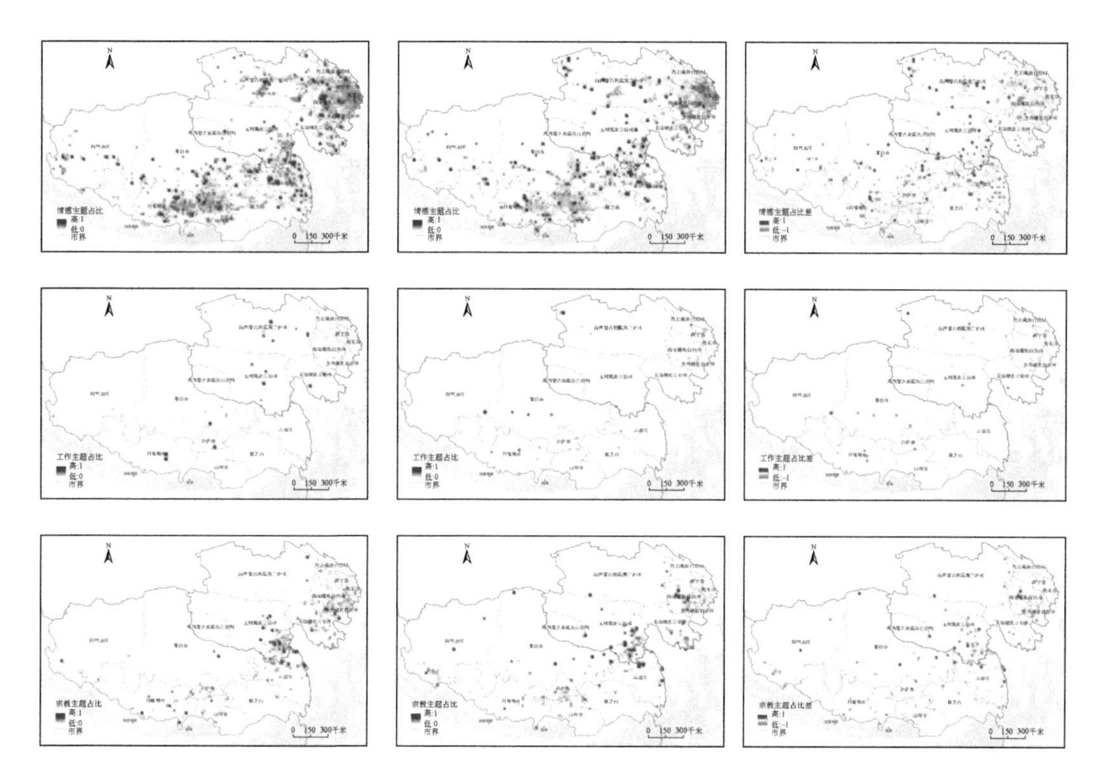

图 7.5　不同主题占比的空间分布及差异

对于旅游主题而言，外地游客的微博相比本地居民的微博在路网上的分布更加明显，对于外地游客，西藏地区比青海地区更加明显，热度更高，而本地居民旅游语义分布离散，且在海西州柴达木盆地北缘一带呈现相对单一的旅游语义。对于美景主题，本地居民和外地游客微博用户活动范围相对交叉，强度分布离散。对于美食主题，本地居民热点主要分布在青海、西藏偏东部地区，而外地游客则热点分布离散。对于情感主题微博分布，本地居民明显高于外地用户，并且主要分布在青海东部、西藏南部等人口密集聚集区，外地游客情感热点分布离散；对于工作主题，本地居民均在相对于市辖区较近的区域形成高密度热点区域，但对于外地游客，工作主题热点少且分布无规律性，在海西州、那曲地区出现了相应的工作语义热点。对于宗教主题，本地居民和外地游客微博用户均在玉树州南部、昌都北部呈现明显热点，并且本地居民的宗教语义更加明显，说明这些地区宗教语义浓厚且语义单一，此外，外地游客在海南州也出现了明显的宗教语义，发现这些微博主要定位于海南州共和县，且内容主要与塔尔寺、青海湖相关，虽然塔尔寺位于西宁湟中，但游客发布微博的位置则是在离开塔尔寺进入海南州的路上。

（二）青海和西藏各地级市的空间语义

由于微博用户关注点的不同，微博主题在地区间分布不均，如旅行在各个地区主题中都占多数，但是同一主题在不同区域所占的比例有差别，反映出不同区域的语义差异。

图 7.6 显示西藏本地居民各个地级市的主要微博主题占比分布及卡方检验标准化残差，卡方检验显示不同地区之间的语义存在显著差异。旅行语义在林芝最强，其次是阿里、拉萨和山南，反映了这些地区的旅游业发展较强；那曲由于整体海拔较高和条件艰苦，对西藏本地居民的旅游吸引力较低；对西藏本地居民而言，昌都的旅游吸引力最低，这是文化差异造成的，昌都地处康巴文化中心，对其他藏区的居民缺少吸引力。在宗教语义方面，拉萨和日喀则相对较明显，宗教气氛浓厚，这与两个地区存在大量寺庙相印证。林芝的旅游、美景、美食语义很强，山南的旅行语义也较强，而这两个地区的宗教语义都较弱，反映了这两个地区以自然风光旅游为主，与这里自然景观丰富有一定的关系。阿里是西藏的根基文化——象雄文化的所在地，苯教的发源地，又具有很多名山圣湖，是藏民和佛教的朝圣之地，因此具有强烈的情感语义。对于工作语义，各个区域间不存在明显差别，反映了西藏各地基本均以旅游业为主。除此之外，昌都在美容美发主题语义极为明显，通过查看微博发现昌都地区存在许多微博用户对化妆品进行推广，这与其他地区形成明显差异。

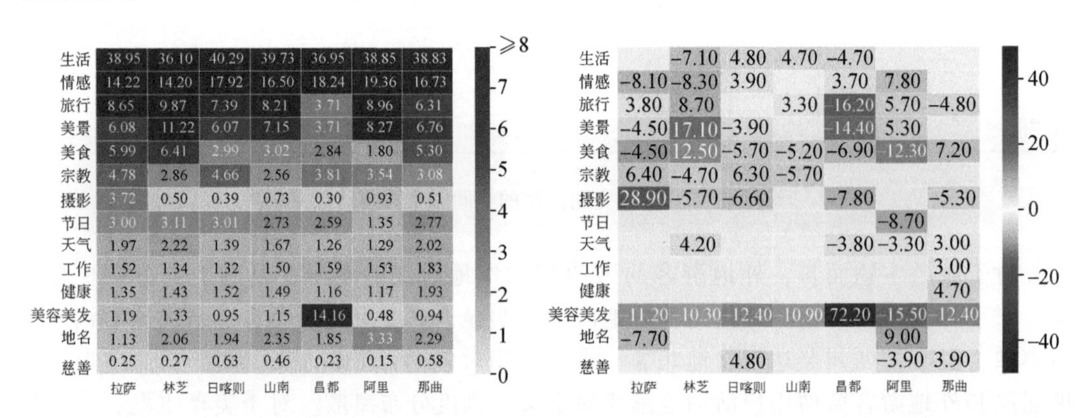

图 7.6 西藏本地居民在各个地级市的主要微博主题占比分布及卡方检验标准化残差

图 7.7 显示西藏外地游客在各个地级市的主要微博主题占比分布及卡方检验标准化残差，卡方检验显示不同地区之间的语义存在显著差异。西藏外地游客微博主题反映的空间语义与本地居民微博主题所反映的空间语义存在差异，但是也有共同点。对外地游客而言，最大的差别在于昌都的旅游语义最强，这是昌都地处西藏东部，是大多数游客进入西藏的必经之地，且海拔较低，较易于为外地游客所接受的缘故。外地游客微博体现出林芝强烈的旅行和美景语义、山南和阿里较强的美景语义，这些和西藏本地居民微博所体现的一致，可见林芝的旅游资源吸引力大。但是在那曲，外地游客微博体现出较强的生活和情感语义。美食主题在拉萨最明显；在健康主题，日喀则相对较高，究其原因，一方面，日喀则海拔在4000 米以上，使得人们更多地感受到身体上的不适，另一方面，日喀则存在明显的瘦身产品的微博推广；在日喀则和昌都美容美发语义相对明显，主要也是由于对化妆品的推广。

图 7.8 显示青海本地居民在各个地级市的主要微博主题占比分布及卡方检验标准化残差

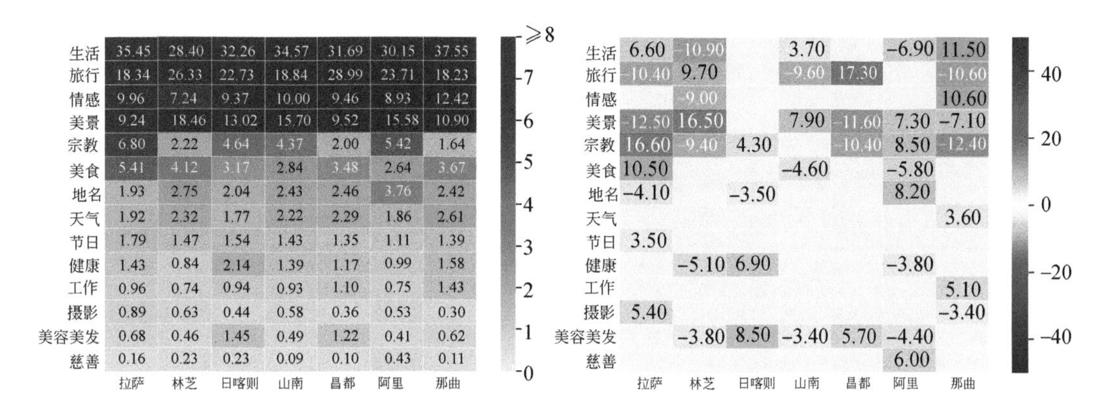

图 7.7 西藏外地游客在各个地级市的主要微博主题占比分布及卡方检验标准化残差

差，卡方检验显示不同地区之间的语义存在显著差异。对于青海的本地居民微博所体现的空间语义而言，海北州、海南州、海西州的旅行、美景语义明显，旅游吸引力较大，并且三个地区自然景点较多，也侧面反映了外地游客的旅游偏向，而存在较多寺庙的黄南州、果洛州、玉树州则宗教语义极为明显。对于工作、美容美发主题，西宁占比最大；玉树州、海西州在美食主题上占比反常较高，查看微博发现海西州和玉树州的枸杞与冬虫夏草推广较多，并且发现玉树州在 2017 年开展了免费午餐的爱心活动；对于慈善主题，黄南州相对高于其他地区。

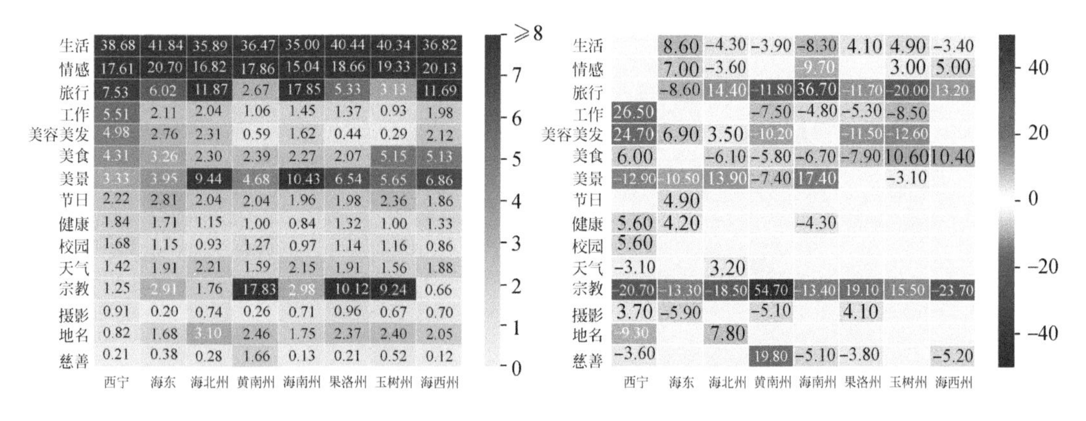

图 7.8 青海本地居民在各个地级市的主要微博主题占比分布及卡方检验标准化残差

图 7.9 显示青海外地游客在各个地级市的主要微博主题占比分布及卡方检验标准化残差，卡方检验显示不同地区之间的语义存在显著差异。与青海本地居民微博体现的空间语义相似，海北州、海南州、海西州旅行语义明显，黄南州、果洛州、玉树州仍是宗教语义明显，西宁在时尚、工作、美容美发等语义上高于其他地区。对于慈善主题，黄南州、玉树州语义明显。

根据青海和西藏各个城市的微博主题分布，使用余弦相似度计算不同地区之间的语义相似性，对城市进行层次聚类。使用本地居民微博语义和外地游客微博语义，分别将青藏

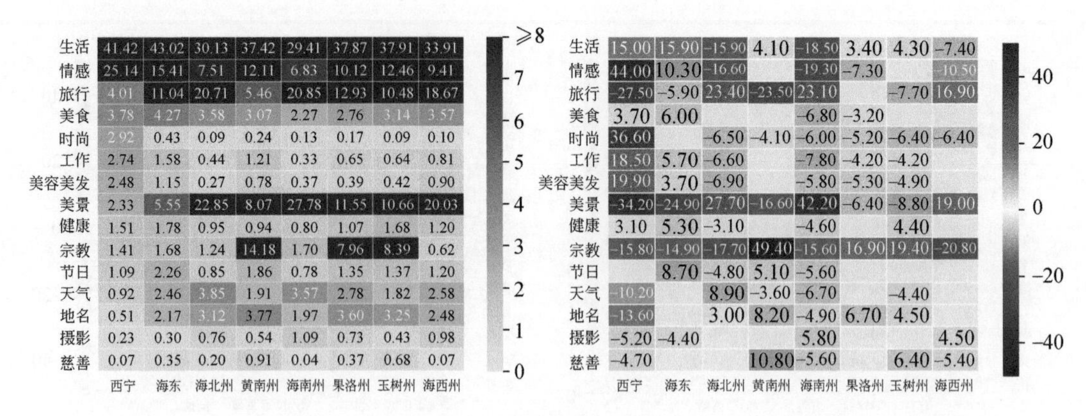

图 7.9　青海外地游客在各个地级市的主要微博主题占比分布及卡方检验标准化残差

高原城市分为 3 类。对于本地居民而言，青海的玉树州、果洛州、黄南州的宗教语义较突出，而其他方面语义较薄弱；昌都因化妆品的推广微博较多而美容美发语义突出，单独成为一类；其他城市则在旅行、美景语义上较为突出，也兼具其他语义［图 7.10（a）］。对于外地游客而言，西宁因其具有很强的工作、情感、生活相关语义，而其他语义较弱，被单独分为一类；玉树州、果洛州、黄南州、海东、拉萨和那曲也有较强的工作、情感、生活相关语义，兼具较强的宗教语义，因而被分为一类；其他城市则在旅行、美景语义上表现明显，生活、情感语义相对较弱［图 7.10（b）］。总体来看，青藏高原大部分城市具有较强旅行、美景方面的语义，对于外地用户来说更为明显，玉树州、果洛州、黄南州具有较强的宗教语义。

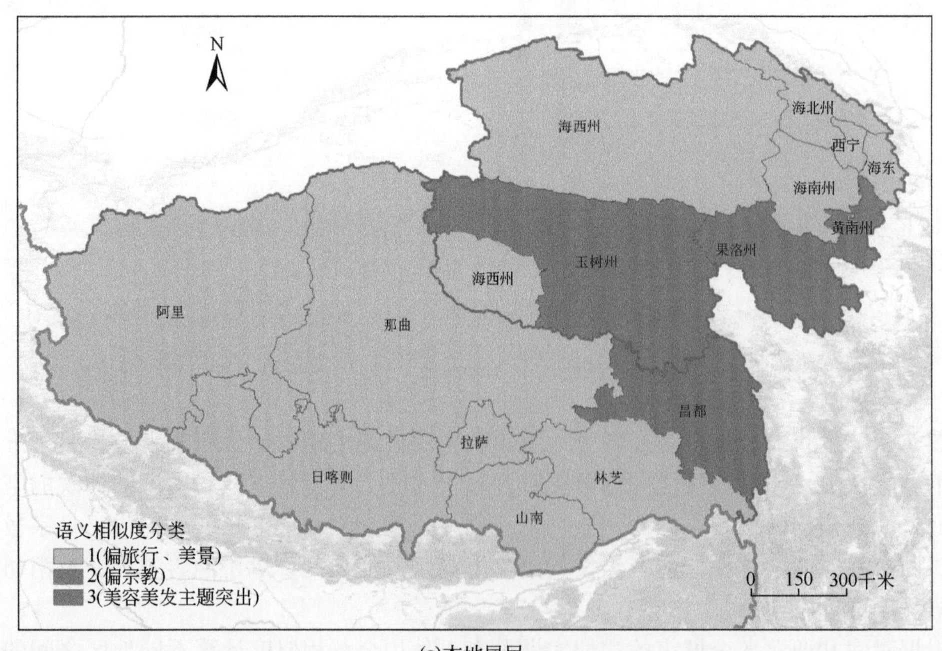

(a)本地居民

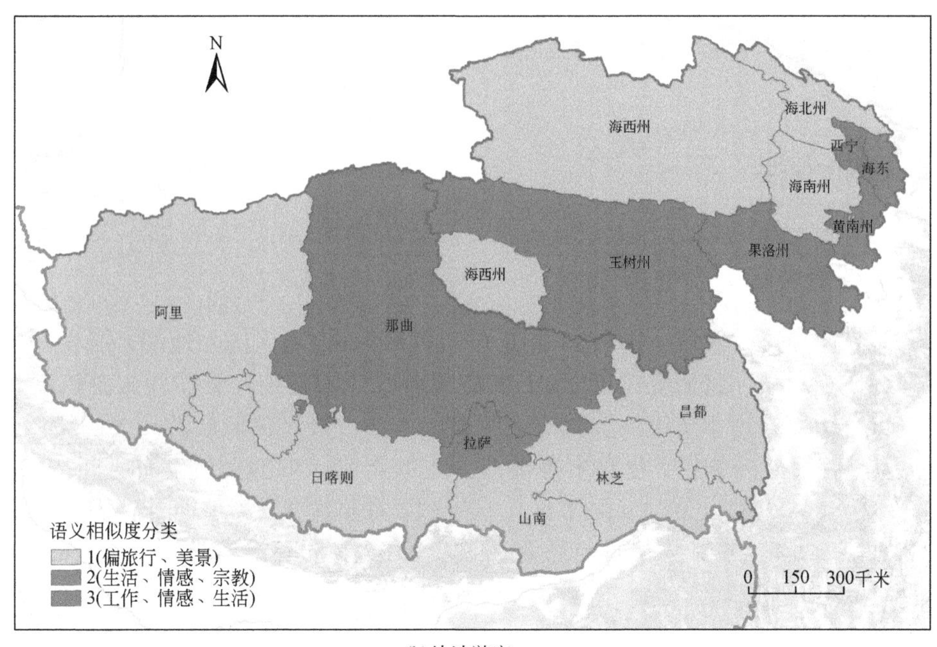

(b)外地游客

图 7.10　青藏高原城市语义相似度聚类

第二节　青藏高原旅游影响因素分析

青藏高原深居内陆，平均海拔在 4000 米以上，高原上湖泊众多，地形复杂，垂直地带性和水平地带性紧密结合，具有丰富的自然旅游资源，加以藏族文化为主的特有高原文化体系，相对国内其他地区而言，极具自然和人文旅游吸引力，并且由于海拔高，气候寒冷多变，降水较少等自然因素影响，高原上发展农业、工业等经济产业具有较高的难度，结合自身条件，旅游服务业是青藏高原主要的经济发展驱动力（牛亚菲，2002）。近年来，青藏高原旅游人数不断递增，根据《西藏统计年鉴》和《青海统计年鉴》，2017 年，西藏累计接待游客 2560 多万人次，实现旅游总收入 379.37 亿元，其占比全年 GDP 的 29% 左右；青海累计接待游客 3484 多万人次，实现旅游总收入 381.53 亿元，其占比全年 GDP 的 14% 左右。在这样的背景下，为了更好地拉动青藏高原地区经济的发展，挖掘影响青藏高原旅游业发展的因素进行分析改善具有重要意义。

目前，已经有很多研究者对青藏高原的旅游业发展进行了不同层面上的分析，如分析旅游资源的定量化评价（张连生，2009）、空间格局分布（马一帆，2019）、旅游业发展对生态环境的影响（王振波等，2019）、假期旅游行为与人群活动变化特征（易嘉伟等，2019）等，均为从外界角度，如现有的旅游资源、可观测到的人群活动，对青藏高原旅游业进行分析，并没有从旅游业的带动者即游客自身出发来研究青藏高原旅游业的发展的影响因素及其变化，而游客决策才是对旅游业真正产生影响的关键。

基于此，为了凸显游客本身的作用，本节将根据微博语义表达挑选 2017 年定位于青藏高原来自外地游客有关旅游语义的微博，将其空间分布作为最终的旅游热度分布结果来探索其影响因素。

一、数据和方法

（一）微博数据和影响因子

以青藏高原为研究区域，以 2017 年定位于青海-西藏地区的外地游客所发有关旅游的微博作为研究对象，将研究尺度 20 千米格网内微博个数统计量作为旅游热度进行影响因素探索分析。采用本章第一节微博主题提取方法，最终提取旅游相关的微博共 126 906 条，为了后续分析季节变化对旅游微博分布的影响，根据微博发布时间按照春（3 ~5 月）、夏（6 ~8 月）、秋（9 ~11 月）、冬（12 月至次年 2 月）四个季节对旅游微博进行划分（表 7.1），并对数据进行整理清洗，如去除表情符号、@ 标签、html 标签，单字微博过滤等。

表 7.1　旅游微博提取　（单位：条）

地区	旅游微博	春	夏	秋	冬
青海	56 914	7 097	27 951	15 841	6 025
西藏	69 992	15 866	29 152	19 087	5 887

从游客的主观视角来看，对于游览自然及人文景观，影响旅游的因素主要为旅游资源的多少、交通的便利程度及生活便利程度；此外，对于希望了解当地人的风俗习惯，城市发展及特色美食的外地游客，其微博分布则与当地的人口密度、城镇化水平、地区 GDP 等人口、经济指标具有密切联系。此外，由于青藏高原的特殊性，游客常常会考虑海拔问题而导致的缺氧、呼吸困难等健康问题，因此，我们考虑增加了 DEM 这一地形条件。

对于旅游资源及生活便利因素的衡量，实验通过高德地图 API 爬取了青海-西藏地区所有的景点 3460 个和旅馆 10 426 个；对于交通便利程度的衡量，实验使用 Openstreet Map 的路网数据（包括铁路和公路）；对于人口及经济指标，实验选取地州级人口密度，将地州级城镇化率及县级地区 GDP 作为影响因子进行分析，其中城镇化率=城镇人口/总人口。

综上，从六个角度选取了七个影响因子进行分析（图 7.11）。对于旅游微博以及景点、旅馆、路网等点状、线状数据，为了统一分析尺度，均以 20 千米格网为基本单元统计点要素个数及线要素长度（图 7.12）。

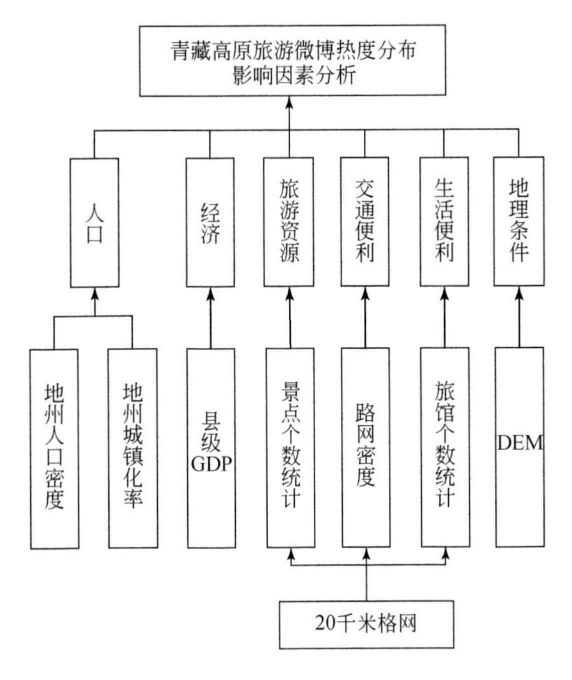

图 7.11　青藏高原旅游影响因子

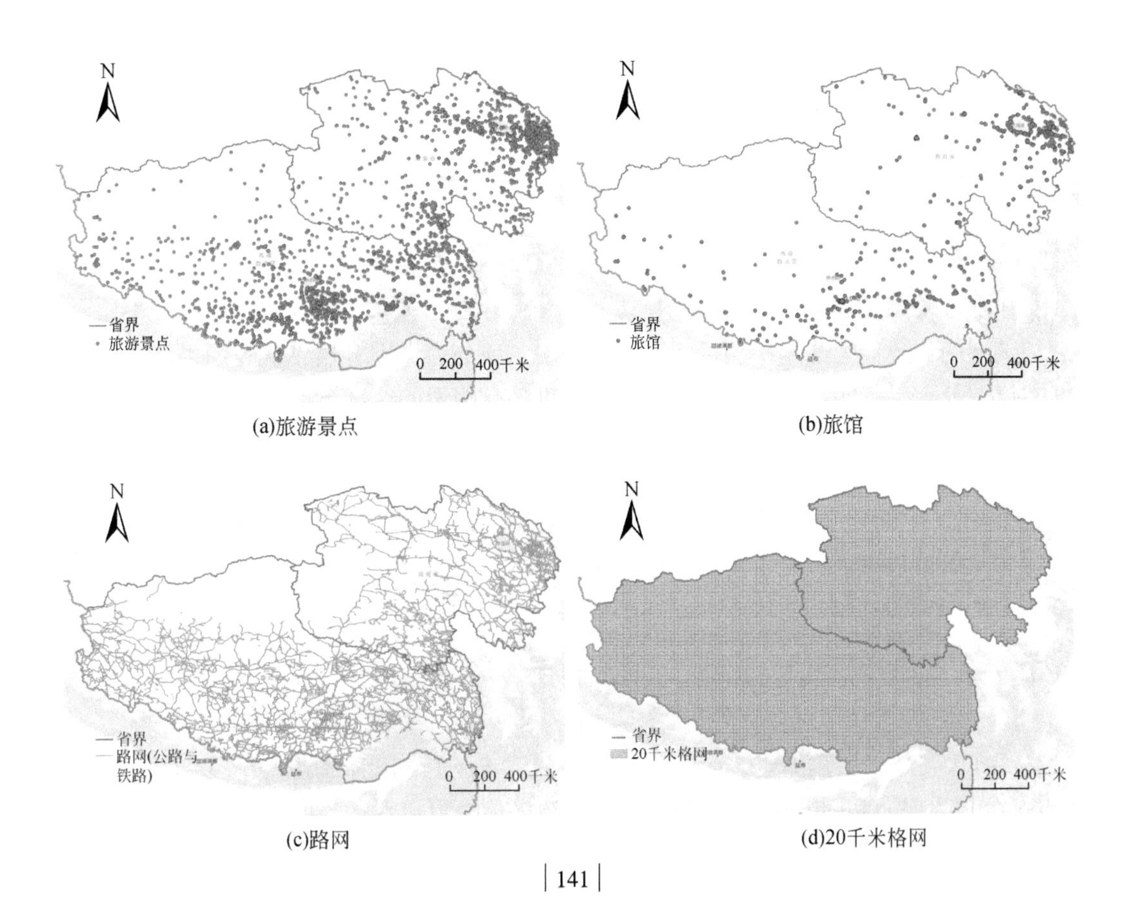

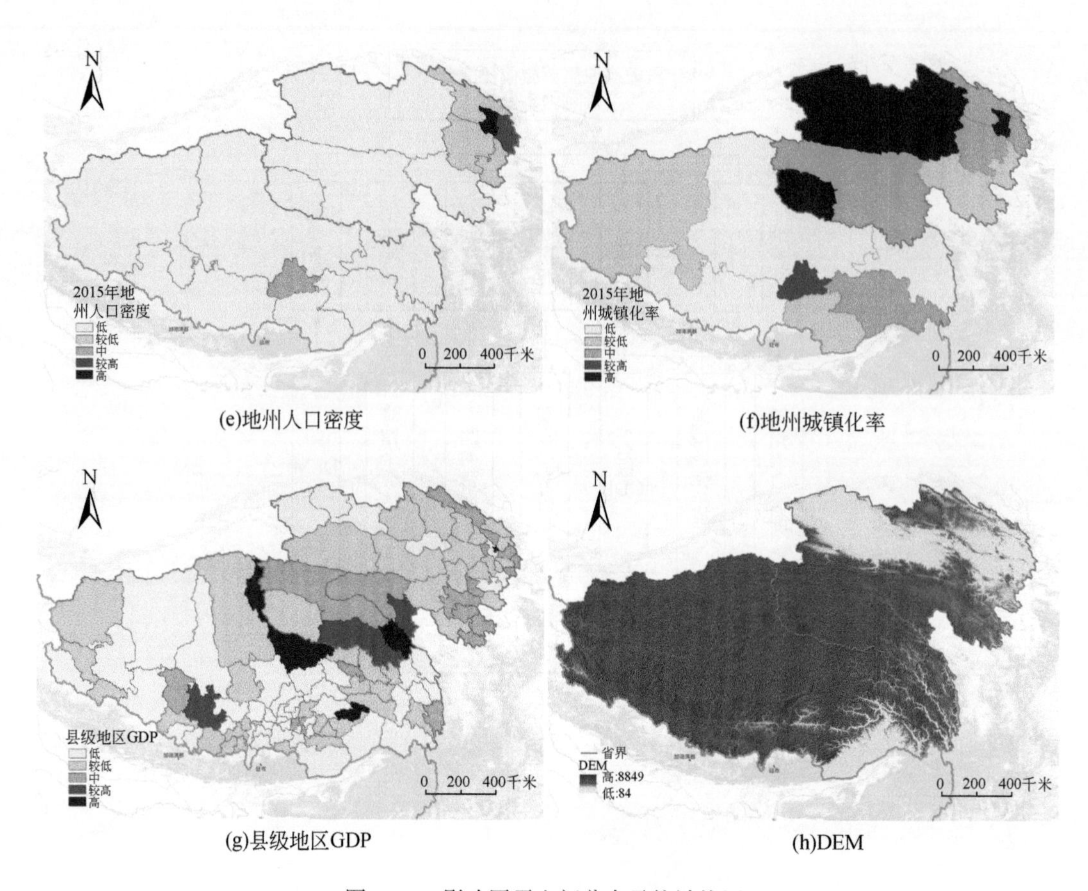

图 7.12 影响因子空间分布及统计格网

（二）地理探测器

采用地理探测器方法（王劲峰和徐成东，2017）分析旅游微博热度分布与 7 个影响因子之间的空间一致性。地理探测器将每个影响因子划分为类别分层，认为如果一个因子对微博热度的分布具有明显主导作用，则二者应该具有相似的空间分布，且因子类别分层内因变量 Y 的变化小于分层之间的变化，即存在分层异质性。

分层异质性由 q 值［式（7.1）］来具体衡量（Wang et al.，2010），q 值表示因子 X 可以解释 $100\times q\%$ 的 Y，当 q 值为 0 时，因子分层下的方差和与全区方差和一致，表示该因子与因变量 Y 值没有任何关系，当 q 值为 1 时，因子分层下的方差和为 0，表示该因子完全控制了 Y 的空间分布。

$$q = 1 - \frac{\sum_{h=1}^{L} N_h \sigma_h^2}{N\sigma^2} \in [0,1] \tag{7.1}$$

式中，$h=1,\cdots,L$ 为因子或因变量 Y 被分类的层数；N_h 和 N 分别为层 h 和全区的单元个数；σ_h 和 σ 分别为层 h 和因变量 Y 值的方差。此外，q 值也可以对因子间的交互作用进行评估，将 $q(X_1 \cap X_2)$ 与 $q(X_1)$ 和 $q(X_2)$ 进行比较，从而可以得出因子的互作用对因变量 Y 的解释力是增强/减弱的（表 7.2）。

表 7.2 多因子交互作用

因子交互	作用
$q(X_1 \cap X_2) < \mathrm{Min}[q(X_1), q(X_2)]$	非线性减弱
$\mathrm{Min}[q(X_1), q(X_2)] < q\{(X_1 \cap X_2) < \mathrm{Max}[q(X_1)], q(X_2)\}$	单一因子减弱
$q(X_1 \cap X_2) > \mathrm{Max}[q(X_1), q(X_2)]$	双因子增强
$q(X_1 \cap X_2) = q(X_1) + q(X_2)$	因子独立
$q(X_1 \cap X_2) > q(X_1) + q(X_2)$	非线性增强

二、结果与分析

（一）影响因子 q 统计

实验使用地理探测器中的风险探测器对 7 个影响因子在全年以及四个季节内对微博旅游热度的影响进行分析。在 20 千米格网统计下，表 7.3、表 7.4 列出了青海和西藏地区 7 个影响因子对微博热度分布进行解释的 q 统计值，结果表明，对于青海地区，各因子解释程度为：旅馆（0.682）>旅游景点（0.411）>交通路网（0.241）>县级地区生产总值（0.062）>地州人口密度（0.041）>高程（0.012）；对于西藏地区，各因子解释程度为：交通路网（0.185）>地州城镇化率（0.016）>地州人口密度（0.015）>旅游景点（0.013）=旅馆（0.013）>高程（0.007）。

表 7.3 青海地区各因子 q 统计值

青海	Ⅰ	Ⅱ	Ⅲ	Ⅳ	Ⅴ	Ⅵ	Ⅶ
全年	0.411	0.682	0.241	0.012	0.041	—	0.062
春	0.434	0.671	0.272	0.012	0.041	—	0.089
夏	0.276	0.525	0.148	0.012	0.023	—	0.031
秋	0.495	0.758	0.302	0.012	0.059	—	0.083
冬	0.525	0.779	0.342	0.009	0.069	—	0.098

注：Ⅰ：旅游景点，Ⅱ：旅馆，Ⅲ：交通路网，Ⅳ：高程，Ⅴ：地州人口密度，Ⅵ：地州城镇化率，Ⅶ：县级地区生产总值，—：不显著。

表 7.4 西藏地区各因子 q 统计值

西藏	Ⅰ	Ⅱ	Ⅲ	Ⅳ	Ⅴ	Ⅵ	Ⅶ
全年	0.013	0.013	0.185	0.007	0.015	0.016	—
春	0.016	0.019	0.181	0.007	0.014	0.015	—
夏	0.014	0.015	0.181	0.007	0.016	0.016	—
秋	0.011	0.009	0.190	0.006	0.016	0.016	—
冬	0.008	0.003	0.191	0.005	0.014	0.014	—

注：Ⅰ：旅游景点，Ⅱ：旅馆，Ⅲ：交通路网，Ⅳ：高程，Ⅴ：地州人口密度，Ⅵ：地州城镇化率，Ⅶ：县级地区生产总值，—：不显著。

比较发现，青海和西藏各因子解释差异较大，对于青海，旅馆、旅游景点、交通路网是解释力最强的因素，且从时间尺度来看，温度越低，解释力越强，反映了人们的活动因天气寒冷而受到一定的限制，活动范围向旅馆、旅游景点及交通路网等固定化场所收缩。对于西藏，交通路网是解释力最强的因素，反映了西藏的旅游业受路网限制较大，且相比于青海，地州人口密度与城镇化等的解释力与旅游景点、旅馆等因素持平，这反映了人们在欣赏自然景观之外，更倾向于了解西藏地区特殊的民族文化和风俗习惯，人文旅游主题凸显。此外，西藏并没有出现旅游景点、旅馆等因素因季节温度降低而解释力增强的情况，反而在夏季温度较高的时期，解释力相对较强，这是因为在春、夏季，西藏虽然温度开始上升，但是由于高海拔，一天内的天气经常变幻莫测，雨雪、冰雹、晴朗天气常常交替出现，从而限制了人们的活动区域。总体而言，西藏各因子的解释力低于青海，这与西藏地域辽阔，以及人们的活动范围较广有关，对于 20 千米格网的研究尺度，对西藏来说需要有所扩大。

（二）影响因子的交互 q 统计

影响因子交互 q 统计的结果显示，对于青海，旅馆与地州人口密度交互增强作用最明显，全年达到 74% 左右，随着天气逐渐变冷，人们的活动范围受到限制，最终在冬季达到 93% 左右。此外，旅游景点和地州人口密度、县级地区生产总值的交互作用也很明显，但由于地州人口密度、县级地区生产总值等单因子的 q 统计值解释力并不高，可以推断对于青海人群密集或经济发展较快的区域，有些旅游景点分布密集，但有些旅游景点稀少，即旅游业的发展对于青海来说并非最主要的经济来源（表 7.5）。

表 7.5 青海地区影响因子交互 q 统计值

青海	Ⅰ	Ⅱ	Ⅴ	Ⅶ	Ⅱ∩Ⅴ	Ⅰ∩Ⅴ	Ⅰ∩Ⅶ
全年	0.411	0.682	0.041	0.062	0.735	0.633	0.638
春	0.434	0.671	0.041	0.089	0.759	0.616	0.653

续表

青海	Ⅰ	Ⅱ	Ⅴ	Ⅶ	Ⅱ∩Ⅴ	Ⅰ∩Ⅴ	Ⅰ∩Ⅶ
夏	0.276	0.525	0.023	0.031	0.562	0.457	0.439
秋	0.495	0.758	0.059	0.083	0.853	0.763	0.771
冬	0.525	0.779	0.069	0.098	0.934	0.844	0.857

注：Ⅰ：旅游景点，Ⅱ：旅馆，Ⅲ：交通路网，Ⅳ：高程，Ⅴ：地州人口密度，Ⅵ：地州城镇化率，Ⅶ：县级地区生产总值，∩：交互作用，—：不显著。

对于西藏，除交通路网对微博热度分布的解释力最大外，交通路网与旅游景点、地州人口密度和高程的交互作用解释力出现了明显的非线性增强作用，其中交通路网和旅游景点的交互增强最明显，达到0.50左右，与人口密度的交互增强达到0.38左右，与高程的交互增强达到0.25左右。可以看出，在交通路网发展的同时，旅游景点、地州人口密度及高程是西藏地区影响旅游微博热度分布的关键影响因素。此外，旅游景点和地州人口密度的解释力大致持平，对于青海二者具有较大差异，说明了西藏的旅游业与当地城市规模发展具有紧密的联系（表7.6）。

表7.6　西藏地区影响因子交互 *q* 统计值

西藏	Ⅰ	Ⅲ	Ⅴ	Ⅳ	Ⅰ∩Ⅲ	Ⅲ∩Ⅴ	Ⅲ∩Ⅳ
全年	0.013	0.185	0.015	0.007	0.495	0.379	0.245
春	0.016	0.181	0.014	0.007	0.494	0.373	0.239
夏	0.014	0.181	0.016	0.007	0.490	0.380	0.240
秋	0.011	0.190	0.016	0.006	0.495	0.380	0.252
冬	0.008	0.191	0.014	0.005	0.500	0.374	0.254

注：Ⅰ：旅游景点，Ⅱ：旅馆，Ⅲ：交通路网，Ⅳ：高程，Ⅴ：地州人口密度，Ⅵ：地州城镇化率，Ⅶ：县级地区生产总值，∩：交互作用，—：不显著。

三、本节结论

本节从游客视角出发研究影响青藏高原旅游业的因素，对其发展具有实质性的指导作用。总体来看，青海的微博旅游活动范围小于西藏，在20千米的格网单元统计下青海各因子的解释力明显高于西藏，对于青海地区，旅馆、旅游景点、交通路网因子解释力最强，分别为0.682、0.411、0.241；对于西藏地区，交通路网因子解释力最强，达到0.185，其他因子解释力较弱且持平。

青海人口、经济指标解释力相比其他因子较弱，但与其他因子的交互作用存在非线性增强，说明青海产业发展的多样性，旅游业带动产业发展但并非是最重要的支柱产业；西藏人口、经济指标解释力相比其他因子持平，并且其交互作用存在非线性增强，说明西藏的产业单一化，旅游业的发展对城市的城镇化发展具有支柱作用。

青海随着季节温度的降低，各因子解释力增强，说明低温对外地游客微博用户的旅游活动范围有所限制；西藏地区却在夏季温度较高的时期，因子的解释力较强，原因是相比于秋、冬季，在春、夏季西藏一天内的天气变化幅度很大，从而影响了外地游客微博用户的旅游活动范围。

第三节　青海旅游路线分析和行程推荐

随着青藏高原旅游业的发展和游客人数的增多，骑行、自驾游等长距离旅行蓬勃发展，合理的旅游路线规划、为个性化行程定制成为旅游发展的需求。根据游客旅行的调查问卷获取游客的旅游顺序，能够将其应用在线路规划设计问题中（周尚意，2002），结合游客对旅游景点的评分和旅游景点的出入口设置能够构建特色旅游线路（吴小芳和龚丹丹，2015）。但是问卷调查的方式比较烦琐，且获取的样本有限。伴随着移动互联网的高速发展，人们在旅行中可以通过签到行为记录自己的行程，或者在旅行后将自己旅行途中的所感所想发布在社交媒体网站或平台，由此产生大量带有位置信息的数据，对于这些社交媒体网站或平台的用户来说，要在海量数据中获取对自己行程有意义的内容很难也很烦琐，所以从海量数据中提取有用的价值信息，对用户出行和旅游规划都具有重要意义。

在旅游活动中，距离、目的地等因素主导着旅游者的决策（吴必虎等，1999），通常人们的旅游行为能够反映游客的旅游活动和习惯（Vu et al.，2019），也能够反映目的地的关联性。能否从大量旅游者足迹中生成一些游客常走的旅游路线，并且根据游客特定的需求定制行程，成为一个有意义的研究问题。本节使用马蜂窝网站上发布的旅游评论数据获取用户的每一次旅游行程，从中提取用户旅游足迹数据，并将海量用户的旅游足迹大数据作为语料，采用自然语言处理中的词嵌入模型计算旅游足迹中各节点的关联性，并通过旅游节点的关联性构建网络，使用加入空间距离约束的改进最小生成树方法生成旅游行程并推荐。

一、旅游足迹提取

采用用户在马蜂窝旅游网站上发布的旅游签到数据，提取用户的每一次旅游行程，按照旅行的时间，将同一用户在某一时段内的旅行算作一次旅游行程，并将其分割为在不同级别空间节点（如城市、景点）下的旅游行程，如图 7.13 所示。青海城市、景点空间分布如图 7.14 所示，生成旅游行程的流程图如图 7.15 所示，首先提取用户记录并将行程分割为不同级别的节点，然后利用词向量模型（Word 2Vec）计算旅游节点的相关性，根据节点的相关性构建节点连通网络，最后基于空间约束的最小生成树构建旅游行程。由于马蜂窝网站上西藏的游客评论较少，难以构建行程，因此本节只分析青海的旅游路线。

用户 1	湟源	西宁	刚察	海晏	…
用户 2	共和	湟源	乌兰	海晏	…
用户 3	西宁	湟源	西宁	…	
……					

城市旅游行程

用户 1	日月亭	东关清真大寺	塔尔寺	…
用户 2	黑马河	倒淌河景区	日月山	…
用户 3	塔尔寺	丹噶尔古城	青海湖	…
……				

图7.14景点旅游行程

图 7.13　不同级别空间节点下的旅游行程

图 7.14　青海城市、景点空间分布

二、旅游节点的关联性计算

根据空间节点的旅游行程，采用自然语言处理中的词向量模型（Word 2Vec）计算不同级别空间节点的关联性。将每一次行程作为一个词袋，按城市行程和景点行程分别输入词向量模型中，计算旅游行程中城市节点间的关联性和景点间的关联性，如图 7.16所示。

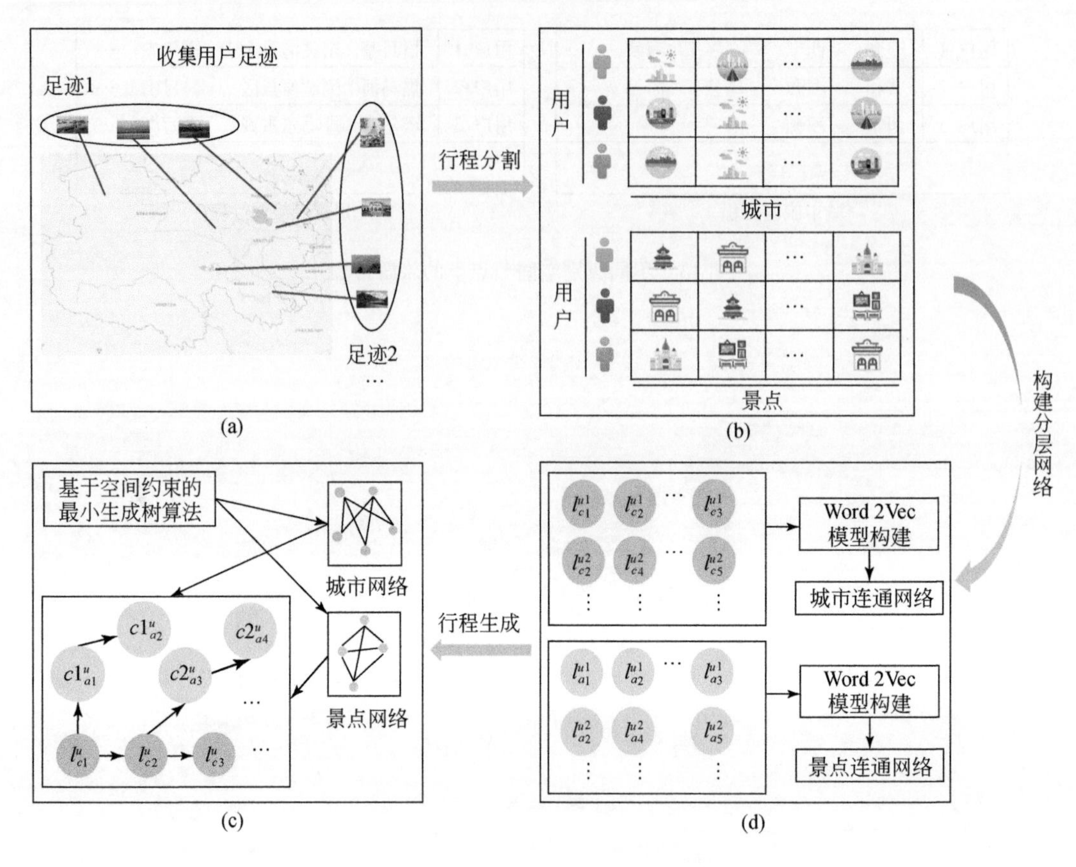

图 7.15　青海旅游行程生成流程图

	西宁	大通	共和	海晏	
西宁		0.96	0.86	0.85	
大通	0.96		0.94	0.91	…
共和	0.86	0.94		0.96	
海晏	0.85	0.91	0.96		
…					

图 7.16　城市关联性矩阵

得到旅游节点间关联性后，将关联性作为各节点间的连接权重构建城市和景点的空间网络，并将每个城市内的景点与城市相关联，构建城市关联性网络（图 7.17）。用 $C=\{c_1,c_2,\cdots,c_N\}$ 表示旅游行程中 N 个城市节点的集合，$A=\{a_1,a_2,\cdots,a_M\}$ 表示旅游行程中 M 个景点节点的集合，E 反映同级别空间节点中不同节点间的关联性，如边 $e_{ij}\in E$（$i,j\in C$）表示城市 i 和城市 j 间的关联性，景点间也是如此。E 的完整表达式为

$$E=\{e=(i,j):i,j\in C\mid i,j\in A\} \tag{7.2}$$

随后将每个城市节点与其内部的景点连接，构建分层网络，如图 7.18 所示，图中分层网络相同颜色线条粗细表示同级别节点间的关联性大小。

图 7.17　城市关联性网络

三、青海旅游路线

构建城市关联性网络和景点关联性网络后，分别基于两个网络中各节点的空间位置计算城市节点距离矩阵 $C(N\times N)$ 和景点节点距离矩阵 A（$M\times M$），其中，N 为网络中城市个数；M 为网络中景点个数；C_i^j 为城市节点 c_i 和城市节点 c_j 间的空间距离；类似地，A_i^j 为景点节点 a_i 和景点节点 a_j 间的空间距离。

基于空间约束的最小生成树算法中，初始时从图中任取以顶点加入树 T，此时树中只含有一个顶点，之后选择一个与当前 T 中顶点集合距离最近的顶点，并将该顶点和相应的边加入 T，每次操作后 T 中的顶点数和边数都增加 1，以此类推（Gao et al.，2018）。由于构建的网络以节点间关联性为边权重，并且空间节点间存在较大的距离影响，我们提出加

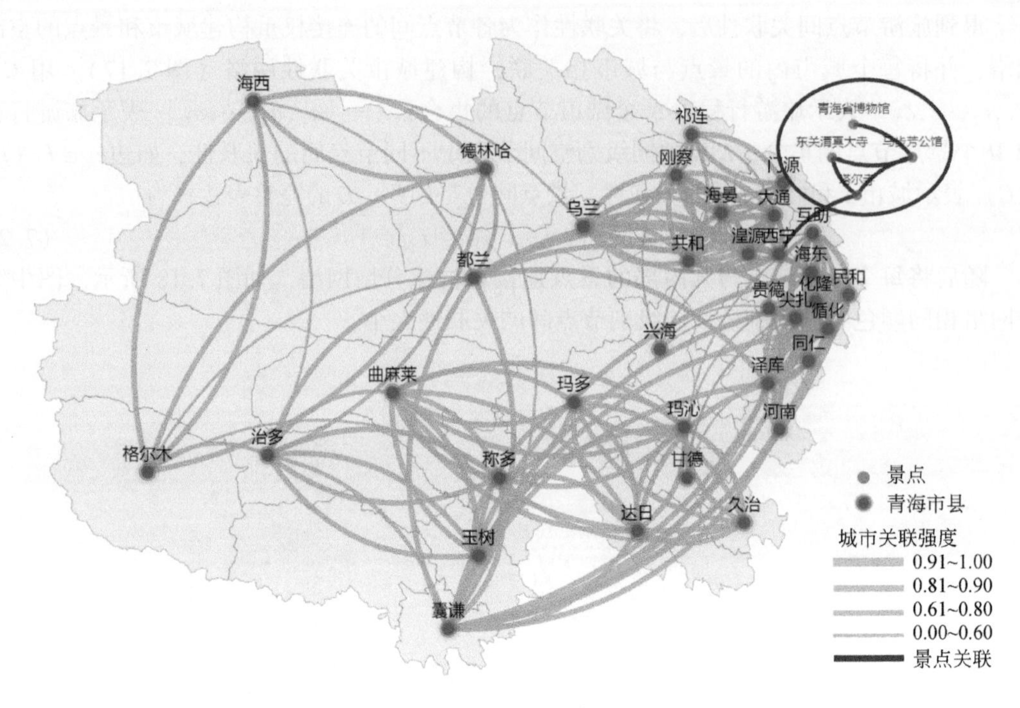

图 7. 18　分层网络

入空间距离约束的改进最小生成树方法作为行程生成方法。以城市空间网络为例，将某一城市节点c_i当作顶点加入树 T，同时考虑节点间的关联性和空间距离影响后，将得分值最高的节点加入树 T，重复此过程直至生成树集合长度达到事先确定好的大小。改进最小生成树算法如图 7. 19 所示。

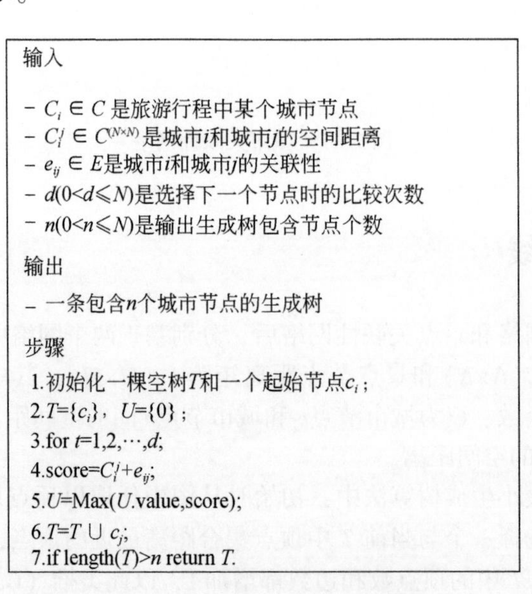

输入

- $C_i \in C$ 是旅游行程中某个城市节点
- $C_i^j \in C^{(N\times N)}$ 是城市i和城市j的空间距离
- $e_{ij} \in E$是城市i和城市j的关联性
- $d(0<d\leqslant N)$是选择下一个节点时的比较次数
- $n(0<n\leqslant N)$是输出生成树包含节点个数

输出

- 一条包含n个城市节点的生成树

步骤

1.初始化一棵空树T和一个起始节点c_i；
2.$T=\{c_i\}$，$U=\{0\}$；
3.for t=1,2,⋯,d;
4.score=$C_i^j+e_{ij}$;
5.U=Max(U.value,score);
6.$T=T \cup c_j$;
7.if length(T)>n return T.

图 7. 19　改进最小生成树算法

通常一个用户会在一个城市游览某一些景点后再去下一个城市的某一些景点，根据我们提出的行程生成方法，首先生成一条以城市为主的主行程，在此基础上，将每个城市内部生成行程作为次一级行程，如图 7.20 所示。设置出发地为西宁，城市主行程为西宁→湟源→共和，对应的次一级行程分别是东关清真大寺→青海省博物馆→塔尔寺、丹噶尔古城→赞普林卡、倒淌河景区→二郎剑景区→黑马河乡。相似地，设置出发地为玛沁，城市主行程为玛沁→玛多→达日→久治，对应的次一级行程分别是拉加寺→高山草甸→阿尼玛卿雪山、扎陵湖-鄂陵湖景区→黄河第一桥→花石峡、格萨尔王狮龙宫殿、白玉达唐寺→年宝玉则景区。在每条生成的行程路线中，主行程的城市可以作为游玩后的歇脚地或中转的枢纽，次一级行程中的每个景点可以提供在城市周边的游玩经验，更好地为用户或旅游规划者提供建设性的建议。

图 7.20　城市、景点行程生成

第四节　小　　结

本章主要介绍利用文本分析方法研究青藏高原人类活动和认知。青藏高原空间语义认知的研究通过定位微博文本的主题提取，用微博主题表示空间范围内的语义，从而分析青藏高原的语义类型和语义分布差异，并且比较不同人群对青藏高原空间语义认知的差异。根据微博主题提取结果，我们进一步利用表达旅游语义的微博，研究青藏高原旅游热点的分布及其影响因素。旅游路线分析和行程推荐过程没有对旅游评论进行文本分析，但是将旅游评论中的旅游足迹串成文本，类比文本分析中的词向量方法，将旅游节点向量化表示，从而计算得到旅游空间节点的关联性。本章的研究表明，不仅文本大数据可以用来研究人类的行为和认知，而且我们可以借鉴文本分析的方法从非文本数据中挖掘我们所需要的信息。

第八章　青藏高原数字足迹与生态环境应用

定量测算人类活动对生态环境的长期影响及短期干扰是当前自然保护研究的一项重要挑战，也是保护生态系统和生物多样性的重要任务。得益于现代移动互联网和无线通信技术的发展，每时每刻不断产生的海量位置数据为感知人类社会的动态变化提供了丰富的数据资源。如此庞大的空间大数据可用于指征现代人类活动在地球上留下的“数字足迹”，通过观测人类的数字足迹可以促进认识人类对自然长期或短期的干扰。对于传统研究采用的数据集来说，数字足迹精细的时空分辨率是传统数据集难以企及的。本章将使用智能手机用户生成的腾讯位置请求数据，调查青藏高原上人类数字足迹的时空变化，推断人类对自然保护区的短期干扰。同时，本章构建了一种融合多源位置大数据的人类足迹制图方法，利用地理空间大数据准确、客观地绘制青藏高原上长时间的数字足迹分布格局。融合的多源大数据集包括智能手机位置请求数据，微博签到数据和带有地理标签的 Flickr 照片数据。通过三种数据集的位置信息聚合得到多源融合的数字足迹强度，并进一步将其转换为足迹强度值（footprint intensity score，FIS）用于测算人类数字足迹对自然环境的影响。

第一节　多源数据融合的人类数字足迹制图

一、人类数字足迹制图研究概述

青藏高原是地球第三极，为许多独特的动植物物种提供了广阔而脆弱的栖息地（Xu et al.，2017）。它也是亚洲主要河流的来源，为世界近 40% 的人口提供了水资源（Xu et al.，2008）。青藏高原的生态系统受气候变化（Fang et al.，2007；Cheng and Wu，2007；Xing et al.，2009）和人为干扰（Fan et al.，2015；Yu et al.，2012）的影响，在过去的几十年中，气候变化对青藏高原的冰川（Fang et al.，2007）、湿地（Xing et al.，2009）和多年冻土（Cheng and Wu，2007）产生了重大影响，现有研究通常采用遥感和其他观测技术来量化和评估这种影响（Fang et al.，2007）。建立自然保护区是全球公认的生态系统和生物多样性保护战略与有效措施（Watson et al.，2014；Xu et al.，2019）。到 2015 年，中国在青藏高原上建立了 41 个国家级自然保护区，总面积达 68 万平方千米（Zhang et al.，2015）。为了减轻人类对自然保护区的压力，我国已经制定并颁布了具体的法规和法律（Xu et al.，2019），政府还实施了“生态移民”项目，该项目将自然保护区的居民重新安置到附近的村庄或城镇，以更好地保护环境（Mao et al.，2012）。然而，自然保护区仍然不可避免地受到人类活动的影响。

人类对自然环境的干扰既有长期影响也有短期影响。学者对城市扩张、森林砍伐、矿产开采、过度耕种和放牧等长期干扰已经取得了广泛研究（Zhao et al., 2015b; Yu et al., 2012; Fan et al., 2015; Li et al., 2017; Yan et al., 2011）。长期的人为干扰，如城市扩张和自然资源开发，会极大地改变青藏高原的环境和生态系统（Zhao et al., 2015b）。通过综合多个代理数据集（如人口密度、土地转化、可及性和电力基础设施）来绘制人类足迹地图可以刻画这种影响。这种传统的足迹制图方法已被广泛用于量化人对环境的影响（Correa Ayram et al., 2017; Etter et al., 2011; Jones et al., 2018; Li et al., 2018a, 2018b; Sanderson et al., 2006）。Sanderson 等（2006）和 Venter 等（2016）通过融合多种与人类活动有关的专题数据集，量化了人类对自然的压力，包括人口密度、土地转化、可达性和电力基础设施。Li 等（2018a）对青藏高原的人类活动压力进行了制图分析，并指出青藏高原东部、东南部和西藏中部地区存在较严重的人类干扰，而青藏高原东北部在 1990～2010 年显著增加。Li 等（2018b）评估了人类对西藏自然保护区影响的变化，并观察到 1990～2010 年人类影响的减少。

然而，传统的人类足迹制图面临难以刻画短期和动态人类干扰的挑战。青藏高原是中国最受欢迎的旅游目的地之一，2017 年西藏就吸引了 2500 多万人次的游客。观光活动一旦超过环境容量，就会对环境造成严重的负面影响。传统的足迹制图方法难以捕捉人类动态变化的足迹。此外，足迹制图的精度很大程度上取决于人类活动代理数据的质量，如人口密度数据。人口密度大的地区对自然环境的干扰往往较严重（Sanderson et al., 2006），但现有人口数据的空间分辨率较粗，通常都会通过降尺度方法获得分辨率更细的人口数据，以便与其他代理数据进行融合来绘制累积足迹强度（Correa Ayram et al., 2017; Venter et al., 2016; Azar et al., 2013）。然而，这种降尺度处理无论是使用专题图层建模（Dobson et al., 2000）还是使用机器学习方法（Stevens et al., 2015）将普查人口数据分解为更精细的网格数据，都不可避免地增加足迹制图的不确定性，制约了评估人类对自然环境影响的精度。

移动互联网技术及基于位置服务的广泛应用产生了大量有关人类活动的空间位置数据，这些数据可用于快速掌握人类活动的地理动态分布特征及模式，并用于解决各种实际应用问题（Longley and Adnan, 2016; Senaratne et al., 2017）。Liu 等（2014）通过社交媒体签到数据研究揭示了中国省际和省际旅行之间的空间互动模式。Gao 等（2015 年）通过基于位置的社交网络数据，融合 POI 数据与内容信息构建了一种提高 POI 推荐精度的方法。Memon 等（2015 年）从带有地理标签的 Flickr 照片中研究游客的偏好，提出一种改进的旅游推荐方法。Yao 等（2018）开发了一种可根据历史需求数据预测出租车需求的深度学习方法。除此之外，空间位置大数据还被广泛用于解决城市交通问题（Zhang et al., 2016, 2017）、环境保护（Li et al., 2017; Liu et al., 2016）等。

本章将利用空间位置大数据来量化人类对自然的干扰。Weaver 和 Gahegan（2010）将这类空间位置大数据视为“人类数字足迹”，即人类在大自然中留下的数字足迹。数字足迹包括的用户定位请求位置是由智能手机收集的即时位置，如导航、社交媒体签到、出租车签到、上传带有地理标签的微博或图片（Walden-Schreiner et al., 2018; Weaver and

Gahegan, 2010)。数字足迹已被广泛用于人口动态估计(Ma et al., 2019; Yao et al., 2017)。数字足迹还可以为人与环境的相互作用研究提供宝贵的精细尺度数据(Wang et al., 2014)。Walden-Schreiner 等(2018)研究了游客在夏威夷火山国家公园的活动,以评估对公园设施和环境的影响。van Zanten 等(2016)研究了来自三个不同社交媒体平台的带有地理标签的照片,以量化整个欧洲的生态景观价值。

如今,多源地理大数据无所不在,并且其数据量以前所未有的速度不断增长,这样融合多源数据才能更全面地刻画人类活动的数字足迹。用户对社交媒体平台的选择有自己的偏好,通过单一平台收集的带有地理标签的数据仅限于刻画该平台用户群体的数字足迹。因此,为了更全面地绘制人类数字足迹,本章将构建一种融合多源位置大数据的制图方法,将收集了一年时间的多源位置数据(包括位置请求数据、带有地理标签的微博和具有地理标签的 Flickr 图片数据)进行时空融合,以量化和绘制人类在青藏高原上的数字足迹。

二、人类数字足迹制图的数据资料收集

用于绘制青藏高原人类数字足迹的三种数据集包括从腾讯大数据网站获得的定位请求数据集(Tencent′s location request data, TLR),从新浪微博收集的微博签到数据集(Sina Weibo′s geotagged microblogs, SWB),以及从 Flickr 网站获取的带有地理标签的照片数据集(Flickr′s geotagged photos, FGP)。当用户使用腾讯地图服务发送任何基于位置的服务请求时,都将生成一条记录用户位置的 TLR 记录。与基于位置的服务相关的定位请求包括但不限于导航、叫车、外卖、快递等。SWB 数据包含由新浪微博用户发送和生成的社交媒体签到信息,该信息记录了用户在发布微博时自愿公开的地理位置。FGP 数据中带有地理标签的照片来自 Flickr 用户,数据包含他们在 Flickr 平台分享的照片及照片的拍摄地点。

三个平台通过各自的门户或应用程序独立收集用户的位置信息。TLR、SWB 和 FGP 中的位置信息分别通过腾讯地图、新浪微博和 Flickr 收集。因此,三种数据集具有一定互补性,通过数据融合可以更全面地刻画青藏高原的人类数字足迹。三种数据的存储结构不同,TLR 为逐日时间分辨率的栅格数据,时间范围为 2017 年 2 月 16 日至 2018 年 2 月 15 日,栅格数据的像元大小为 0.01 度×0.01 度,像元值表示定位请求数。SWB 和 FGP 都是离散的位置点数据,数据收集的时间范围为 2017 年 1 月 1 日至 2018 年 1 月 1 日,每个点都记录了地理坐标及发布时间。

本章还用到了人口和土地利用等辅助数据。人口数据包括 2015 年青海和西藏 1% 人口调查的地级人口数据,以及由 LandScan™ (https://landscan.ornl.gov)开发的网格化人口数据产品(the gridded population of LandScan, GPL)。GPL 数据集成了多个专题数据图层,包括人口普查数据、土地利用与土地覆盖数据、地形数据及夜间灯光影像等,并在空间分辨率 30 弧秒×30 弧秒网格中估算实有人口数量(24 小时内的平均人口数量)。值得注意的是,网格化人口数据产品还包括 Stevens 等(2015)研发的 WorldPop 数据产品,其空间分辨率高达近 100 米;国际地球科学信息网络中心(Center for International Earth

Science Information Network，CIESIN）制作的世界网格人口（grided population of the world，GPW）数据产品，Venter 等（2016）用这个数据绘制了全球人类足迹；中国科学院资源环境科学与数据中心（Resourse and Environment Science and Data Center，RESDC）也生产 1 千米空间分辨率的中国人口网格数据集。

与卫星影像对比可以发现以上四种网格化人口数据产品存在差异。本章对比了两张 2017 年的 30 米分辨率 Landsat 8 影像，其中一张覆盖了西宁市区，另一幅更多覆盖了农村地区。图 8.1 对比的结果显示，LandScan™产品优于其他人口产品，因为其人口数量与 Landsat 8 图像上显示的建成区、农村居民点和道路最为吻合。WorldPop 的产品其次，其中人口密度超过每平方千米 1000 人的网格主要位于建筑区域，但是 WorldPop 产品无法显示主要道路上的人口数量。CIESIN 和 RESDC 的产品过于粗糙，无法显示道路和建成地上的人口数量。

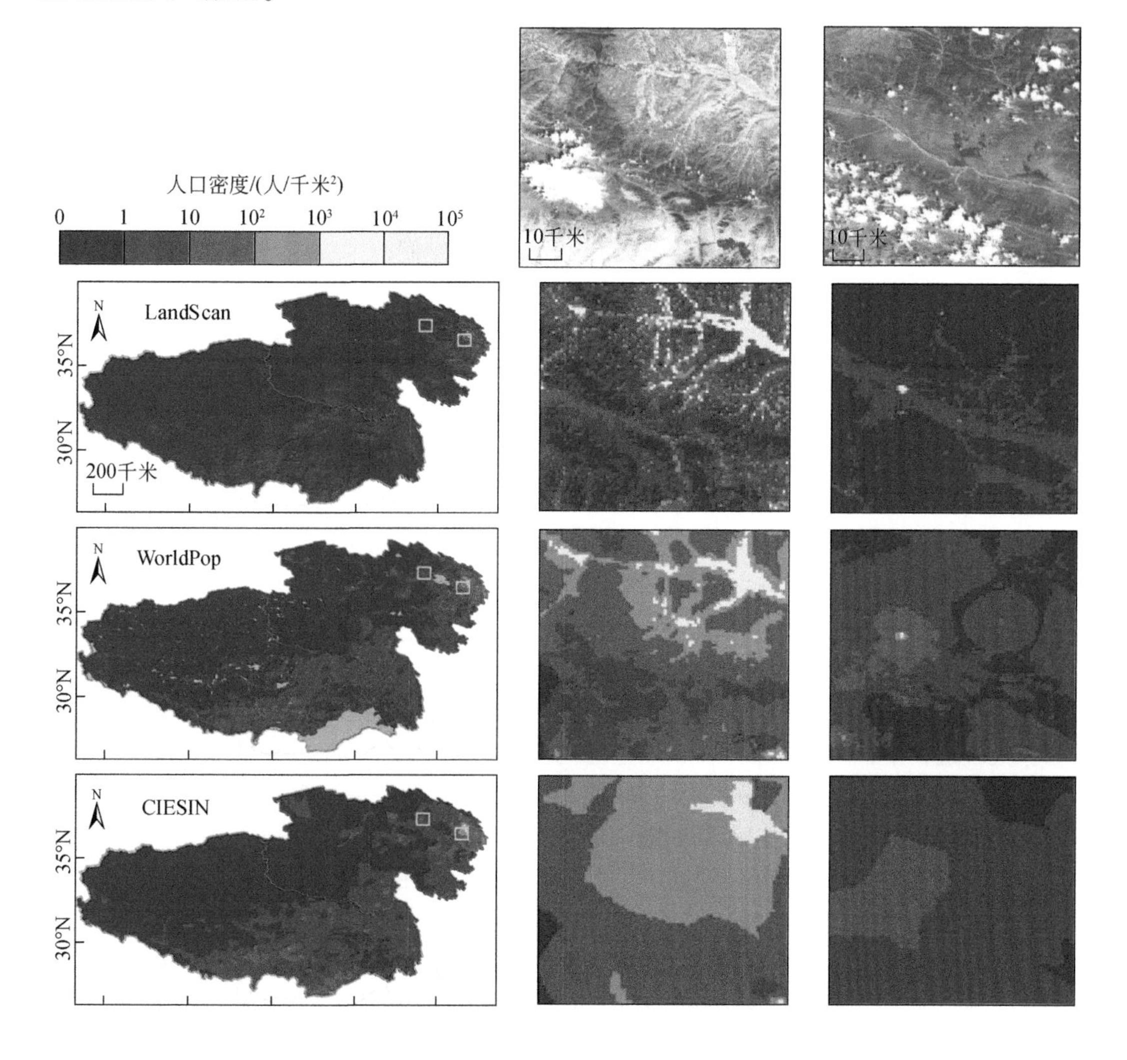

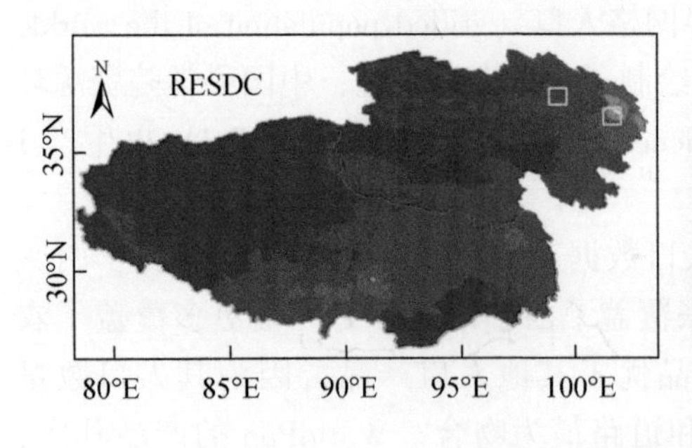

图 8.1　不同网格人口数据产品的对比

本章使用的 2015 年青藏高原土地利用数据集来自 RESDC，包括六种主要土地利用类型：耕地、林地、草地、水、建成区和荒地。

三、人类数字足迹制图的多源数据融合

本章将介绍一种多源数据融合的人类数字足迹制图方法，通过综合三个平台的空间数据集来量化人类数字足迹对青藏高原的影响。该方法包括空间聚合、时间聚合和足迹聚合三个主要步骤。空间聚合是将不同数据标准化为相同的空间范围、相同的空间分辨率的网格数据集。时间聚合将计算每个网格上的足迹日均值，并标准化为可对比的足迹强度指标（digital footprint intensity，DFI）。最后，通过加权线性组合来生成融合的数字足迹强度（fused digital footprint intensity，FDFI）。为了便于对比，本章参照传统人类足迹影响的量化方法（Sanderson et al.，2006；Venter et al.，2016），将每个网格的 FDFI 转换为足迹强度值（FIS），范围为 0 ~ 10，以评估人类数字足迹对青藏高原的影响。

空间聚合旨在将三种数据资源标准化到同一个空间框架下进行表达，以便进行后续的时间聚合。SWB 和 FGP 被转换为与 TLR 相同空间分辨率（0.01 度×0.01 度）的栅格数据。所生成的 SWB 和 FGP 栅格中每个网格的值表示该网格范围内的点数（即发布的含地理坐标的微博和图片数量）。TLR、SWB 和 FGP 表征人类使用和占用某个空间位置的程度，反映人们在该位置对生态环境带来的干扰（Walden-Schreiner et al.，2018）。一个用户可能会在同一位置短时间内产生多个或重复的点，使人类数字足迹影响值偏高。因此，在数据处理过程中，同一个用户在 5 米空间范围或 1 小时内产生的 SWB 和 FGP 点都被视为重复值而舍弃。阈值为 5 米是根据智能手机中 GPS 设备的空间精度来确定的（van Diggelen and Enge，2015）。以时间间隔阈值为 1 小时是因为作者认为同一用户同一位置停留 1 小时以上或 1 小时后重新访问同一位置，该位置的占用计数应当增加以反映人类对空间的占用增加。

与 SWB 和 FGP 不同，由于 TLR 缺少每个位置请求的特定地理坐标和时间戳，因此难以对 TLR 数据进行去重。TLR 数据是 0.01 度×0.01 度网格的定位请求汇总数，包含重复数据的聚合值可能会高估人类的数字足迹。为了减少计算的偏差，TLR 网格的原始值被转换为日均值，然后通过对数转换再进行归一化。

SWB 与 TLR 较为相似，本章用 SWB 代替 TLR 来分析重复数据对数字足迹测算的影响。SWB 中重复的点数据仅占数据集的 5%。随着网格的 DFI_{SWB} 从 10^{-4} 增加到 1，包含重复点的网格比例从接近 0% 显著增加到 99%（图 8.2），表明重复项在微博量高的区域更频繁，签到密集的区域（如市区）要比偏远地区少。数据集中的重复点造成网格日均值仅 0.07 个微博签到量的增加，在 DFI_{SWB} 大于 10^{-1} 的区域中，网格的 DFI_{SWB} 被高估，约为 0.002，在 DFI_{SWB} 较少的区域中，高估接近 0。这些结果表明，在人类数字足迹的测算过程中，SWB 中的重复点仅在 DFI_{SWB} 高值区域会存在轻微的高估，所以 TLR 中的重复点会如本章所假设的这样产生相似的结果，那么人口密集地区的数字足迹高估将是甚微的，不会显著地改变人类数字足迹的测算结果。

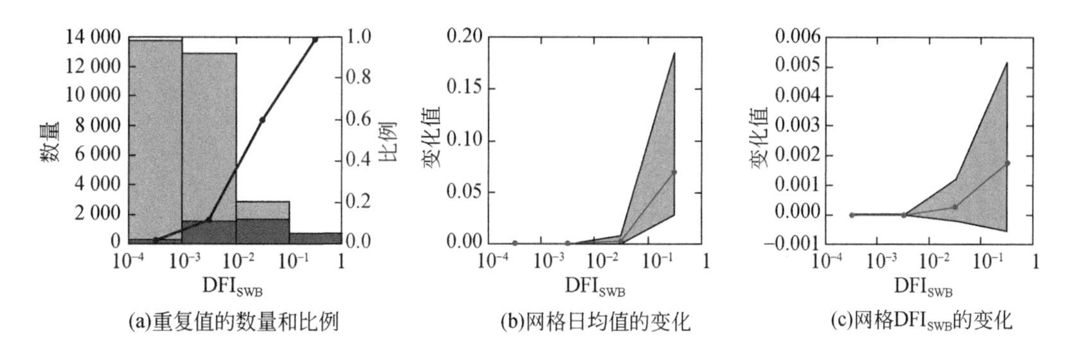

图 8.2 SWB 的去重分析

（a）灰色和红色条形图分别表示数据集中的网格数和包含重复项的网格数，蓝线表示包含重复项的网格的比例；（b）和（c）分别显示了有和没有重复项的数据集之间的每日平均值差异和 DFI_{SWB} 差异，红线表示差异的中位数，灰色区域表示差异的四分位间距

时间聚合是将每个网格的时间序列值转化为可比的量度值，以反映人类数字足迹长时间的平均水平。网格日均值的计算公式为

$$\overline{X}_T(i) = \sum_{k=1}^{T} \frac{x_k(i)}{T}, i = 1,2,\cdots,N \tag{8.1}$$

式中，$x_k(i)$ 为第 i 个网格的第 k 天的值；T 为用于计算平均值的累积天数；N 为研究区域中网格的总数。日均值可用于分析人类数字足迹中的时间序列变化，但是不同数据集存在量级差异，日均值无法直接进行对比，所以每个数据集的日均值进一步通过式（8.2）转换为日足迹指数。

$$\mathrm{DFI}_T(i) = \frac{\lg[\overline{X}_T(i)+1]}{\lg\{\max\limits_{0\leqslant i\leqslant N}[\overline{X}_T(i)]+1\}} \tag{8.2}$$

式中，$DFI_T(i)$ 为基于 T 累积天数的第 i 个网格的数字足迹的日平均值。

DFI 的计算需要有足够的累积天数，否则会容易导致错误的结论。例如，一些偏僻的风景名胜区在淡季可能只有数天或数周的游客，但在旺季可能挤满了游客。如果仅使用淡季数据来计算 DFI，则 DFI 将大大低估人类的数字足迹强度。长时间序列数据计算得出的 DFI 趋于稳定后才有意义。因此，本章使用一年的日均值计算每个数据集的 DFI，然后使用以下指标来评估其是否达到稳定。

$$S_1(T)=\frac{1}{N}\sum_{i=1}^{N}\mid \mathrm{DFI}_{T+1}(i)-\mathrm{DFI}_T(i)\mid \tag{8.3}$$

S_1指数测算的是基于 T 和 T+1 累积天数获得的 DFI 数据之间的平均绝对差。当 S_1指数接近 0 时则表明 DFI 不会随着累积天数的增加而显著变化。同时，本章也对 T 和 T+1 的任何连续两天的网格值（NV）做了归一化，然后定义 S_2指数用于分析每个网格的 NV 的日变化。S_2指数较低则表示在 T 和 T+1 天 NV 的变化不大。

$$\mathrm{NV}_T(i)=\frac{\lg[X_T(i)+1]}{\lg\{\max\limits_{0\leqslant i\leqslant N}[X_T(i)]+1\}} \tag{8.4}$$

$$S_2(T)=\frac{1}{N}\sum_{i=1}^{N}\mid \mathrm{NV}_{T+1}(i)-\mathrm{NV}_T(i)\mid \tag{8.5}$$

足迹融合通过加权线性组合将三种数据集的 DFI 数据图层组合生成融合的日足迹强度：

$$\mathrm{FDFI}=w_1\times\mathrm{DFI}_{\mathrm{TLR}}+w_2\times\mathrm{DFI}_{\mathrm{SWB}}+w_3\times\mathrm{DFI}_{\mathrm{FGP}} \tag{8.6}$$

式（8.6）中的权值 w_1、w_2和 w_3分别反映了这三种数据集 DFI 的人类数字足迹代表性。权重由这三个数据集与实际人口分布的空间一致性确定。精细网格尺度的人口统计数据在青藏高原是缺失的，本章使用了 GPL 来做验证分析并确定式（8.6）中的权重。假设人口越密集的地方产生的数字足迹越多，那么，如果数据集的 DFI 与 GPL 人口数量值越一致，则可以合理地为该数据集分配越大的权重。

空间一致性是通过两种指数来评价的。DFI 和网格人口数量都大于 0 的网格被称为 TT 网格。第一个指数 $\mathrm{Pct}_{\mathrm{TT}}$是指研究区域中 TT 网格数占总网格数的比例。$\mathrm{Pct}_{\mathrm{TT}}$越高，表明 DFI 和 GPL 数据集之间的空间一致性越高。第二个指标 $\mathrm{Cor}_{\mathrm{TT}}$是指 TT 网格中 DFI 与 GPL 人口数量之间的相关系数。$\mathrm{Cor}_{\mathrm{TT}}$越高，DFI 和 GPL 数据集之间的空间一致性也越高。

除 TT 网格外，还有其他三种类型的网格。TF 网格是指 DFI 大于 0 但 GPL 网格人口为 0 的网格，FT 网格是指 DFI 为 0 但网格人口数大于 0 的网格，FF 网格是指 DFI 和网格人口都为 0 的网格。本章仅考虑 TT 网格计算出的两个空间一致性指数，不考虑其他三种类型的网格。FF 网格主要反映的是没有人口的荒野地区，因此不予考虑，TF 和 FT 网格反映了 DFI 与网格化人口数之间的差异，从本质上讲，它们不反映任何空间一致性。两种数据集的差异通常是由计算 DFI 以及将普查人口下推到网格的方法导致的。

数据集的权重定义为 $\mathrm{Pct}_{\mathrm{TT}}$和 $\mathrm{Cor}_{\mathrm{TT}}$的乘积：

$$w_j=\mathrm{Pct}_{j,\mathrm{TT}}\times\mathrm{Cor}_{j,\mathrm{TT}}\quad j=1,2,3 \tag{8.7}$$

最后，本章基于 FDFI 绘制了青藏高原人类数字足迹分布。依据传统的足迹量化方法（Venter et al.，2016）将每个网格中的 FDFI 值转换为 0～10 的数字足迹影响值。传统足迹制图方法采用了 1000 人/千米^2 的阈值来定义人类足迹影响的大小。当人口密度超过该阈值时，网格将被分配最大值（即 10），对于密度小于阈值的网格，通过人口密度的对数计算足迹影响值。FIS 的计算采用了相同计算过程，但是计算的阈值采用 FDFI 累积分布与 1000 人/千米^2 相同的 FDFI 百分位数。当网格的 FDFI 超过该阈值时，网格的 FIS 设为 10，

FDFI 小于该阈值的网格，其 FIS 值为 0 ~ 10，并通过式（8.8）计算：

$$\mathrm{FIS}=\frac{10\times\lg(\mathrm{FDFI}+1)}{\lg(\mathrm{FDFI}_{\mathrm{threshold}}+1)} \tag{8.8}$$

第二节　青藏高原数字足迹时空分布

一、基于定位请求数据的青藏高原数字足迹分布

青藏高原的人类数字足迹分布十分有限。从一年统计得到的日均 TLR 分布来看，人类数字足迹仅占青海和西藏总面积约 5% 左右，日均值的范围从小于 1 到大于 10^4。日均值大于 10 的网格主要分布在城市化区域，在整个研究区域仅占不到 1% 的面积，仅在西宁和拉萨的核心地区发现了较高的日均值（大于 10^3），这是青藏高原比较密集的人口居住地区。在主要的交通运输道路上也存在人类的数字足迹，道路上的日均值相对较低（小于 10）。上述这些日均值特征是人类数字足迹在青藏高原的长期分布模式的体现。足迹的稳定性指数在 2018 年 9 月之后渐近减小到 0（图 8.3），表明其空间分布已经稳定。此外，TLR 日均值（Nd）与人口普查数据（CP）和 LandScan 网格人口数据（GP）在对数尺度上高度相关（图 8.3），与 lg（CP）的 Spearman 等级的相关系数为 0.74，高于与 lg（GP）之间的相关系数（0.57），两者在 0.05 显著性水平上都具有统计意义。lg（GP）和lg（CP）之间的相关系数为 0.81 且统计显著。值得注意的是，与人口普查相比，GP 数据高估了山南和林芝的人口（图 8.3）。

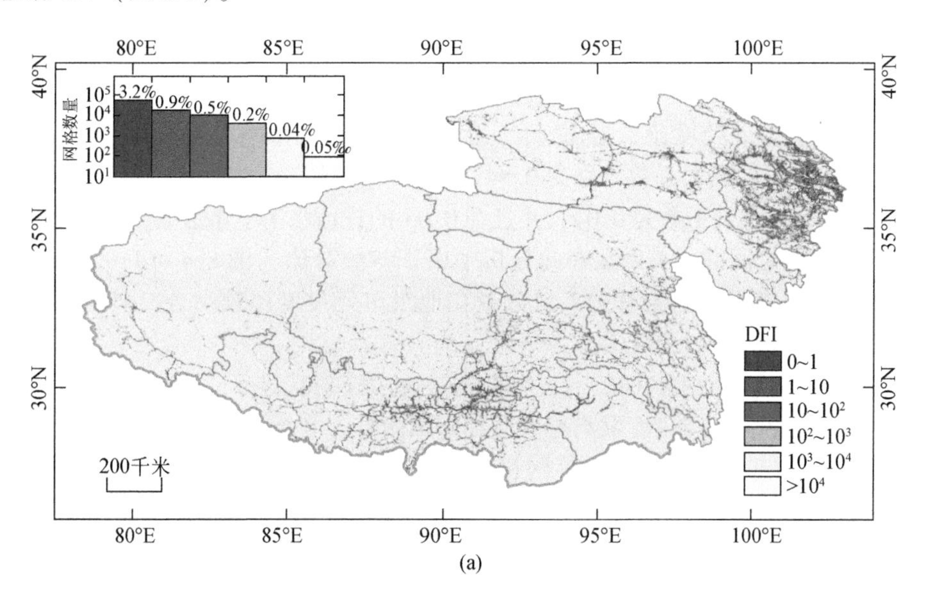

(a)

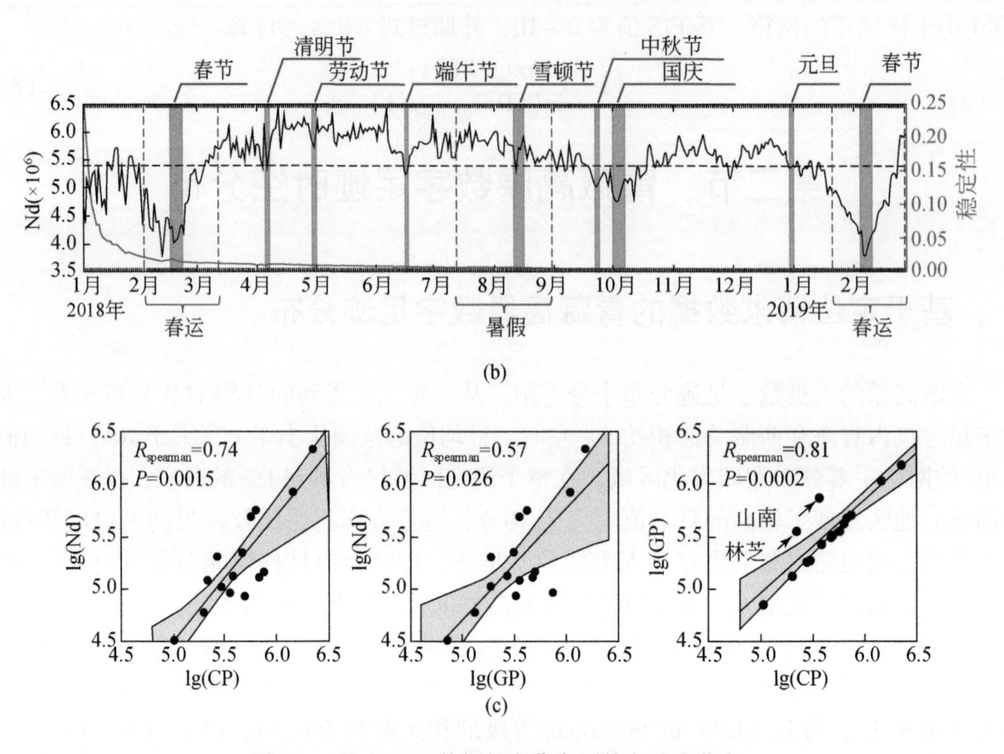

图 8.3　基于 NLR 数据的青藏高原数字足迹分布

二、多源数据融合的青藏高原数字足迹分布

不同地理单元尺度上，不同数据集推算的数字足迹与人口统计数据的相关性表现各异。在地级行政单元尺度上，经过归一化后的 TLR 和 SWB 与人口统计高度相关［图 8.4（a）、(b)］，相关系数分别为 0.84 和 0.74，但是 FGP 与人口统计数据之间不相关［图 8.4（c)］，相关系数为 0.04，并且在 0.05 的置信水平下不显著。GPL 网格人口数据与人口统计数据之间的相关系数在此分析中用于参照对比［图 8.4（d)］，两者之间的相关系数为 0.89，表明两者推算的人口数量在地级单元尺度比较吻合，但 GPL 数据高估了山南和林芝两个城市的人口数量。

在更精细的网格尺度上，GPL 与三种数据集的 DFI 对比显示，GPL 和 DFI_{TLR} 都大于 0 的网格（即 TT 网格）数量占青藏高原青海和西藏两省（自治区）所有网格数量的 4.33%［图 8.4（e)］，SWB 和 FGP 中的 TT 网格分别仅占 1.31% 和 0.03%［图 8.4（e)］。可见，GPL 网格人口数与 DFI_{TLR} 测算的数字足迹最一致，而与 DFI_{FGP} 测算的数字足迹最不一致。TT 网格中，归一化后的 DFI_{TLR}、DFI_{SWB} 和 DFI_{FGP} 与网格人口数之间的相关系数分别为 0.53、0.34 和 0.20［图 8.4（f）~（h)］。相关系数的差异进一步说明了网格化的人口数与网格级别的 DFI 之间的不一致。

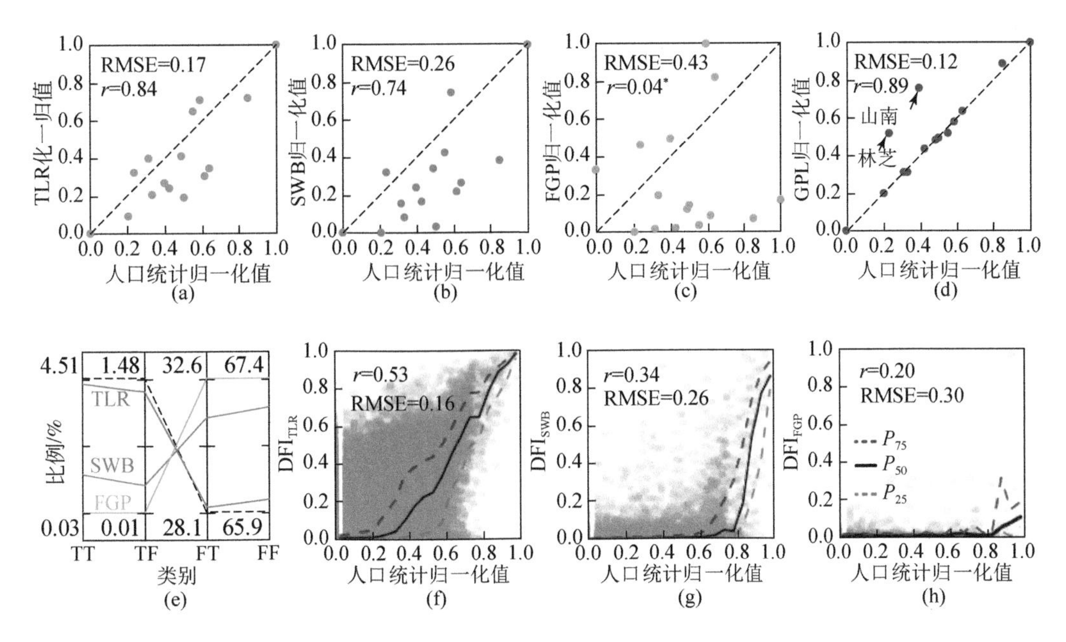

图 8.4 数据集推算出的 DFI 图层与人口统计数 [(a)、(b) 和 (c)];
GPL 网格化人口计数 [(f)、(g) 和 (h)] 之间的相关性分析;
人口统计数据与地级尺度的 GPL 网格化人口数量有良好的相关性 (d)

TF 和 FT 网格反映了数字足迹与网格化人口数据之间的不一致性。在所有 DFI 数据集中，DFI_{TLR}层的 TT 和 TF 网格比例最高，而 FT 和 FF 网格的比例最低 [图 8.4 (e)]。相比之下，DFI_{FGP}层的 TT 和 TF 网格的比例最低，而 FT 和 FF 网格的比例最高 [图 8.4 (e)]。三种数据的 DFI 图层中，FF 网格至少占青藏高原区域的 66%，表明网格化人口为 0，数字足迹也为 0 的区域占研究区域 66% 以上面积。

针对融合三种数据的 DFI 分析了青藏高原 TT、TF、FT 和 FF 网格的空间分布 (图 8.5)。TT 网格 (占 4.51%) 主要分布在建成区的土地利用类型上，包括城市、郊区、道路等。TF 网格仅占总面积的 1.48%，主要位于青海西部的某些道路上，在青海湖和龙羊峡峡谷的湖泊中甚至发现了一些 TF 网格，说明存在游客在湖上观光，高分辨率卫星图像显示这些区域中有船舶和码头。FT 网格占研究区域的 28.1%，并且分散在整个研究区中，FT 网格主要位于草地和一些贫瘠的土地上，这种不一致可能是由于 LandScan™对这些地区人口的错误下推，或者是因为那里的居民从未请求过任何基于位置的服务。

三、青藏高原数字足迹的年内变化模式发现

本章重点利用定位请求数据来分析青藏高原数字足迹的年内变化模式。反映定位请求数字足迹强度的 Nd 指标显示，青藏高原的数字足迹在不同地理单位上呈现 U 形或 N 形的时间变化模式。U 形模式指的是节日期间的 Nd 比节前和节后低，相反，N 形模式

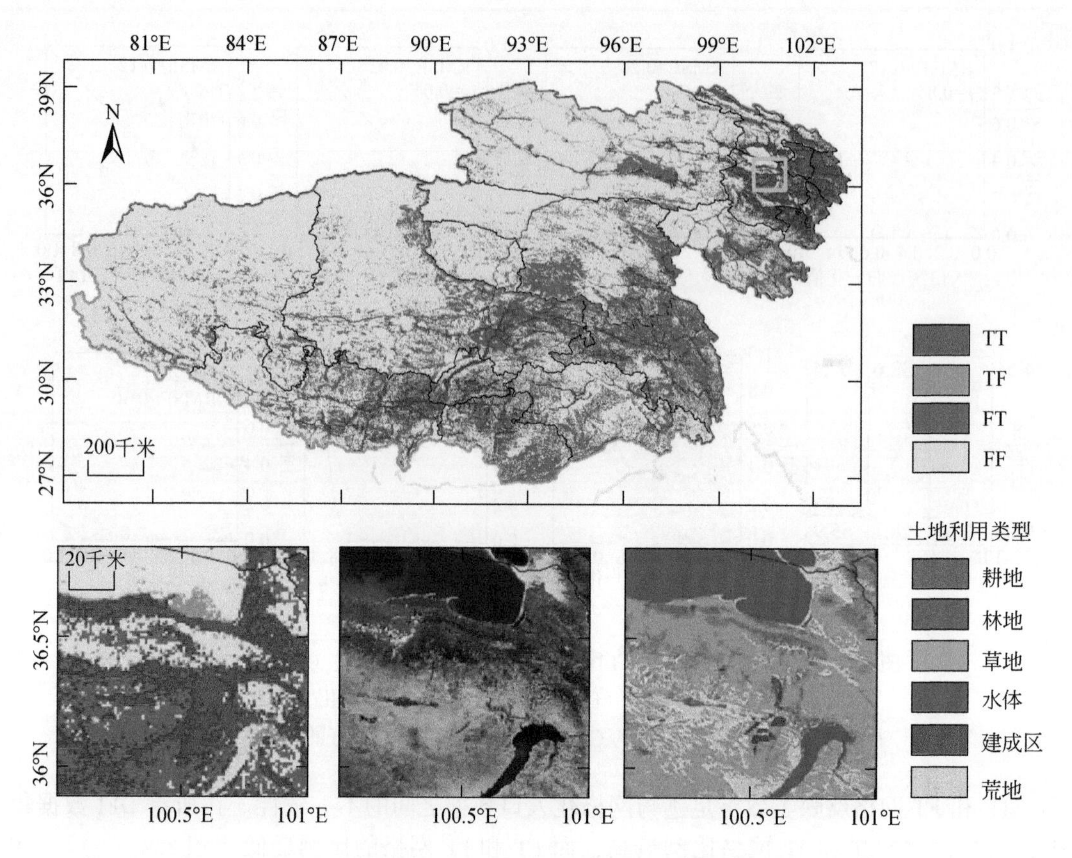

图 8.5 青藏高原上 TT、TF、FT 和 FF 网格的分布

底部的三幅图分别显示了放大的网格分布、高分辨率的卫星图像和西宁附近的土地利用［范围即（a）中的矩形］

指的是节日期间的 Nd 高于节前和节后，这两种时间变化模式在地级单元、风景名胜区和热门旅游路线等不同地理单元上都有表现。地级单元的节日变化上，层次聚类结果显示，C_1 和 C_2 类簇表现为 U 形和 N 形模式（图 8.6），分别占总量的 81% 和 16%。风景名胜区的节日变化上，U 形和 N 形模式对应的类簇分别是 C_1 和 C_3（图 8.7），各占 41% 和 22%。热门旅游路线的节日变化上，类簇 C_1 和 C_3（图 8.8）分别呈现 U 形和 N 形模式，分别占 43% 和 22%，其他类簇所呈现的时间变化模式略有不同。PAU 表示的 C_3 类簇表现为类似 U 形模式，但在节日的中间出现一个峰值。风景区节日的 C_2 类簇呈 N 形，但在节日的第一天达到峰值。旅游路线节日的 C_3 类簇在节日的第一天呈 U 形图案，并有明显的下降趋势。

人类数字足迹的时间变化在不同节日和地理单位上也会呈现不同的变化模式。在每个地级单元及几乎所有的节日中，数字足迹的变化都呈现 U 形模式［图 8.7（b）］。但雪顿节是例外，这是藏族的传统节日，通常主要由当地藏族人组织庆祝活动。对于每个地级单元，不同节日里数字足迹的时间变化也会表现出各种模式。例如，海东的节日变

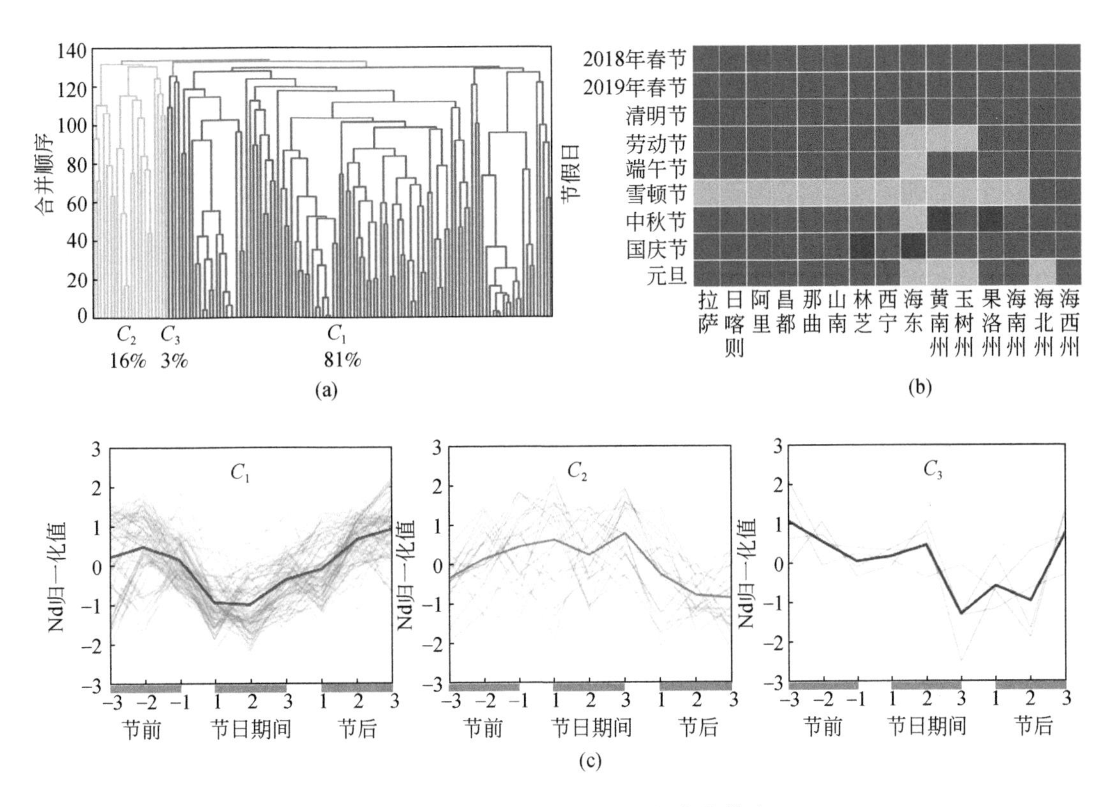

图 8.6　不同地理单元上的时间变化模式

化中，N 形模式比 U 形模式更多。不同地级单元在同一个节日会产生不同的响应模式，这种差异可能与地级单元经济发展水平、交通便利性、人口吸引力、民族结构和旅游资源等因素有关。

为了探究节日期间旅游活动如何驱动数字足迹的时间变化，本章进一步研究了景点和旅游路线上的数字足迹变化模式。图 8.7（b）显示了不同风景名胜区和不同节日呈现的时间变化模式，节日 Nd 不足 10 则在图 8.7（b）中以阴影线表示。这类节日变化主要见于冬季和春季以及仙女湾、纳木错、绒布寺等风景区，这些地方在寒冷的时节，人类活动非常有限。例如，门源风景区以其油菜花田的美丽景色而闻名，每年的 7 月和 8 月都会吸引大量游客，除了 8 月的雪顿节，游客仍能观赏油菜花，其余节日都没有大量的人类活动足迹。

风景名胜区和旅游路线上的数字足迹时间变化也因节日各异。国庆节期间，二郎剑、塔尔寺、茶卡盐湖和日月山都呈现 N 形模式（图 8.7 中的 C_3），纳木错和羊卓雍措表现为准 N 形模式（图 8.7 中的 C_2），到这些风景区的旅游路线 R_1、R_4 和 R_5 在假期的数字足迹也有显著增加趋势［图 8.8（b）］。然而，在春节期间，大多数风景名胜区和旅游路线都呈现出 U 形变化模式，表明这期间游客活动减少。雪顿节主要表现为 N 形模式，扎什伦布寺和哲蚌寺举行了年度庆典，吸引了全国各地的信徒和游客来此［图 8.8（b）］。无论是 U 形还是 N 形，青藏高原上数字足迹的显著变化与节日期间的旅游活动密切相关。

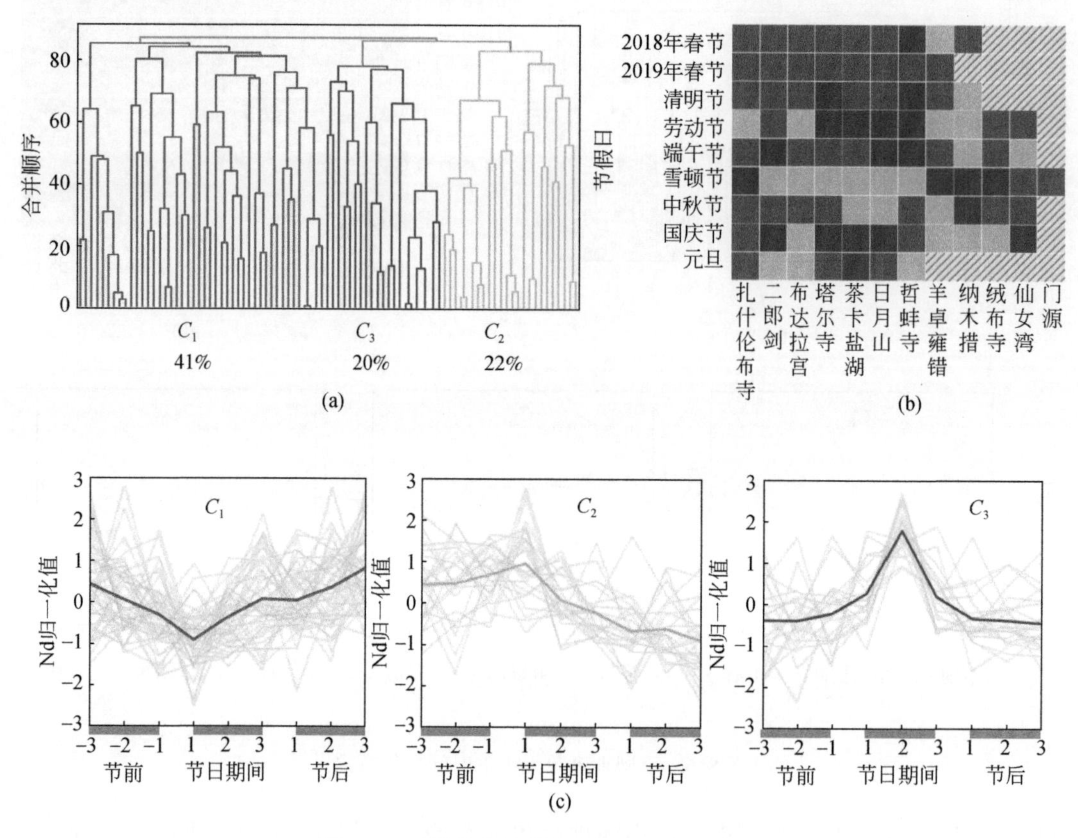

图 8.7　不同景点数字足迹的空间变化模式

节日期间整个研究区的数字足迹变化在网格尺度上也表现为 U 形和 N 形两种变化模式。通过层次聚类可以将西宁和拉萨的网格数据划分为两个类簇。这两个类簇的综合变化分别呈现出 U 形和 N 形变化曲线［图 8.9（a）和（c）］。将具有 U 形或 N 形变化特征的网格分别称为 U 形或 N 形网格，可以发现 U 形和 N 形网格的位置与到市中心的距离有关。在距市中心 18 千米以内的地方，U 形网格比 N 形网格多，而该距离之外的区域，N 形网格比 U 形网格多［图 8.9（b）和（d）］。几乎每个节日都能观察到这种 U 形和 N 形网格的分布模式，但在雪顿节却表现出完全相反的模式［图 8.9（b）和（d）中的虚线］，这表明雪顿节作为当地有名的宗教节日，以不同的方式吸引着当地人或游客。

从节前到节后，数字足迹呈现出由发散到汇聚的转换变化。图 8.10（a）和（c）显示，节日期间和节前（$Nd_{festival}-Nd_{pre-festival}$）之间数字足迹的空间差异，在城市地区呈现负值，而在周围农村地区则为正值，表明人们在节日开始之前就开始离开城市中心区域。相反，节日期间与节后（$Nd_{post-festival}-Nd_{festival}$）之间的空间差异［图 8.10（b）和（d）］表现为城市地区为正值，而在周围农村地区为负值，表明人们节后返回城区的移动行为。节前节后数字足迹的变化反映出青藏高原上发散和汇聚两种相对的人口迁移模式。

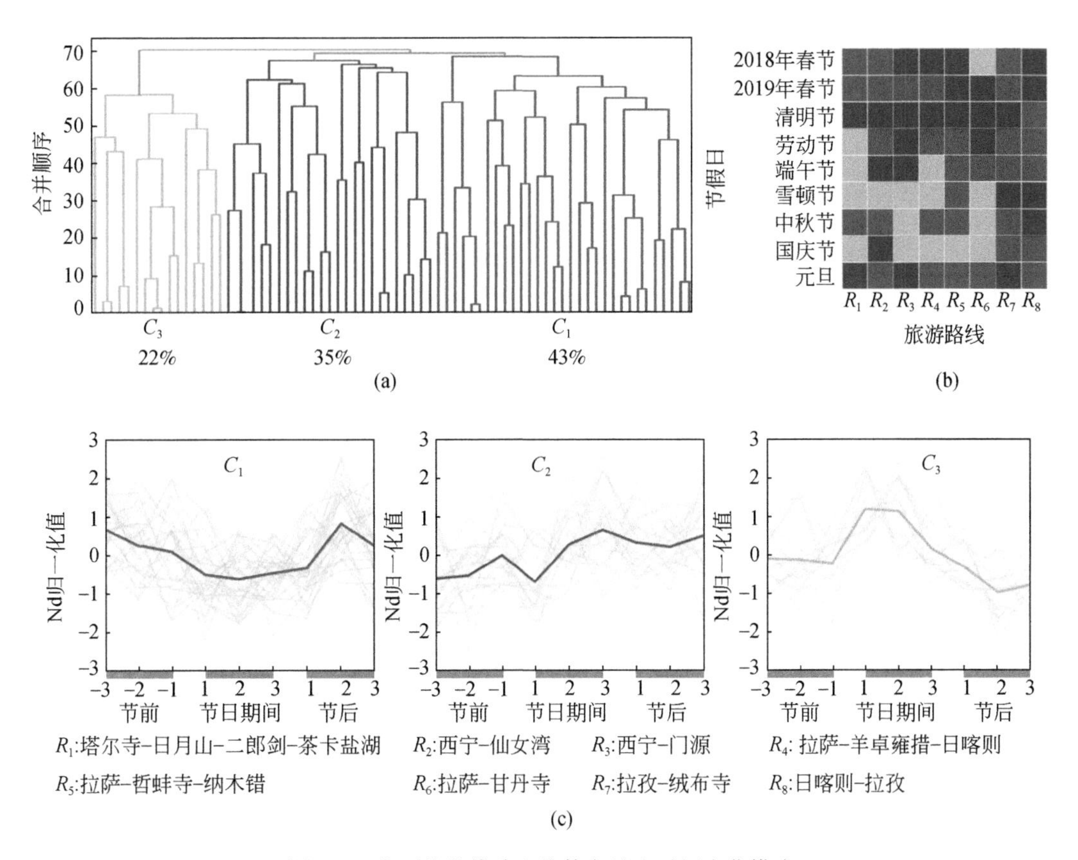

图 8.8　主要旅游线路上的数字足迹时间变化模式

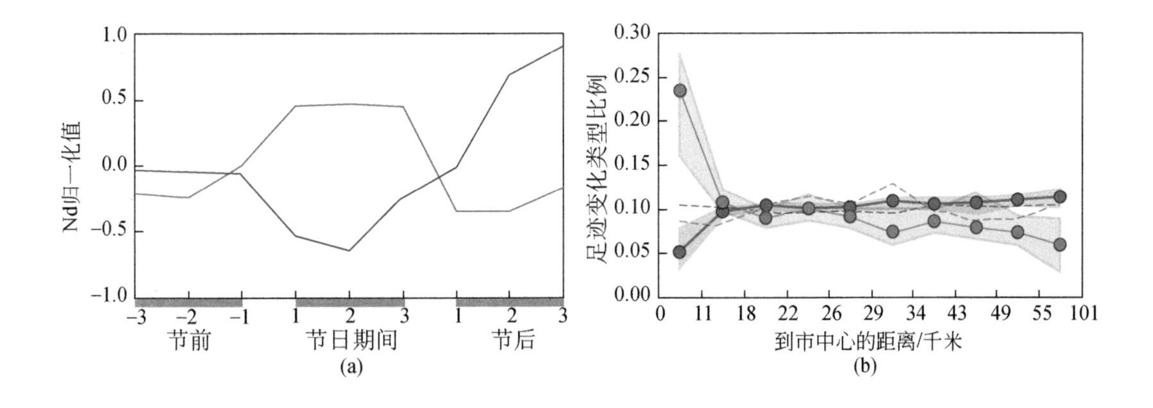

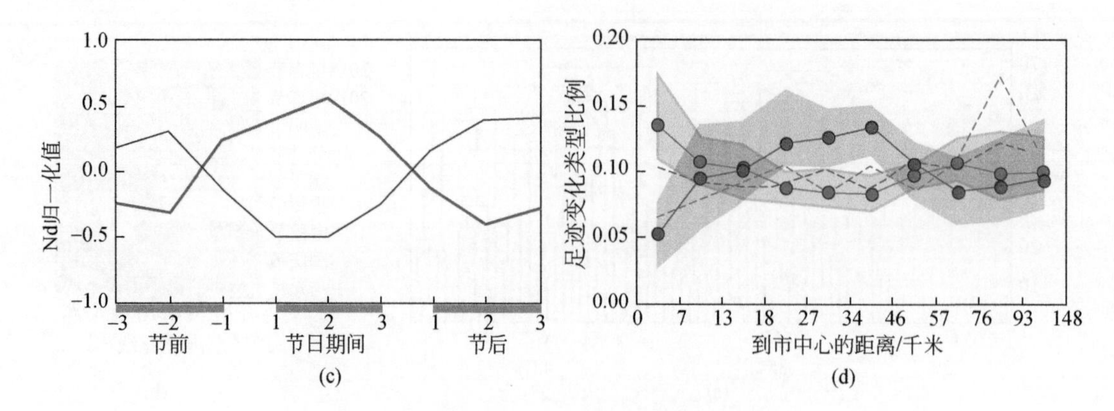

图 8.9 西宁和拉萨范围内网格数字足迹的节日变化

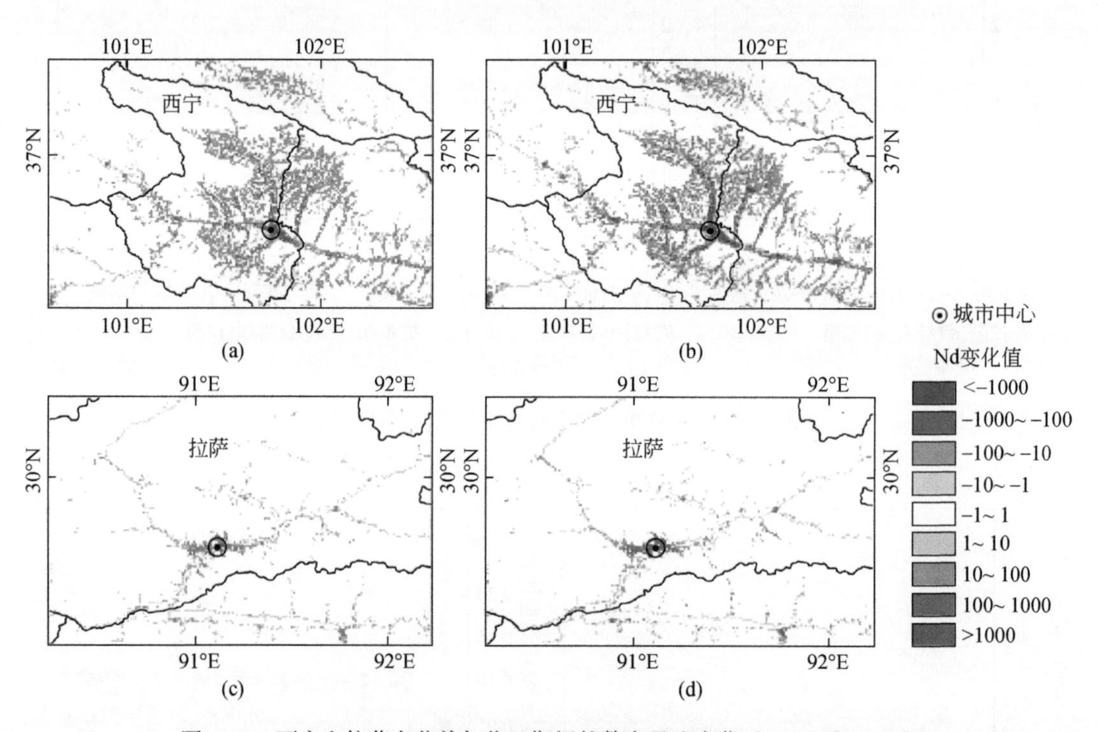

图 8.10 西宁和拉萨在节前与节日期间的数字足迹变化［（a）和（c）］
以及节后与节日期间的数字足迹变化［（b）和（d）］

第三节 青藏高原数字足迹的生态环境影响

一、数字足迹的生态环境影响强度测算

本章将通过融合的 FIS 来测算人类数字足迹对青藏高原生态环境的影响强度。根据本

章第二节的方法，网格的 FIS 由 FDFI 确定。FDFI 是通过加权线性组合方法［式（8.6）］对 TLR、SWB 和 FGP 的 DFI 进行融合计算得到的。根据三种数据集的 DFI 与 GPL 网格化人口数的空间一致性分析结果，分配给 DFI_{TLR}、DFI_{SWB} 和 DFI_{FGP} 的权重分别为 0.8339、0.1638 和 0.0022。FDFI 转换为 FIS 的阈值为 0.53，该阈值与 Venter 等（2016）使用的每平方千米 1000 人的人口密度阈值保持相同的百分位数，即该人口密度阈值相当于研究区域内人口密度的 99.97% 百分位数。FDFI 大于 0.53 的网格，FIS 赋值为 10。根据式（8.8），将 FDFI 小于 0.53 的网格赋值小于 10，这样的转换可以使数字足迹和网格人口密度定量测算的影响值具有可比性。

表 8.1　人口密度阈值及 DFI 的阈值测算

指标	最大值	阈值	百分位数
网格人口数量/人	38 774	1 000	99.97%
DFI	0.99	0.53	

分析结果显示，FIS 大于 0 的区域仅占研究区域的 5.99%，所以青藏高原的数字足迹压力非常有限且影响很小（图 8.11）。从空间上看，该地区主要集中在城市和道路沿线［图 8.11（a）］。例如，西宁和拉萨市中心的 FIS 都在 9 以上，主要道路上的 FIS 相对较低，但也清楚地显示青藏高原连通各城市的交通网络。建成区的平均 FIS 最高（4.37），其次是耕地（2.71），而林地、草地、荒地和水域的平均 FIS 不超过 0.1（表 8.1），所以除建成区和耕地外，青藏高原的数字足迹压力微弱。在省级层面，青海的平均 FIS 为 0.12，高于西藏（<0.04），表明青海、西藏的数字足迹影响都很小，但对青海的影响略大于西藏［图 8.11（d）］。

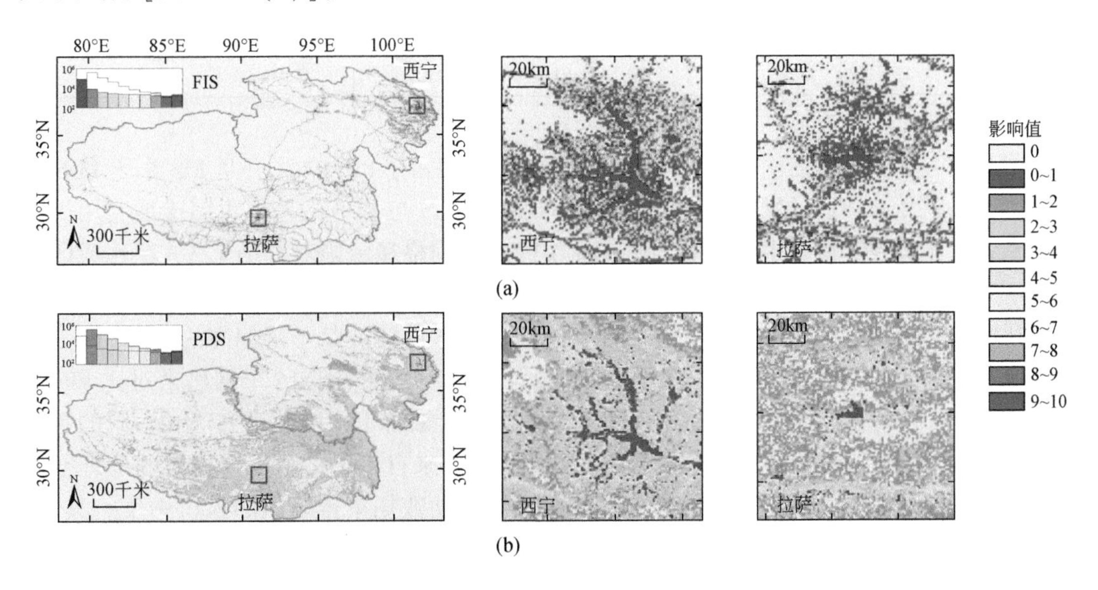

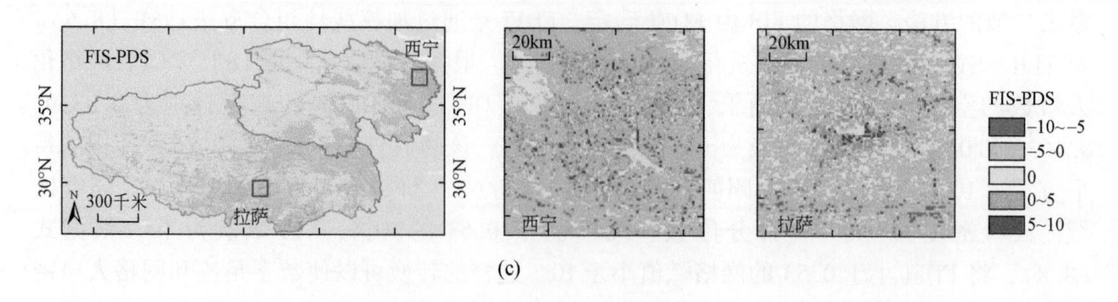

(c)

图 8.11　基于 FIS 和基于 PDS 测算的人类活动影响的空间分布及差异

二、数字足迹与人口压力的影响强度对比

作为对比，本章同时还根据网格化人口密度（PDS）测算了人类活动影响值。由 PDS 推断出的人类活动影响结果显示，青藏高原的人口压力比从 FIS 推断出的影响更为广泛和强烈［图 8.11（b）］。PDS 大于 0 的网格占研究区 32.6% 面积，是 FIS 大于 0 的网格数量的 5 倍。PDS 大于 3 的网格主要分布在耕地和建成区两种土地利用类型上（表 8.2），在相同范围内，PDS 在 1 ~ 8 的网格要比相应范围 FIS 的网格多得多［图 8.11（b）］。靠近市中心的 PDS 通常不超过 FIS［图 8.11（c）］，PDS 大于 FIS 的网格主要分布在城市外部，主要分布在青海和西藏的东南部。

表 8.2　基于 FIS 和基于 PDS 测算的人类数字足迹影响强度值

	耕地	林地	草地	水域	建成区	荒地
FIS	2.71	0.06	0.05	0.05	4.37	0.03
PDS	4.26	1.11	0.61	0.29	3.91	0.31

在 PDS 与 FIS 不同的网格中，绝对差小于 3 的网格占了 89.4%，并且 FIS 小于 PDS 的网格数比 FIS 大于 PDS 的网格数多［图 8.12（a）］，FIS 与 PDS 的差值也因土地利用类型存在差异。在所有土地利用类型中，有 60% ~ 95% 的网格显示绝对差小于 3。在建成区土地利用类型中，FIS 和 PDS 的差大于 3 的网格数量大于两者之差小于 -3 的网格数量，其他土地利用类型的网格则完全相反。该结果表明，建成区网格被赋予了偏高的 FIS，而为其他土地利用类型的网格赋予了较低的 FIS［图 8.12（b）］。抽取了 15 个网格来对比 FIS 和 FDS 的差异，这种差异的原因是多方面的。首先，两者来自不同的计算方法和不同的数据源。FIS 表示由数字足迹强度反映的人类影响，该足迹来自多个平台用户生成的地理空间数据集。PDS 是根据人口统计数据和与人口相关的辅助数据集推断出的人口密度。其次，研究区域存在数字差异（Rogers，2001），即与居住在基础设施较差的偏远地区相比，城市居民拥有更好的移动网络和通信服务，在城市地区产生的位置请求数量多于其他地区。最后，TLR 中的重复项可能是另一个原因，重复项可能导致城市地区的 FIS 偏高。

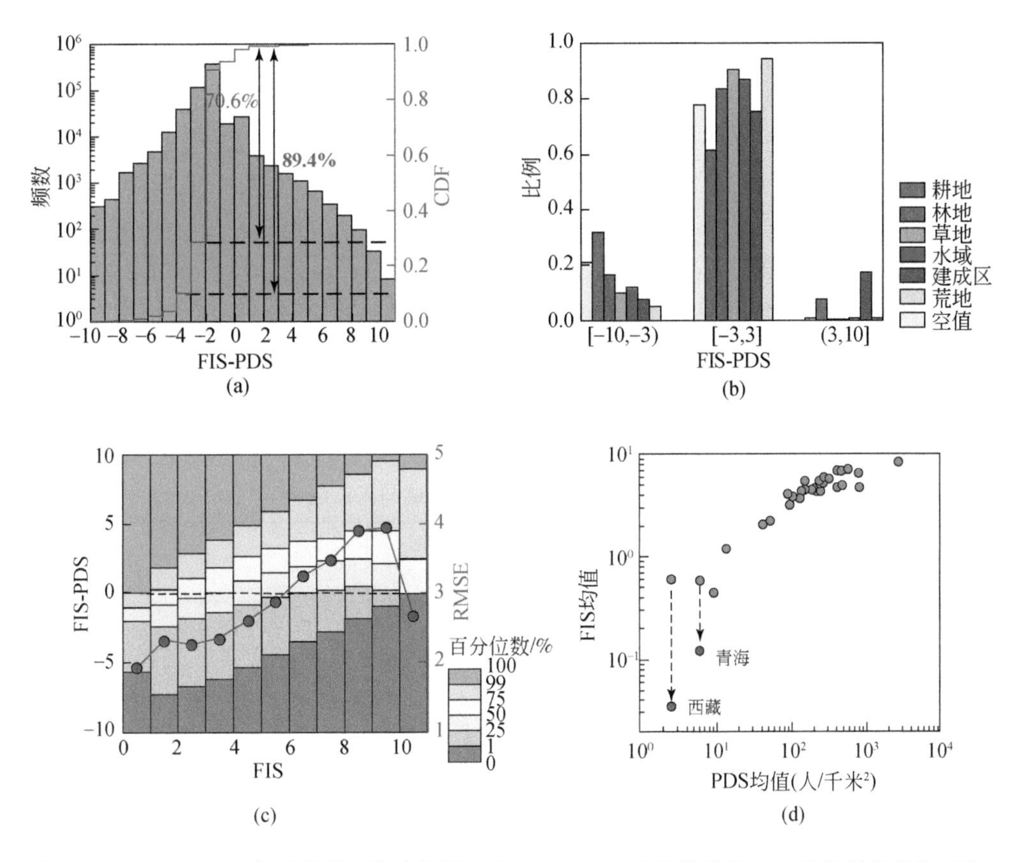

图 8.12　FIS 和 PDS 之间差异的统计分析（a）~（c）和中国各省的 PDS 平均得分排名（d）

统计分析包括差异的直方图（a），不同土地利用类型中差异的百分比（b）以及差异随 FIS 的变化，（d）中的灰色点代表中国各省（自治区、直辖市）的 PDS，而两个红色点代表西藏和青海的 FIS

分析结果还显示，FIS 较高的网格，FIS 与 PDS 的差异越明显，具体表现为 FIS 越大，FIS 和 PDS 之间的均方根误差（RMSE）越大。当 FIS 大于 0 时，FIS 与 PDS 的差的中位数由负变正［图 8.12（c）］，这表明具有较高 FIS 的网格倾向于具有比 PDS 更高的 FIS。青海和西藏的平均 PDS 分别为 0.58 和 0.60，在中国所有省级行政区中排名倒数第二和第三［图 8.12（d）］，这表明人类对青海和西藏的环境影响从全国来看是比较小的。这两个省（自治区）的平均 FIS 甚至低于其 PDS，表明就数字足迹而言，这两个省（自治区）的人类活动影响甚至更低。PDS 表明，人类对西藏的影响比青海略强，但是 FIS 却相反［图 8.12（d）］。鉴于西藏的人口密度远低于青海的人口密度，FIS 在推断人类影响方面更可信。

三、青藏高原自然保护区数字足迹监测

本章通过 TLR 所反映的数字足迹空间覆盖和强度重点分析青藏高原自然保护区的人类

活动入侵现状。数字足迹空间覆盖指标 δ 定义为数字足迹数量大于 0 的区域占保护区面积的比例，数字足迹空间强度指标 ε 定义为保护区范围内足迹数量的平均值。表 8.3 展示了青藏高原七个主要国家级自然保护区两种数字足迹指标所反映的人类总体入侵情况。指标 δ 和 ε 的范围分别为 0.08% ~14.6% 和 0.004 ~1.590。其中，青海湖两种指标都最高（分别为 14.6% 和 1.590），是人类活动入侵最严重的自然保护区。相反，羌塘和可可西里是受影响最少的自然保护区，其 δ 小于 1%，ε 小于 0.1。

通过分析节日与节前 δ（$\delta_{festival}-\delta_{pre-festival}$）和 ε（$\varepsilon_{festival}-\varepsilon_{pre-festival}$）的差异，可以发现不同节日不同自然保护区中的短期人类入侵强度（表 8.4）。在所有自然保护区中，δ 和 ε 的变化范围分别为 0 ~0.51% 和 0 ~0.26。青海湖的 δ 和 ε 变化最大，尤其是在国庆节，亮相指标增幅达到最大（分别为 1.12% 和 0.81）。相比之下，羌塘自然保护区的 δ 和 ε 变化最小，表明无论哪个节日该自然保护区几乎都没有大量的人类活动入侵。

表 8.3　自然保护区内的数字足迹与人口统计

自然保护区	面积 /($\times 10^4$ 平方千米)	δ/%	人口占据面积比例/%	ε	网格人口数量/人
羌塘	29.8	0.08	7.88	0.004	0.095
三江源	15.2	3.00	37.6	0.222	1.309
可可西里	4.50	0.50	2.61	0.014	0.056
珠穆朗玛峰	3.38	5.74	47.9	0.350	2.159
色林错	2.03	3.12	43.0	0.017	1.242
雅鲁藏布江	0.92	5.28	36.4	0.916	1.283
青海湖	0.50	14.6	23.5	1.590	2.382

表 8.4　自然保护区内数字足迹的短期变化

自然保护区	MAC	SF18	SF19	QM	WD	DB	XD	MA	ND	NY	MAC*
羌塘	δ/%	0.00	0.00	0.00	0.00	0.00	0.00	0.00	0.00	0.00	0.00
	ε	0.00	0.00	0.00	0.00	0.00	0.00	0.00	0.00	0.00	0.00
三江源	δ/%	-0.04	-0.04	-0.03	0.05	-0.03	-0.06	-0.08	0.06	0.02	0.04
	ε	0.01	-0.01	0.02	-0.01	-0.02	0.02	0.00	0.03	-0.01	0.01
可可西里	δ/%	-0.06	-0.07	0.05	-0.03	-0.07	0.00	-0.05	-0.02	0.04	0.04
	ε	0.00	0.00	0.00	0.00	-0.01	0.00	0.00	0.01	0.00	0.00
珠穆朗玛峰	δ/%	0.18	0.20	-0.15	-0.27	-0.27	0.05	0.33	-0.18	0.08	0.19
	ε	0.01	-0.01	-0.03	-0.05	-0.04	0.00	-0.01	-0.04	-0.01	0.02
色林错	δ/%	0.02	-0.11	0.02	-0.18	0.03	0.39	-0.34	-0.33	0.07	0.16
	ε	0.00	0.00	0.00	0.00	0.00	0.00	0.00	0.00	0.00	0.00

续表

自然保护区	MAC	SF18	SF19	QM	WD	DB	XD	MA	ND	NY	MAC*
雅鲁藏布江	δ/%	0.13	0.22	-0.08	-0.19	0.16	-0.03	-0.05	-0.03	0.39	0.14
	ε	0.05	0.01	-0.05	-0.09	-0.12	0.02	-0.19	0.07	0.05	0.07
青海湖	δ/%	-1.00	0.59	-0.26	0.72	0.51	-0.10	-0.18	1.12	-0.13	0.51
	ε	-0.06	-0.06	0.07	0.49	0.31	-0.32	-0.16	0.81	-0.05	0.26

* MAC 为 δ 和 ε 的平均绝对差。

在空间上，人类数字足迹的扩张在羌塘和可可西里自然保护区以外的自然保护区都存在，并且在道路上表现最明显（图 8.13），显然，道路为人类提供了进入保护区的途径。此外，青海湖数字足迹扩张不仅限于道路，在二郎剑、黑马河、鸟岛、仙女湾、金沙湾、海心山等风景区附近都发现了入侵的数字足迹。为了保护环境，限制人为干扰，鸟岛和海心山风景区已自 2017 年 8 月 29 日起实施关闭。但是鸟岛和海心山风景区节日期间依然显现有足迹入侵，所以还需要进一步加强入侵监管才能更好地保护这两个封闭保护区。

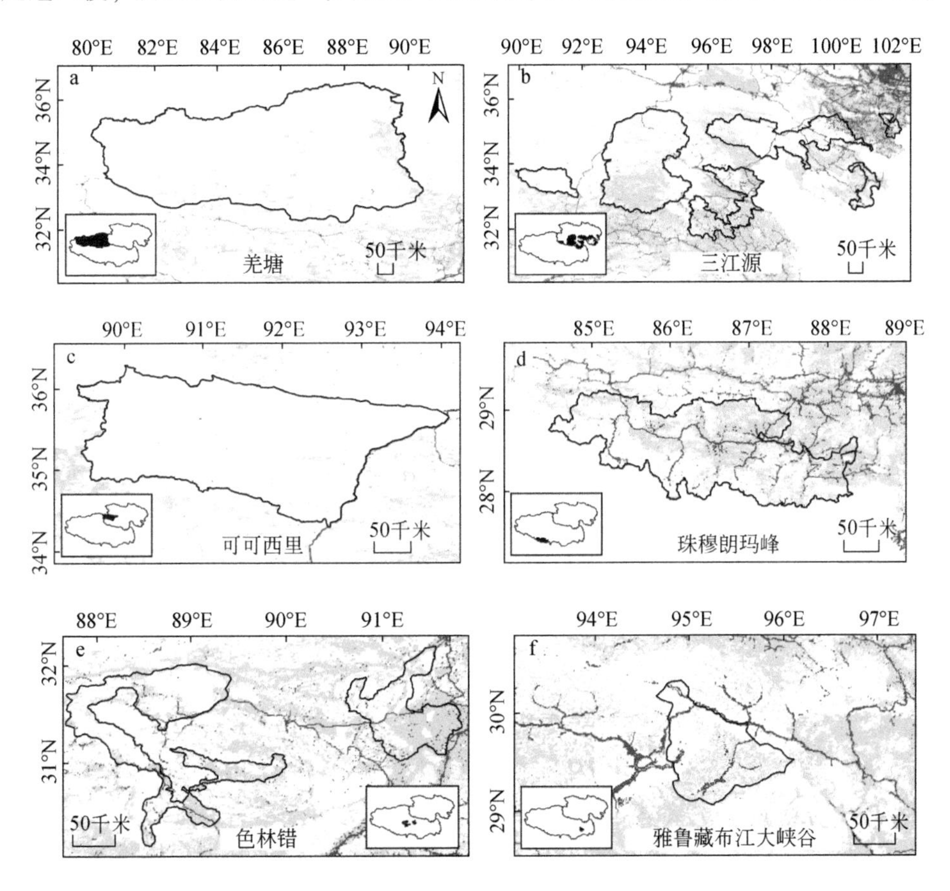

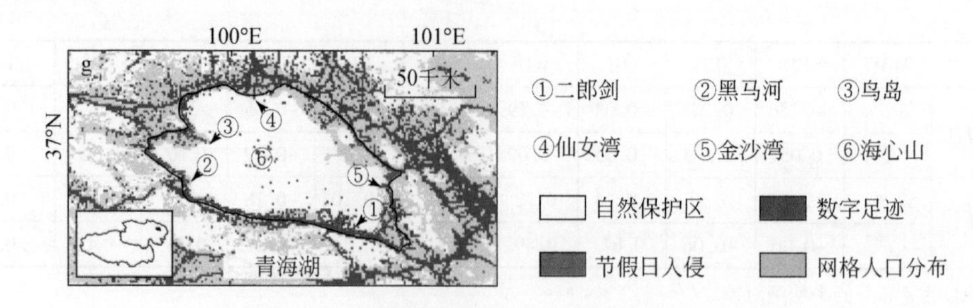

图 8.13 自然保护区内的人类数字足迹入侵

为了对比，本章利用 LandScan 网格化人口数据集计算了这些自然保护区人口的空间覆盖和分布强度（表 8.4 和图 8.13）。结果表明，网格化人口数据产品高估了人类对保护区的入侵。例如，珠穆朗玛峰保护区中，LandScan 网格化人口数据计算的空间覆盖比数字足迹的空间覆盖高 42%。然而，人类在珠穆朗玛峰保护区占据如此大的荒野面积是不符合实际的。另外，LandScan 网格化人口数据是年尺度数据产品，无法识别节日期间的短期变化。当然，数字足迹的分析结果也存在局限性。偏远地区信号覆盖差，智能手机普及率不足，以及老年人和儿童使用智能手机的频率降低等因素都会导致数字足迹的定量计算过程可能会低估人类对自然保护区的影响。

第四节 小 结

本章利用三种不同的地理大数据集量化了人类在青藏高原上的数字足迹。这些数据集包括一年时长的智能手机定位请求次数、微博签到次数及带有地理标签的图片。当累计超过 300 天以上时，计算得到的三种数据集的 DFI 都趋于稳定，但是这三种数据集的 DFI 存在较大差异，并且两两之间没有强相关性，这表明三种数据集在青藏高原上的分布差异很大，并且很可能是由不同群体的社交媒体用户生成的。同时，这也表明每种数据集可能都带有一定的偏差，因此融合多源数据才能更全面地绘制青藏高原的人类数字足迹。

研究结果显示，数字足迹（足迹影响值大于 0 的区域）占青藏高原面积（青海和西藏总面积）的 5.99%，人类活动产生的数字足迹局限于青藏高原较小的空间范围。青海和西藏的平均 FIS 分别为 0.12 和 0.04，进一步表明青藏高原上没有明显的人为干扰。在空间上，数字足迹主要集中在市区和交通网络中，在非建成区和非农用地的土地上，几乎没有人类的数字足迹。

基于 FIS 和基于 PDS 测算的人类影响对比结果显示，约 89.4% 的网格的 FIS 和 PDS 之差不超过 3，但 PDS 显示的人类影响比 FIS 所显示的更广泛和严重，两者的差异源于计算方法和数据的不同。网格化人口数据是综合考虑土地利用、地形和夜光等协变量对普查人口数据进行尺度下推而生成的。数字足迹可以更客观地衡量人口分布以及不同地区的人为干扰。此外，数字足迹是动态更新的，可以支持人类活动的近实时监控。

节日期间，地级单元、风景名胜区和旅游路线上的数字足迹呈 U 形或 N 形时间变化，但是关于特定节日和地理单位的模式略有不同，数字足迹的空间变化表现出节前到节后从分散到汇聚的转变过程。在空间上，靠近城市中心的网格倾向于 U 形变化模式，而远离城市中心的网格则呈现 N 形变化模式。

青藏高原上七个主要的国家级自然保护区中，青海湖是受人类活动影响最大的自然保护区，特别是在国庆节期间。数字足迹主要出现在道路上，但是在青海自然保护区的某些封闭地区也能观察到人类活动的痕迹，这表明需要当地政府及生态环境部更严格地执行保护区管理规定，限定保护区内的人类活动，以更好地保护封闭地区的环境。同时，这也证实了数字足迹用于监测人类对自然保护区短期干扰的潜在价值。

从多源数据集获得的数字足迹存在值得注意的局限性。例如，某些偏远地区可能没有完全被移动网络覆盖，并且定位数据量可能非常少甚至没有。当数字足迹被用于量化人类影响时，数字鸿沟中的不平等是另一个重要问题。信号覆盖不良，智能手机普及率不足，以及老年人和儿童使用不频繁都会导致对人为干扰影响的低估。然而毫无疑问的是，智能手机（设备）用户的数量还将持续增加，即使在非急剧增加的情况下，基于位置的服务所产生的数字足迹也将为绘制人类活动影响提供更全面更精细的数据支撑。

第九章　青藏高原生态环境时空演化遥感监测

青藏高原是典型的高寒生态环境地区，是动植物资源的宝库，是长江、黄河、雅鲁藏布江等河流的发源地，也是湖泊、冰川、多年积雪和多年冻土的主要聚集区。青藏高原是地球上独特的地质-地理-生态单元，它的生态环境价值已远远超过自身价值，对人类生存和可持续发展有重要的保护作用（姚檀栋等，2017）。青藏高原的生态环境脆弱性、敏感性强，生态环境的自然生产潜力有限，自然生态系统的恢复能力差，在遭到人为破坏后，极易造成生态环境的恶化（牛亚菲，1999；张理茜和蔡建明，2010）。近年来，青藏高原地区受到气候变暖、多年冻土退化、植物多样性下降、土地沙漠化、水土流失等的威胁（Jin et al.，2020；Niu et al.，2019）。如何有效地监测青藏高原地区生态环境状况，定量评估区域生态环境优劣，是制定该区域社会经济可持续发展规划及生态环境保护对策的重要依据（徐燕和周华荣，2003）。

第一节　生态环境遥感监测研究概况

我国面向生态环境变化的遥感监测研究始于20世纪70年代，在方法、技术等各层面都取得了飞速发展，相关研究成果也为生态环境的建设提供了科学依据和有力的技术支撑。依据重要研究成果进行的生态环境方面的改造和治理，使得生态环境尤其是城市生态环境质量彻底改善。对于生态环境遥感监测的研究概况，本章将从生态环境遥感监测研究的目前进展及典型的生态环境状况监测指数两方面来说明。

一、生态环境遥感监测研究

生态环境遥感监测的研究内容目前主要集中在水体水质、土壤环境、大气环境和生态资源四方面。

1. 水体水质遥感监测研究

近些年来，国内城镇水体水质遥感监测主要包括MODIS、TM、HJ-1、GF-1等卫星数据，其中MODIS应用比较广泛。关于光谱分辨率主要考虑水体深浅、观测指标要求等因素，多光谱数据，如SPOT、GF-1等，由于光谱分辨率较低，对于高精度水质指标监测应用来说较受限制，高光谱卫星数据具有较大潜力。

地表饮用水源地包括水库型水源地、河流型水源地、湖泊型水源地等，国内外已有许多学者对饮用水源地水质参数开展遥感建模。目前，水质参数遥感监测还主要采用常规方法，包括经验模型、半经验模型、神经网络模型、机理模型等。

经验模型基于经验或遥感波段数据与地面实测数据的相关统计分析，选择最优波段或波段组合数据与叶绿素实测值建立统计回归模型；半经验模型根据水体光谱特征，结合统计分析，确定用于参数反演的波谱范围、波段组合、光谱微分等，建立遥感数据和水质参数间的定量经验算法；神经网络模型的自适应、自组织性和容错性能，使其在模拟光谱反射率（或辐亮度值）与水体组分之间的错综复杂关系中表现出一定优势；机理模型以辐射传输理论为依据，根据水体组分如悬浮物、可溶性有机物、叶绿素等吸收、散射光学特性，结合信息获取时的环境因素，如太阳辐射入射角和反射角、水面粗糙度等，建立水体反射光谱的模拟模型，进而反演水色参数。目前使用的机理模型主要是生物光学模型。此外，以机理模型为理论基础的三波段、四波段模型也已成功应用。

目前发达国家在海洋、大型湖泊等清洁水体水色遥感监测方面已建立比较成熟的技术方法，但难以适用中国内陆富营养化水体等浑浊度较高的水质环境。目前国内在太湖、巢湖、滇池等内陆水体水华、富营养化等遥感监测与产品生产上取得一系列进展，城镇黑臭水体、饮用水源地水质及环境风险遥感研究也取得积极进展，但还需利用高分遥感与地面观测协同监测技术建立和优化各类反演模型，提高内陆水体水质遥感反演精度，实现对城镇水环境实时动态、全方位、立体监控。

青藏高原素有“亚洲水塔”之称，是我国及亚洲的水资源产生、赋存和运移的战略要地。青藏高原的水文变化集中在水资源的变化及水质的变化方面。在水资源变化方面，有研究表明，近年来，由于降水增多、气温升高等气候变化的影响，青藏高原多数地区的地表河川径流量有增加趋势，并且气温升高导致的冰川积雪融化径流的增多是该地区地下水资源和高原湖泊水量增加的主要原因，但随着冰川积雪的减少，未来部分河流径流量会出现减少趋势（张建云等，2019）。在水质变化方面，有研究表明，青藏高原湖泊水质有变差趋势。青藏高原部分湖泊矿化度较 20 世纪 90 年代前有所降低，湖泊水体呈淡化趋势，这可能与该地区的气候变暖引起的降水量和冰川融雪的增加、蒸发的减少有关，并且青藏高原大部分构造湖的 pH、溶解固体总量（total dissolved solid，TDS）严重超标，冰湖水体重金属 Cr、Ni 超标严重，这可能与人类活动有关（闫露霞等，2018）。

2. 土壤环境遥感监测现状

土壤环境变化的遥感监测针对土壤水分、湿度、养分供应状况，以及土壤盐渍化、沼泽化、风沙化、土壤污染、水土流失等动态变化实现大面积、快速自动监测，及时为土壤资源的合理开发利用与管理提供科学依据，主要数据源为 Landsat 系列、MODIS、HJ-1、GF-1 等卫星数据，其中 MODIS 应用比较广泛。而关于城镇土壤污染遥感监测的数据源，由于土壤中重金属微量，而且含有重金属的土壤光谱特征变化属于弱信息，对光谱指标要求非常高，因此以实验室地面高光谱仪器观测为主，即目前土壤污染遥感监测主要处于实验室阶段，而航空、航天遥感数据用于重金属监测较少，个别局限于 Landsat TM、SPOT、Hyperion、HJ-1A 等多光谱和高光谱遥感影像。随着高分五号卫星的成功发射和顺利交付使用，利用其高光谱相机开展土壤污染定量化监测也将有较好前景。

目前土壤污染物浓度定量化监测总体上还比较困难，机载监测应用效果尚可，星载监测应用的研究还较少，亟须攻克星载土壤污染物浓度定量化遥感监测的技术瓶颈。土壤污染遥感研究主要集中在遥感机理与模型的构建方面，土壤污染遥感光谱特征还属于弱信息，对土壤重金属含量进行遥感反演的精度和稳定性受限。由于植物对重金属存在一定抗性、统计模型普适性差等问题，致使土壤污染植被胁迫的遥感反演精度亦受限。但从实际管理应用需求角度出发，现有的技术条件还不足以直接通过遥感监测土壤污染物含量，一方面利用最新的高光谱遥感手段开展土壤污染物的含量反演攻关，另一方面利用遥感技术开展潜在土壤污染场地识别、土壤污染风险快速评价等研究。

多年冻土是高寒区域生态环境的特征因子，也是高寒生态系统的核心组成部分（Obu et al.，2019）。土壤湿度和温度是整合气候、土壤、植被、地形对高寒区域生态环境影响的关键变量（Zhang et al.，2018）。青藏高原是世界上最大的高海拔冻土地区（Yun et al.，2018），占我国多年冻土总面积的 70% 左右，但近 30 年来，青藏高原多年冻土正在以每 10 年 0.66 平方千米的速度显著减少（Wang et al.，2019）。

多年冻土的退化会对高寒区域的生态环境质量产生不可逆转的影响。首先，冻土的退化可能导致高寒生态系统的退化，有研究表明青藏高原地区冻土退化将直接导致高寒草甸和高寒沼泽生态环境显著退化（王根绪等，2006）。其次，多年冻土的退化已经造成环境的恶化。例如，随着永久冻土的迅速消退和变薄，永久冻土中的大量碳库被释放，它会加速气候变暖（Wild et al.，2019）。

土壤的温度和湿度会直接对青藏高原的高寒生态系统产生影响。植被根的养分有效性和吸水率、土壤有机物的分解和矿化速率以及植被的生长都受土壤湿度和温度的影响；同时，土壤湿度和温度控制着高寒生态系统中的微生物群落组成（Müller et al.，2016）。

此外，土壤的湿度和温度是控制高寒区域气候总体的关键变量，土壤的湿度和温度会通过控制气候的变化对当地生态环境产生影响。有研究表明，青藏高原区域的冰川退缩、永久冻土退化、水文过程及陆地生态系统组成部分（如土壤碳和植被）的变化主要由温度、降水等气候因子的变化引起（Pang et al.，2017）。另外，在气候变暖背景下，土壤的湿度和温度可能是造成高寒草甸退化和高寒灌木在高寒区域膨胀发展的主要原因（Zhang et al.，2018）。

3. 大气环境遥感监测与遥感数据

大气环境遥感监测始于 20 世纪 70 年代的美国地球静止轨道环境业务卫星（GOES），主要面向颗粒物和气溶胶光学厚度等的观测。近年来用于监测空气质量的卫星数量逐渐增多，监测指标和性能逐步增强，如美国 MODIS 和对流层污染测量仪（MOPITT），AURA 卫星搭载的臭氧监测仪（OMI）和对流层放射光谱仪（TES），Aqua 卫星搭载的大气红外探测仪，AIR、MetOp 系列卫星搭载的高光谱红外大气探测仪等。中国发射相关的卫星相对较晚，但发展速度很快，特别是高分五号卫星搭载了用于监测气溶胶、灰霾、污染气体、温室气体的 4 台大气载荷，可为空气质量遥感监测提供很好的数据源，但目前该数据源仍以国外的遥感卫星为主，如现有气溶胶颗粒物遥感最常用的是 MODIS 数据、污染气体常用的是 OMI 数据等。

遥感监测空气质量的指标包括气溶胶、灰霾、近地面颗粒物、污染气体等。空气质量遥感监测主要基于大气环境卫星和地面观测协同监测，监测对象主要基于城镇地区，现有的大气环境卫星和地面观测协同监测面临以下问题：首先是时间分辨率和空间分辨率问题，现有极轨卫星每天1次的监测频率远不能满足颗粒物污染动态监测的需求，1～3千米空间分辨率难以反映城镇内部精细尺度的颗粒物污染状况；其次是反演精度问题，由于中国气溶胶光学厚度较大，气溶胶多次散射效应显著，利用紫外高光谱数据反演污染气体浓度时气溶胶和地表反射率噪声较大，大气质量因子计算误差较大，导致污染气体垂直柱浓度反演精度低于同类载荷产品的平均精度，尤其是SO_2反演不确定性很大；最后是大气污染物传输问题，由于大气污染物随气象场的变化存在区域输送问题，城镇地表对局地气象微循环有显著影响，研究城市内部通风走廊对城市资源规划起到重要的参考作用。

气溶胶中微粒的不同使得大气对生态环境的影响各不相同（Zong et al.，2020）。一方面，气溶胶可以通过散射和吸收太阳辐射及地面长波辐射来改变地气系统的辐射平衡，从而直接影响气候变化。另一方面，气溶胶内部的化学成分，会对人类健康产生不利影响（Molina et al.，2020）。近年来，有许多学者对青藏高原地区的气溶胶的来源和影响进行了研究，其气溶胶来源可以划分为生物气溶胶和非生物气溶胶两大类型。生物气溶胶主要包括冰川、冻土融化产生的黑炭（Sigl et al.，2018）。研究表明，在20世纪50～60年代，欧洲黑炭的大量排放对青藏高原西部、北部的冰川融化有重要贡献；80年代中期以来青藏高原东南部和南部冰川中的黑炭含量持续增长，南亚地区的黑炭排放在该区域冰川的黑炭积累发挥了重要作用（Wu et al.，2016）。非生物气溶胶主要包括海盐气溶胶、粉尘、烟尘气溶胶以及内部中心城市的机动车尾气排放等（刘先勤等，2012；寇勇，2020）。青藏高原除外部海盐气溶胶、粉尘气溶胶等的输入型气溶胶外，其自身也是重要的粉尘源地（余光明等，2012）。同时，沙尘也是青藏高原粉尘气溶胶的主要来源（Xiong et al.，2020），并且在自然条件和人为因素的共同作用下，风成荒漠化已成为该地区最严重的环境问题之一，也是阻碍其社会经济发展的重要原因（Zhang et al.，2018）。另外，青藏高原东南部木材燃烧是烟尘气溶胶的主要来源（Yuan et al.，2019），拉萨等地区的机动车排放的尾气等人类活动导致气溶胶颗粒平均半径有减少趋势（张芝娟等，2019）。

4. 生态资源遥感监测现状

城镇生态资源遥感监测数据源比较广泛，以中高空间分辨率的光学卫星数据为主，如国外的Landsat、SPOT、QUICKBIRD、IKONOS、NOAA、MODIS、HYPERION、DMSP/OLS等，以及国内的HJ、ZY、GF系列卫星等，特别是新近发射的高分五号卫星和高分六号卫星的高光谱、多光谱数据等，在城镇生态资源监测中将会发挥重要作用。实际应用中需根据观测尺度和指标要求，选择合适的时间、空间或光谱指标的数据源，或多源协同卫星数据。

生态遥感应用比较广泛，主要包括地表温度反演、园林绿地遥感调查、森林遥感分类和森林生产力遥感评估，以及城市扩张、城市或区域的生态质量评估等。我国在生态资源管理方面提出了一套实用技术，并业务化开展了产品生产与服务，如开展的全国生态环境遥感调查评估、全球陆表特征参量产品生产等，但主要针对全球与国家尺度，缺乏城市热岛、村镇土壤污染、城镇森林等区域与城市尺度生态资源问题的深入研究，难以满足新时期生态资源精细化监管需要。城镇生态遥感监测应用技术还存在地表温度等部分要素监测精度不高、高分辨率热红外数据缺乏等问题。随着遥感监测空间、时间、光谱等分辨率的大幅提高，低空无人机高分辨率监测等先进技术的推广，协同地面观测结果的高精度生态资源遥感监测成为可能。

近年来，利用遥感技术对青藏高原地区的生态环境研究主要集中于对草场退化、植被变化的动态监测与反演估算。生态环境质量评价是定量测评区域生态环境优劣和影响的重要手段，是制定区域社会经济可持续发展规划及生态环境保护对策的重要依据（徐燕和周华荣，2003）。随着遥感技术的发展，区域生态环境质量评价的指标和方法也不断地向着现时性好、便于空间可视化、人为因素干扰小的方向改进和发展（王士远等，2016）。徐涵秋（2013）提出的基于遥感影像的 RSEI，凭借其可以快速、客观、高效地获取生态环境变化状态以及便于进行可视化、时空分析、建模和预测的优势，在区域生态环境质量评价中得到了广泛应用。

二、典型的生态环境状况监测指数

生态环境监测的主要内容和基本工作是指标体系的构建，同时为了监测整体的生态环境变化，需要对指标体系进行综合。基于指标体系的构建和综合，一些专家专门建立了表征生态环境状况的综合指数模型，以此来表征生态环境状况，其中，国外较为典型的综合指数是美国基于县级尺度的环境质量指数（environmental quality index，EQI）和耶鲁大学基于国家级尺度提出的环境绩效指数（environmental performance index，EPI）（杨洋，2018）。国内较为典型的指数是生态环境状况指数（ecological index，EI）和 RSEI。由于各个国家的基本国情不同，综合指数的指标体系构建侧重点也不同，本章着重说明国内的两个典型指数——EI 和 RSEI。

1. 生态环境状况指数

目前，《生态环境状况评价技术规范》中提出的 EI 是评价区域生态环境质量的国内行业标准，是基于省域/国家层面用来评价生态环境质量状况的指数。其指标体系包括 6 个因子，分别是：生物丰度指数（biological richness index），通过生物栖息地质量和生物多样性综合表示；植被覆盖指数（vegetable coverage index）评价区域植被覆盖程度，利用单位面积的归一化植被指数（NDVI）表示；水网密度指数（water network denseness index），评价区域中水的丰富程度，采用单位面积河流总长、水域面积、水资源量表示；土地胁迫指数（land stress index），通过单位面积的水土流失、土地沙化、土地开发等胁迫类型面积表示；污染负荷指数（pollution load index），评价单位面积所受纳的污染负荷压力；环境限制指数（environment restrict index）是定性的约束性指标，若研究区出现严重影响人民生产生活安全的生态破坏和环境污染事件时，将对整体的定量指标综合值进行整体降级限制。EI 指标体系中，除环境限制指数外其他都为定量因子，并且定量因子的权重之和为 1。

EI 在区域生态环境状况监测方面提供了行业标准，但一些专家也指出了目前该指标存在的一些不足：一是 EI 通过主观赋权法综合各个因子，权重和归一化系数的设定的合理性有待商榷（叶有华等，2009）；二是 EI 指标体系中的一些因子不易获取，如生物多样性指标、污染负荷指数等，并且其计算较为复杂（张媛等，2008）；三是该指数只能将区域生态环境状况量化到市域/省域/国家（在偏远地区可能只能量化到省域），无法完成像素级别的时空量化（徐涵秋，2013）。随着卫星遥感技术的创新和发展，出现了一些基于遥感的综合指数来弥补 EI 的不足，其中，较为典型的是 RSEI。

2. 遥感生态指数

依据遥感生态指数的定义，利用植被指数（NDVI）、地表温度（LST）、缨帽变换的湿度分量（Wet）以及建筑物和裸土覆盖指数（NDBSI）来表征生态变化。并采用主成分分析方法综合以上四个指标，以获得 RSEI 这一综合指数（Hu 和 Xu，2019；徐涵秋，2013）。

1）分指标的计算

绿度（greenness）用归一化植被指数（NDVI）来计算：

$$\mathrm{NDVI} = (\rho_N + \rho_R - 1)/(\rho_N/\rho_R + 1) = (\rho_N - \rho_R)/(\rho_N + \rho_R) \tag{9.1}$$

式中，ρ_N，ρ_R 分别是 *NIR* 和红色波段的反射率。作为一个比率，NDVI 的一个重要优点是它能够通过标准化许多外来的噪声源产生稳定的值。但是 NDVI 在景观研究中存在一定的不足，主要与比值的非线性行为、对土壤背景的敏感性 LAI 以及中、高植被密度下的饱和度有关（Huete，2014）。

湿度（wetness）通过缨帽变换的湿度分量（wet）来计算。缨帽变换不仅将很多个波段压缩成几个波段，而且通过将它们正交变换成一组新的与物理特征相关的轴来使它们去相关。传统意义上，三轴的定义是：亮度，绿色和湿度（Baig et al.，2014），缨帽变换中的湿度分量与植被和土壤的湿度紧密相关，因此 RSEI 的湿度指标（wet）表达式为：

$$\mathrm{wet}_{\mathrm{TM}} = 0.0315\rho_1 + 0.2021\rho_2 + 0.3102\rho_3 + 0.1594\rho_4 - 0.6806\rho_5 - 0.6109\rho_7 \tag{9.2}$$

$$\mathrm{wet}_{\mathrm{ETM+}} = 0.2626\rho_1 + 0.2141\rho_2 + 0.0926\rho_3 + 0.0656\rho_4 - 0.7629\rho_5 - 0.5388\rho_7 \tag{9.3}$$

$$\mathrm{wet}_{\mathrm{LAI}} = 0.1511\rho_2 + 0.1973\rho_3 + 0.3283\rho_4 + 0.3407\rho_5 - 0.7117\rho_6 - 0.4559\rho_7 \tag{9.4}$$

式（9.2）～式（9.4）式分别是基于 TM、ETM+、LAI 缨帽变换的湿度分量计算方法（Huete，2014；Crist，1985；Huang et al.，2002）。式中，ρ_i（$i=1$，…，5，7）分别是影像对应各波段反射率。

热度（Thermal）通过地表温度来计算：

$$\mathrm{LST} = T/[1 + (\lambda T/\rho)\ln\varepsilon] \tag{9.5}$$

式中：

$$\varepsilon = 0.004P_v + 0.986 \tag{9.6}$$

$$P_v = [(\mathrm{NDVI} - \mathrm{NDVI}_{\mathrm{Soil}})/(\mathrm{NDVI}_{\mathrm{Veg}} - \mathrm{NDVI}_{\mathrm{Soil}})] \tag{9.7}$$

式中，T 为传感器处温度值；λ 为 TM/ETM+6 波段的中心波长（11.5 微米），且 LAI 10 波段的中心波长（10.9 微米）；$\rho = 1.438\times10^{-2}$ 米 · 开尔文；ε 为比辐射率；P_v 为植被覆盖

度；$NDVI_{Soil}$为完全是裸土或无植被覆盖区域的 NDVI 值；$NDVI_{Veg}$为完全被植被所覆盖的像元 NDVI 值。其中，取经验值$NDVI_{Veg}=0.70$和$NDVI_{Soil}=0.05$。

干度指标（dryness）由建筑物指数（IBI）和裸土指数（SI）合成，因两者同样可以造成地表的干化（Xu，2006；Roy et al.，2002）。用 NDBSI 表示：

$$NDBSI=(IBI+SI)/2 \tag{9.8}$$

$$IBI=\left(\frac{2\rho_5}{\rho_5+\rho_4}-\left[\frac{\rho_4}{\rho_4+\rho_3}+\frac{\rho_2}{\rho_2+\rho_5}\right]\right)\bigg/\left(\frac{2\rho_5}{\rho_5+\rho_4}+\left[\frac{\rho_4}{\rho_4+\rho_3}+\frac{\rho_2}{\rho_2+\rho_5}\right]\right) \tag{9.9}$$

$$SI=[(\rho_5+\rho_3)-(\rho_4+\rho_1)]/[(\rho_5+\rho_3)+(\rho_4+\rho_1)] \tag{9.10}$$

4 个分指标量纲不统一，在综合分因子之前，必须先将 4 个分指数进行归一化处理，映射到［0，1］区间；

$$NI_i=(Indicator_i-Indicator_{min})/(Indicator_{max}-Indicator_{min}) \tag{9.11}$$

式中，NI_i为归一化后的某指标值；$Indicator_i$为该指标在像元 i 的值；$Indicator_{max}$和 $Indicator_{min}$分别为该指标的最大值与最小值。

2）分指标的综合

主成分分析（PCA）是从数据中提取信息的主流方法之一（Xu，2006）。它基于数据矩阵中提取变量之间的互相关或关系，通过对协方差矩阵的对角化，以统计最优的方式对数据矩阵进行变换（徐涵秋，2015；徐涵秋，2013），如（9.12）式所示。式中，X 为原 N 个样本，本来其样本具有 M 维，现在用变换矩阵 Y，Y 矩阵具有 N 个样本，本来维数为 M 维，只要求出转换矩阵 W，即可得到主成分分析后的 D 维 N 个样本的值。PCA 的应用依赖于其降低数据矩阵维数同时捕获变量之间的潜在变化和关系的能力。从数学原理来说，PCA 方法通过依次垂直旋转坐标轴的方法将多维信息集中到少数几个特征分量，每个特征分量代表一定的特征信息，并且特征光谱空间坐标轴的旋转过程能够去掉各指标间的相关性，即主要信息集中到少数几个特征（徐涵秋，2013）。如果所测量的变量是线性相关的并且被错误污染，则其中的少数变量会捕获变量之间的关系，并且剩余变量仅包括错误信息。因此，消除较不重要的部分会减少测量数据中的误差的贡献，并以紧凑的方式表示它。

$$X_{N\times D}=Y_{N\times M}\times W_{M\times D}=\begin{bmatrix} y_{11} & \cdots & y_{1m} \\ \vdots & & \vdots \\ y_{n1} & \cdots & y_{nm} \end{bmatrix}\times\begin{bmatrix} w_{11} & \cdots & w_{ld} \\ \vdots & & \vdots \\ w_{m1} & \cdots & w_{md} \end{bmatrix}=\begin{bmatrix} x_{11} & \cdots & x_{1d} \\ \vdots & & \vdots \\ x_{n1} & \cdots & x_{nd} \end{bmatrix} \tag{9.12}$$

因此，运用 PCA 方法可通过各个指标对各主成分的贡献度自动、客观的综合各因子，避免了因人而异、因方法而异造成的结果偏差（徐涵秋，2013；Huang et al.，2002；Han-Qiu，2013）。需要注意的是四个指标的计算量纲不统一，主成分变换前需对这些指标正规化，将量纲统一到［0,1］（Han，2013）。GEE 平台提供了主成分分析案例，可以快速得到 RSEI 分指标的综合结果，与 ENVI 软件相比节省了大量时间，为了使 1994-2017 年 6 期 RSEI 数据具有可比性，将其进行统一标准化：

$$RSEI=(RSEI_{min}-RSEI_0)/(RSEI_{max}-RSEI_{min}) \tag{9.13}$$

式中，$RSEI_{max}$为研究年份 RSEI 的最大值，$RSEI_{min}$为研究年份数据的 RSEI 最小值，$RSEI_0$

是原始值。标准化后所有值都分布在 0 ~ 1，越接近 0 生态质量越差，越接近 1 生态质量越好。

RSEI 指标体系主要对标 EI 中的生态指标因子，与其具有较强的可比性：①RSEI 中的绿度指标与 EI 中的植被覆盖指数及生物丰度指数高度相关；②RSEI 中的湿度指标与水网密度指标相近，并且湿度指标还能表征土壤和植被的湿度；③RSEI 中的干度指标与 EI 中的土地胁迫指数紧密相关，裸土指数越高，地表越裸露，土地退化越发严重（徐涵秋，2013）。

相比 EI，RSEI 在以下方面有明显优势：一是 RSEI 通过降维的方法客观地耦合各个指标（Wang et al.，2016），能够实现基于像元的生态质量时空变化监测（Zhu et al.，2020）；二是所需指标容易获取（Yang et al.，2019）；三是 RSEI 指标体系的构建在对标 EI 指标体系的生态因子的基础上，还加入了未引起足够重视的表征城市热岛、气候暖化的热度指标（Yue et al.，2019）。RSEI 凭借其可以快速、客观、高效地获取生态环境变化状态以及便于进行可视化、时空分析、建模和预测的优势，在区域生态环境质量评价中得到了广泛应用（Ariken et al.，2020），但如果将其应用于大区域，面临的困难是庞大的数据量以及由此产生的繁杂的数据预处理和指数计算工作。

本研究将基于 GEE 平台，使用多期 Landsat TM、ETM+、OLI 影像数据，利用像元级最小云量影像合成方法构建目标年份的生长季节合成影像，使用 RSEI 对三江源地区和拉萨都市圈的生态环境质量进行监测和评价，旨在揭示该地区的生态环境质量时空变化特征，及时、准确地掌握生态环境质量状况及其变化态势，为该地区生态保护政策的制定及生态工程成效的评估提供科学依据和技术支持，从而促进该地区经济、社会、资源和环境的可持续发展。

第二节　三江源区域生态环境质量演化分析

三江源地区作为长江、黄河和澜沧江的源头汇水区，是中国江河中下游地区以及东南亚国家生态安全和区域可持续发展的重要生态屏障，作为青藏高原的腹地和主体，该地区同时也是中国陆地生态系统最脆弱和敏感的区域之一（樊江文等，2010）。近几十年来，在全球气候变化与人类活动的双重影响下，三江源地区的生态系统持续退化，突出表现为雪山冰川后退、湖泊和湿地萎缩甚至干涸、沙化和水土流失的面积扩大、草地退化、土地荒漠化等（张永勇等，2012；唐红玉等，2006；李林等，2004）。这些环境问题严重影响了该地区居民的生活环境及生态环境和农牧业的可持续发展，并对长江、黄河流域乃至东南亚诸国的生态安全造成严重威胁（朱霞等，2014；任继周和林慧龙，2005；Liu et al.，2008）。为解决这一生态危机，三江源地区于 2000 年被批准为省级自然保护区，于 2003 年晋升为国家级自然保护区，并于 2005 年经国务院批准，启动了“三江源自然保护区生态保护和建设工程”，推行了一系列的生态保护政策和措施，如退牧还草、黑土滩治理、湿地保护等（孙庆龄等，2016）。

近年来，利用遥感技术对三江源地区的生态环境研究主要集中于利用遥感影像产品对草场退化、植被变化的动态监测与反演估算。然而，三江源地区覆盖范围广、气象条件不佳，很难获得大范围内干净的遥感影像，限制了遥感技术在三江源地区进行整体生态环境质量动态监测与分析的应用。生态环境质量评价是定量测评区域生态环境优劣及其影响的重要手段，是制定区域社会经济可持续发展规划及生态环境保护对策的重要依据（徐燕和周华荣，2003）。随着遥感技术的发展，区域生态环境质量评价的指标和方法也不断地向着现时性好、便于空间可视化、人为因素干扰小的方向改进和发展（王士远等，2016）。

本章基于 GEE 平台，使用多期 Landsat TM 影像数据，利用像元级最小云量影像合成方法构建目标年份季节合成影像，使用 RSEI 对三江源地区 1990 ~ 2015 年的生态环境质量进行监测和评价，旨在揭示该地区的生态环境质量的时空变化特征，及时、准确地掌握生态环境质量状况及其变化态势，为该地区生态保护政策的制定及生态工程成效的评估提供科学支持。

一、研究区概况

三江源地区（89°45′E ~ 102°23′E，31° 39′ N ~ 36°12′N）位于青藏高原东部、青海南部，是生态环境脆弱的典型高原区域。该区总面积为 30.25 万平方千米，占青海总面积的 43%（图 9.1）。平均海拔为 3500 ~ 4800 米，区内河流密布，湖泊、沼泽众多，雪山冰川广布，是中国面积最大的天然湿地分布区，被誉为“中华水塔”。区内气候属青藏高原气

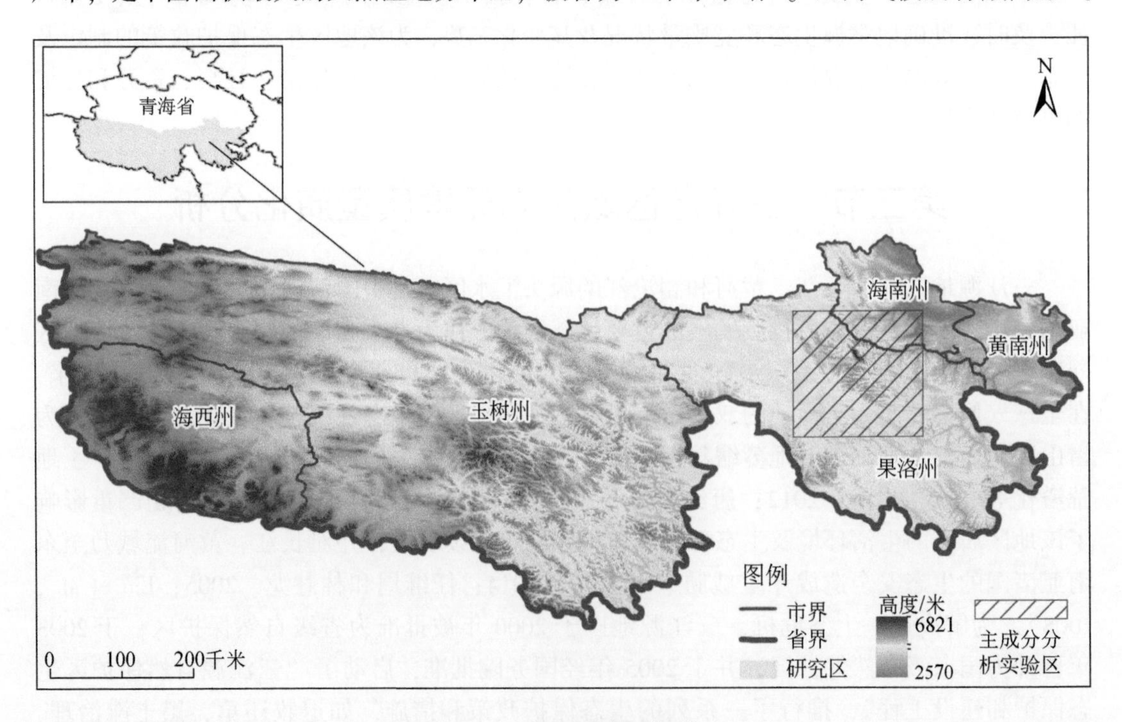

图 9.1　三江源研究区概况

候系统，冷热两季交替，干湿两季分明，年平均气温在-5.6～-3.8℃。降水量十分集中且降水空间分布不均匀，年平均降水量为262.2～772.8毫米。

二、数据与数据处理

本章研究的关键数据源是Landsat遥感影像，其空间分辨率为30米，时间分辨率为16天。研究分别使用了目标年份1990年、1995年、2000年、2005年、2010年的352景、398景、453景、483景、456景Landsat-5 TM影像，共计2142景，和2015年的共计1624景Landsat-8 OLI影像，均选择了夏季（6～9月）相接近的数据，以避免季节差异造成的影响。辅助数据源包括1990～2010年3期（1990年、2000年和2010年）土地利用/覆盖数据集，空间分辨率为1000米，是基于Landsat TM/ETM遥感影像解译的1：10万土地利用栅格数据，包括6个一级类和25个二级类。

GEE平台作为目前世界上先进的PB级地理数据科学分析平台（张滔和唐宏，2018），在云端可以实现大区域遥感指数的快速运算。根据徐涵秋（2013）和王丽春等（2019）基于Landsat影像提出的各分量计算公式，在GEE平台上完成了各年份分量指标的计算与归一化。基于GEE平台的RSEI计算流程如下。

（1）最小云量影像合成。为充分利用研究区相同季节影像信息并克服多云的影响，研究采用像元级最小云量影像合成方法，以获取相同季相的干净影像。本章选择目标年份及其前后各1年，共3年的夏季Landsat数据，在GEE平台中使用Landsat云掩膜算法对输入的符合时间和空间范围的Landsat-5地表反射率数据集进行计算，去除有云像元，以无云像元重构目标年份夏季最小云量的合成影像。

（2）分量指标计算与归一化。徐涵秋（2013）将自然生态环境的4个重要指标作为拟建生态指数的评价指标，即建立了绿度、湿度、热度、干度。在遥感影像上，则采用植被指数、土壤指数、湿度分量、地表温度分别代表绿度、干度、湿度和热度，以构建RSEI，即

$$\mathrm{RSEI}=f(\mathrm{NDVI},\mathrm{wet},\mathrm{LST},\mathrm{NDBSI}) \tag{9.14}$$

式中，NDVI为归一化植被指数；wet为湿度分量；LST为地表温度；NDBSI为土壤指数。

（3）RSEI计算。徐涵秋（2013）采用主成分变换来构建遥感综合生态指数，4个指标的主要信息主要集中于第一主成分（PC1）上，使得RSEI能够综合4个指标的信息。为了验证RSEI在三江源地区的适用性，得到主成分特征向量、特征值、贡献率及累积贡献率，本研究在GEE平台上进行了分量指标计算与归一化后，下载了1990年和2010年三江源东部的一小块地区（避开了水体集中分布的东部地区），利用MATLAB得到了试验区的主成分分析结果（表9.1）。从表9.1中可以看出：①载荷矩阵表明，代表绿度的NDVI和代表湿度的wet呈正值，代表热度的LST和代表干度的NDBSI呈负值，与现实中绿度和湿度对生态环境起正效应、干度和温度对生态环境起负效应的情况相符；②相较于其他分量，PC1集中了将近60%的各指标特征信息，可用于创建RSEI。

表 9.1 主成分特征向量、特征值、贡献率及累积贡献率

年份	指标	主成分			
		1	2	3	4
1990 年	NDVI	0.969	-0.044	-0.218	0.113
	wet	0.073	-0.292	0.218	0.928
	NDBSI	-0.190	0.648	0.736	0.046
	LST	-0.144	0.702	-0.603	0.351
	特征值	0.016	0.010	0.002	0.000
	贡献率/%	55.29	35.05	8.49	1.167
2010 年	NDVI	0.761	0.396	-0.459	0.233
	wet	0.124	-0.335	0.356	0.864
	NDBSI	-0.068	0.791	0.604	0.068
	LST	-0.633	0.325	0.546	0.442
	特征值	0.012	0.006	0.002	0.000
	贡献率/%	59.84	30.98	8.11	1.07

三、结果与分析

通过统计研究区 6 个年份 RSEI 的均值和数据分布情况，统计结果表明，1990 ~ 2015 年研究区的 RSEI 从 1990 年的 0.588 下降到 2000 年的 0.505，在经历了 10 年的稳定期后，于 2015 年开始呈现变好态势。为了对 RSEI 进行定量化和可视化分析，需要对生态环境质量进行分级。通过箱形图统计各年份 RSEI 的数据分布（图 9.2）发现，大部分数据分布在 0.2 ~ 0.8，因此将 5 个生态等级划分如下：优（0.7 ~ 1）、良（0.6 ~ 0.7）、中等（0.45 ~ 0.6）、较差（0.3 ~ 0.45）、差（0 ~ 0.3）。

分析 1990 ~ 2015 年 6 期的生态等级和面积占比变化，结果如图 9.3 所示。结果表明：①1990 年和 1995 年，三江源地区生态状况相似，总体生态状况以优为主，其面积占比均超过 30%；其次是生态状况良和中等，面积占比均在 20% 左右；生态状况差和较差面积占比之和小于 20%；②2000 ~ 2015 年，三江源地区生态状况相似，总体生态状况以良为主，其面积占比在 35% 左右；其次是生态状况中等和较差，其面积占比均在 20% 左右；生态状况优的面积占比最小；③1990 ~ 2015 年，生态状况优的面积占比大幅减少，生态状况良、较差、差的面积占比大幅增加。综合可以看出 1990 ~ 2000 年 RSEI 呈快速下降状态，但 2000 ~ 2015 年 RSEI 下降速度变缓，并开始呈现变好的趋势。

图 9.4 统计了三江源地区各自治州 1990 ~ 2015 年 6 期的生态等级和面积占比变化，

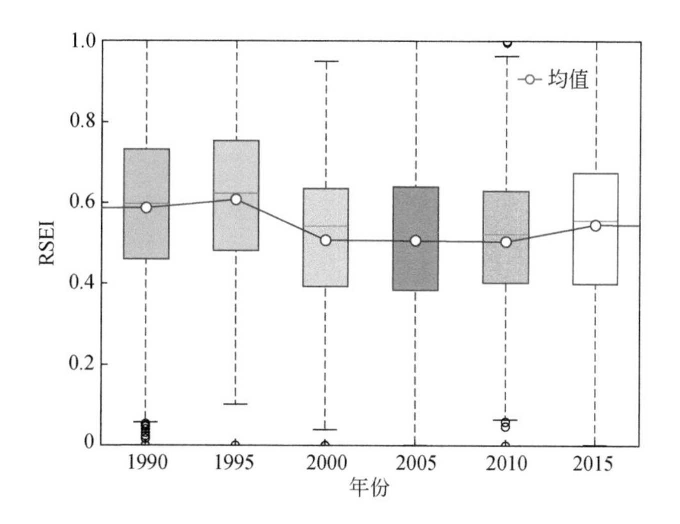

图 9.2 1990 ~ 2015 年 RSEI 数据箱形图

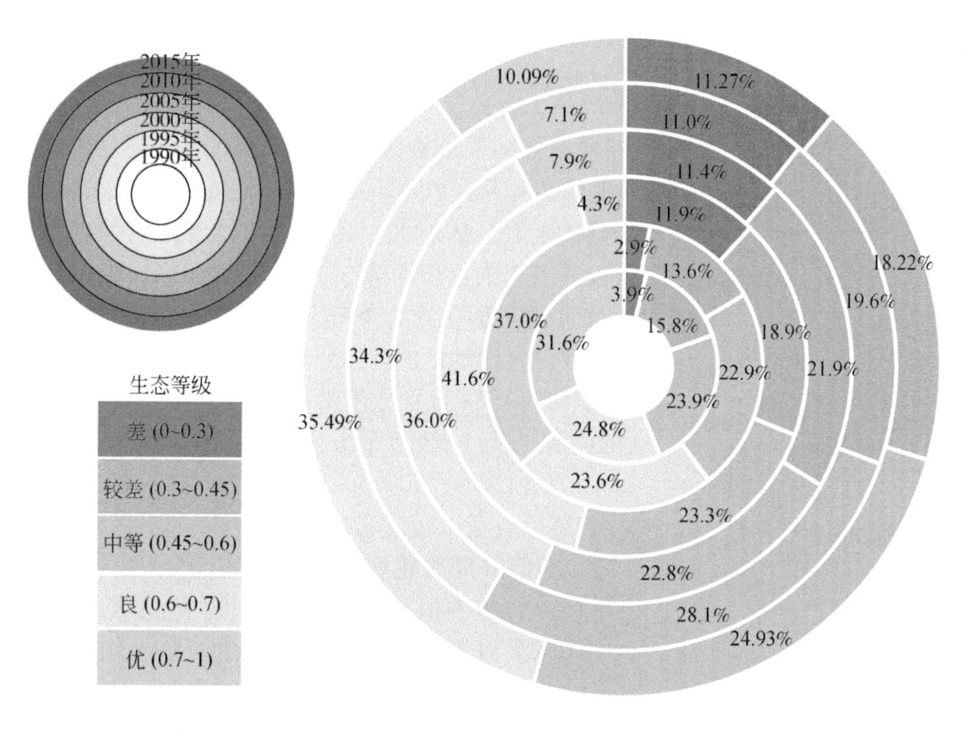

图 9.3 1990 ~ 2015 年三江源地区生态环境质量分级面积比例图

统计结果表明：①位于三江源地区西部的格尔木市生态状况最好，其次是中部的玉树州，生态质量优良等级均占主体地位；②位于三江源地区西部的黄南州生态状况最差，生态质量较差、差等级占主体地位；③果洛州和海南州生态状况中等，生态状况各等级分布较均匀。综合可以看出 1990 ~ 2015 年三江源地区生态状况呈现出空间分异，自西向东生态状况变差。

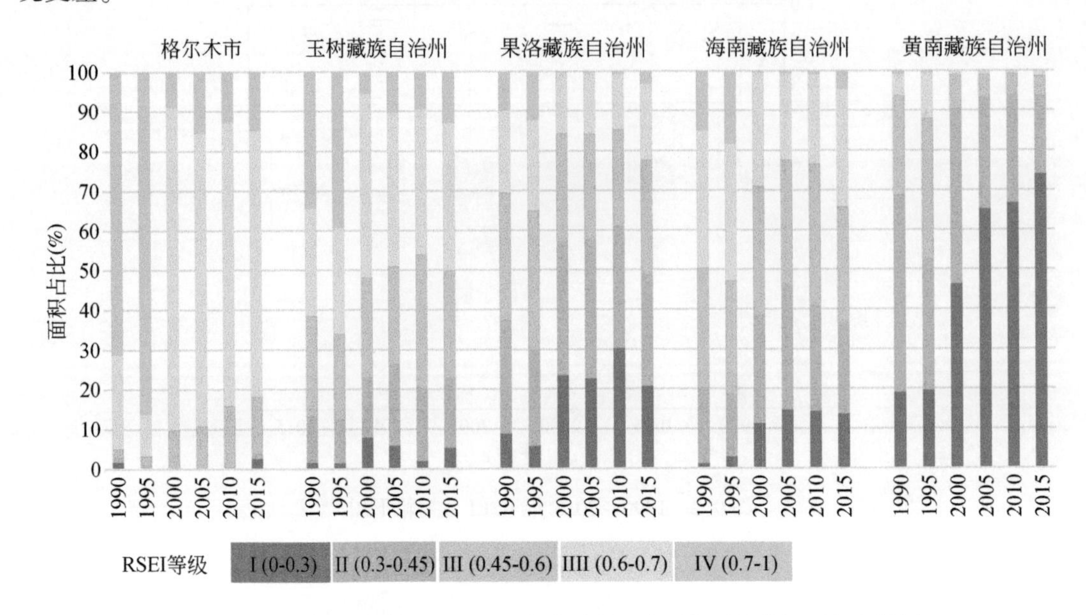

图 9.4　1990 ~ 2015 年三江源地区各自治州生态环境质量分级面积比例图

以 10 年为间隔，分析了 2 个时段（1990 ~ 2000 年、2000 ~ 2010 年）三江源地区的生态环境质量的时空差异。表 9.2 和表 9.3 表明从 1990 ~ 2010 年三江源地区生态环境质量总体呈现先下降后缓慢好转的趋势。具体来看，从 1990 ~ 2000 年三江源地区的生态环境质量处于恶化的趋势，主要表现为由较差变差的面积约为 2.44 万平方千米，由中等变较差的面积约为 3.78 万平方千米，由良变中等的面积约为 4.33 万平方千米，由优变良的面积约为 11.04 万平方千米。2000 ~ 2010 年三江源地区的生态环境质量处于好转的趋势，主要表现为从 2000 年的差转为较差的面积约为 1.58 万平方千米；由较差转为中等的面积约为 2.25 万平方千米；由中等转为良的面积约为 1.58 万平方千米；由良转为优的面积约为 1.25 万平方千米。

1990 ~ 2000 年，三江源地区生态环境质量以轻度恶化为主，生态状况最好的格尔木市生态环境质量轻度改善面积占比最小但轻度恶化面积占比最大，为 68.8%。生态状况最差的黄南州轻度恶化面积占比虽然最小但轻度改善面积占比最大，为 7.4%。2000 ~ 2010 年，三江源地区生态环境质量以不变为主，轻度恶化面积大幅减少。玉树州和海南州生态环境轻度改善区域占比较大，在 20% 左右，格尔木市生态环境不变区域占比最大，为 75.9%，黄南州生态环境中质量变好趋势最不明显，只有 5.7% 的区域轻度改善。

表 9.2　1990 ~ 2000 年三江源地区生态等级转移矩阵　（单位：平方千米）

生态等级	差	较差	中等	良	优
差	10 125	3 382	1 376	1 220	43

续表

生态等级	差	较差	中等	良	优
较差	24 405	30 231	8 588	2 750	142
中等	12 212	37 899	39 759	10 038	159
良	2 772	7 401	43 252	49 578	595
优	264	186	4 291	110 360	17 184

表 9.3　2000～2010 年三江源地区生态等级转移矩阵　（单位：平方千米）

生态等级	差	较差	中等	良	优
差	29 210	15 843	4 302	407	16
较差	15 124	39 797	22 531	1 639	8
中等	1 407	22 493	58 045	15 067	254
良	113	3 571	32 395	120 795	17 072
优	3	57	191	5 354	12 518

三江源地区 1990～2015 年土地利用/覆盖未发生明显变化（图 9.5），说明土地利用/覆盖变化未对三江源地区的生态环境质量产生影响，但是三江源地区的生态环境质量变化

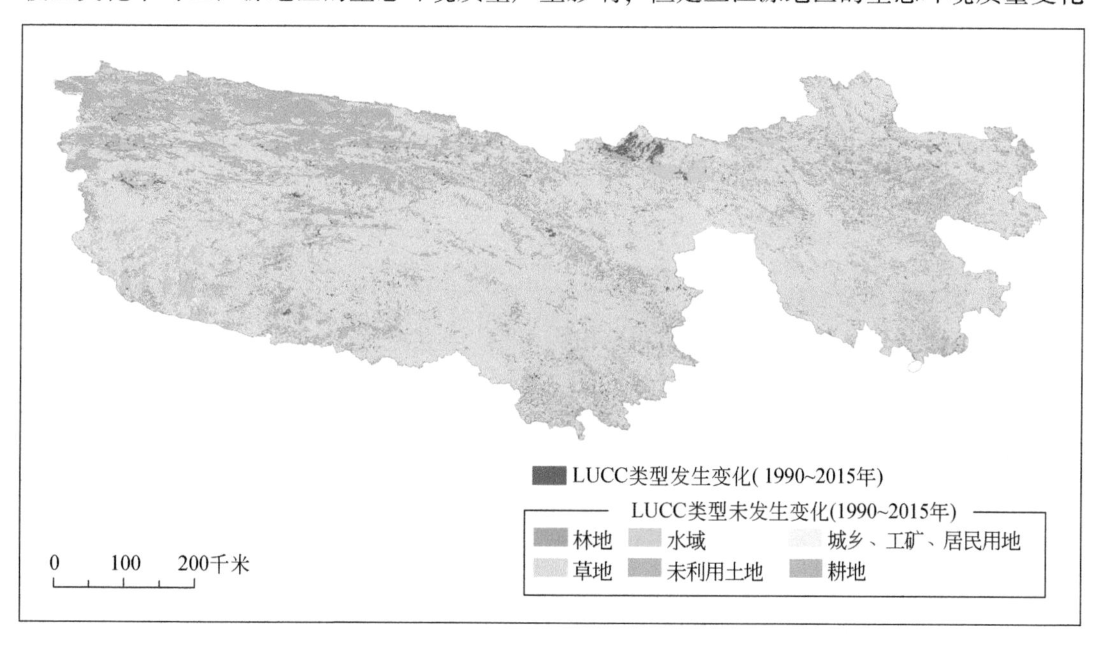

图 9.5　1990～2015 年三江源地区土地利用/覆盖分布图

趋势与土地利用/覆盖的类型相关。未利用土地位于三江源地区的西北部，其生态环境质量先轻度恶化后呈现不变趋势，说明未利用土地可能容易遭到破坏但不容易被改善。林地主要分布于三江源地区的南部和东部，位于南部的林地的生态环境在遭到破坏后呈现出改善的态势，但位于东部的林地的生态环境在遭到破坏后大部分处于不变的态势，可能是分布于三江源地东部的居民地和耕地在一定程度上影响了生态环境质量改善态势。

第三节 拉萨都市圈生态质量遥感监测及气候驱动力分析

拉萨都市圈深处青藏高原腹地，是青藏高原高寒生态环境与城镇化相互作用的典型区域，也是西藏城镇化最密集、人地交互最为突出的区域。研究表明，拉萨都市圈目前面临气候变化和人类活动的双重影响，高寒生态环境与城镇化之间的矛盾较为突出，并在未来会更加凸显（杨宇等，2019）。另外，拉萨早在2013年就存在人口增长过快、城市扩建导致的资源短缺，空气和水资源的污染，水土流失、沙化、植被退化、旱灾等生态环境问题（刘兰等，2013）。以拉萨都市圈为例，开展生态质量的时空变化监测及驱动力分析，对于研究高原地区城镇化与生态环境的协调发展来说具有较强的代表性。研究该地区的生态质量状况及变化特征、探索引起相关变化的驱动因子，有助于促进高原城镇化与生态环境的协调发展。

本研究基于GEE平台，使用多期Landsat遥感影像数据、气象栅格数据和DEM数据，利用像元级最小云量影像合成方法构建目标年份季节合成影像，使用RSEI对拉萨都市圈1994～2017年的生态环境质量进行监测和评价，旨在揭示该地区的生态环境质量时空变化特征，分析生态环境质量等级的空间分布及转移，为高寒区域城镇化与生态环境的协调发展提供科学支持。

一、研究区概况

1. 拉萨都市圈区域确定方法

拉萨都市圈是以县级为单位，以拉萨市为中心，通过空间场能模型划分得到的西藏城镇化最密集、人地交互最为突出的区域（图9.6）。空间场能模型的核心是“点-轴系统”理论和区域相互作用理论，拉萨都市圈是基于这两个核心理论，通过确定拉萨这座中心城市对周边县辖区的带动范围以及拉萨周边县辖区自身的发展潜力分析得到的西藏人地交互最为突出的区域。其中，拉萨这座城市是拉萨都市圈的发展增长极，依靠其吸引力和辐射力会使人流、物流、资金流、信息流产生集聚或扩散，通过拉萨市与周边县辖区的相互作用来带动外围地区的发展（关兴良等，2012）。

2. 拉萨都市圈概况

拉萨都市圈位于青藏高原西南部，隶属西藏，总面积达 48890.16 平方千米，海拔最高可达 7178 米，最低为 3524 米，包括 5 个市辖区和 10 个县级区域：北部为拉萨市；南部为山南市包含区域，包含乃东区、扎囊县、贡嘎县；西南部为日喀则市包含区域，包括桑珠孜区、江孜县、白朗县、仁布县（图 9.6）。拉萨都市圈内河湖众多，包括拉萨河、纳木错、雅鲁藏布江、羊卓雍措、年楚河等。

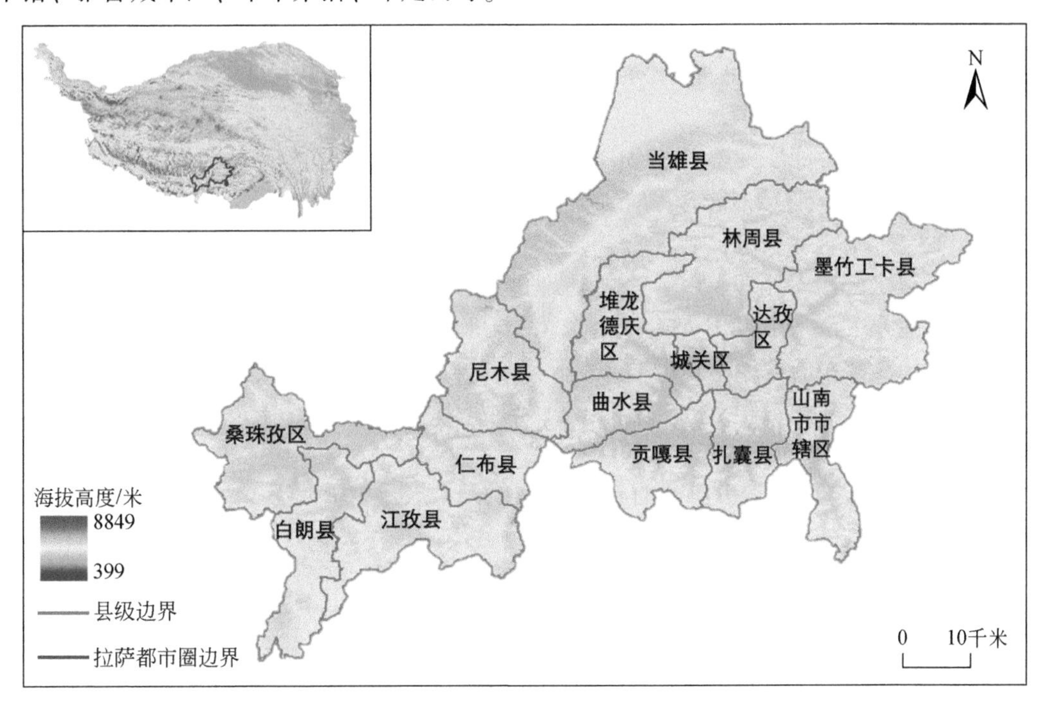

图 9.6　拉萨都市圈研究区概况

拉萨都市圈是典型的高寒区域，它继承了青藏高原生态环境脆弱性、敏感性较强的特征，自然生态系统的恢复能力差，生态环境遭到人为破坏后，极易造成生态环境的恶化。该区域雨旱季分明，全年降水量少，太阳辐射强，日照时间长且空气稀薄，降水主要在夏秋季，冬春季干旱少雨，多大风（张芸毓等，2017）；地貌类型包括雅鲁藏布江周围分布的冲积平原，纳木错湖周围分布的冰积、湖积平原以及冰川、积雪、冰缘作用的山地、高原，其中冰川、冰缘作用的高原地貌类型面积占比最高，其主要分布在拉萨市、山南市包含区域中北部、日喀则市包含区域北部（刘明光等，2010）。

相比于青藏高原其他地区，拉萨都市圈城镇化经济发展呈现较高增长趋势，教育、卫生医疗及社会保障体系也在稳步推进。改革开放 40 年来，西藏城镇常住人口累计增加 83.92 万人，城镇化率累计增长 19.56%，形成了以拉萨为中心、六地市政府（行署）所在地为支撑、其他县城为重要组成部分的城镇体系（王胡林，2018）。近年来，一方面，它的经济发展呈现高增长、低通胀的状态，其经济增长的动力来自投资和消费，经济增长方式为投资导向型，目前正在努力向创新导向型转变（罗红艳等，2018）。另一方面，根据拉萨市统计局的数据2011～2019年，拉萨的学校数量从189所增加到363所，医疗机构数量从424家增加到539家，参与社保人员从30.41万人增加到70.4万人。

二、数据与数据处理

1. Landsat TM/ETM+数据与数据处理

本研究采用1994年、2000年、2005年、2010年、2015年、2017年6～10月生长季的6期空间分辨率为30米的Landsat TM/ETM+卫星影像，来反演NDVI、LST、缨帽变换的湿度分量wet、NDBSI。

考虑到本研究影像质量及Landsat系列卫星不同传感器间构建可比性的需要，需要对Landsat影像进行水云掩模、影像填充及辐射归一化预处理。

由于研究区草木生长季云雨天气较多，并且湿度指标对水体较为敏感，因此Landsat影像需要进行水云掩模处理。水云掩模处理过程包含初步云掩模和深度水云掩模两个步骤：初步云掩模方法采用GEE平台最小像元法（CFmask）处理（Hu et al.，2019），该方法能够去除原影像中的少量厚云；深度水云掩模指对水体及剩余云量的进一步提取，本研究采用修正后的归一化水体指数（MNDWI）的特定阈值进行水体及剩余云量的提取及去除。MNDWI计算公式如下：

$$MNDWI = (Green - MIR) / (Green + MIR) \tag{9.15}$$

式中，MIR为中红外波段；Green为可见光绿色波段。

Landsat系列影像填充是为了补充掩模处缺失的地物要素，包括云掩模填充及水掩模填充。云掩模填充是通过同区域临近年份生长季的影像来填充的，水掩模处的填充处理在构建综合指数之后，采用反距离加权插值方法，该方法适用于距离越近，影响因素越强的地方，本研究通过该方法来填充水域的像元值是为了反映水域周边生态环境状况对水域的可能影响程度。

由于Landsat TM、ETM+、OLI卫星影像由不同的传感器在可变大气条件下获取，为了使三种同系列不同传感器的数据之间具有可比性，删除它们的辐射畸变，避免传感器不同对章结果的影响，本研究采用分波段线性回归方法对获取的三种影像进行辐射归一化处理，其中，对于线性回归方法涉及的加权最小二乘问题，本章使用IRLS迭代重加权算法来求解，该方法优于一般的线性回归方法（ElHajj et al.，2008）。

2. 气象栅格数据与数据处理

气象栅格数据用来探索拉萨都市圈1994～2017年对应年份生态质量的气候驱动因子。该数据由GEE平台全球地面每月气候和气候水平衡（TerraClimate）数据集提供。该数据集已经过气候辅助插值的高分辨率气候法线与较粗糙分辨率融合，融合后的空间分辨率为4千米，空间分辨率仍较低，还需要通过30米的DEM数据，进一步提高气候栅格数据的空间分辨率。以便于分析拉萨都市圈生态环境质量变化背后的可能性气候驱动因子。

数据融合技术常用来提高空间数据的精度。数据融合方法主要有成分替换、多分辨率分析、地理统计分析、子空间表示、稀疏表示五种方法，其中，基于成分替换的数据融合技术由于结果的空间细节保真度高、计算复杂度低以及对错误输入的鲁棒性而得到广泛应用（Ghamisi et al.，2019）。

本章采用数据融合中的成分替换技术，通过30米的DEM数据进行数据融合，提高其空间分辨率。图9.7为以降水量为例的数据融合结果，图9.7（a）是数据融合前的降水量空间分布的显示，图9.7（b）是其数据融合后的效果图，左上角是降水量数据融合前后的Pearson相关性分析，结果显示，在保证数据融合前后具有高相关性的前提下，降水量的空间分辨率有了显著提高。

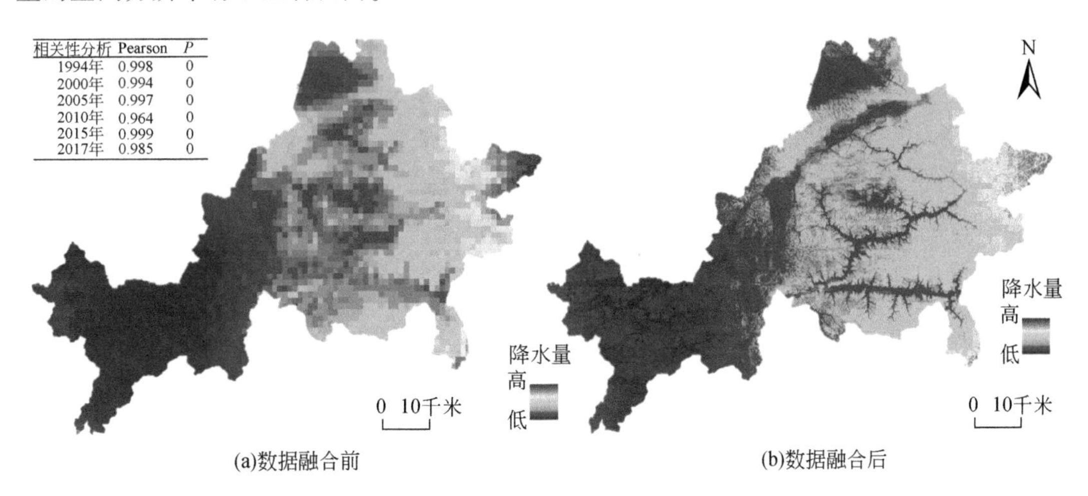

图9.7　2017年降水量数据融合效果

三、结果与分析

基于1994年、2000年、2005年、2010年、2015年、2017年6期RSEI数据，本研究分析了拉萨城市圈的1994～2017年的生态质量状况。生态质量状况监测分为时空差异监测和时空变化监测，前者用来明确研究区内不同地区的生态质量状况，后者用来说明生态质量的空间变化趋势及其分布格局。

1. 生态质量时空差异分析

研究区6期RSEI数据主要集中在0.4～0.8，在0.5～0.7分布密集，本章将生态质量等级划分为6等（具体划分见图9.8），等级越高，生态质量越高。1994～2017年拉萨都市圈的生态质量的不同等级中，等级四（0.60～0.65）占比最多，其次为等级五（0.65～0.7）（图9.8），因此，拉萨都市圈生态质量水平相对较好，生态水平差异呈现自东南向西北逐渐降低趋势，其中，日喀则生态质量最高，历年均为等级五，在2015年等级五面积比例达到最高值；拉萨墨竹工卡生态质量最差，历年均为等级三，在2005年等级三面积比例达到最高值（图9.9）。

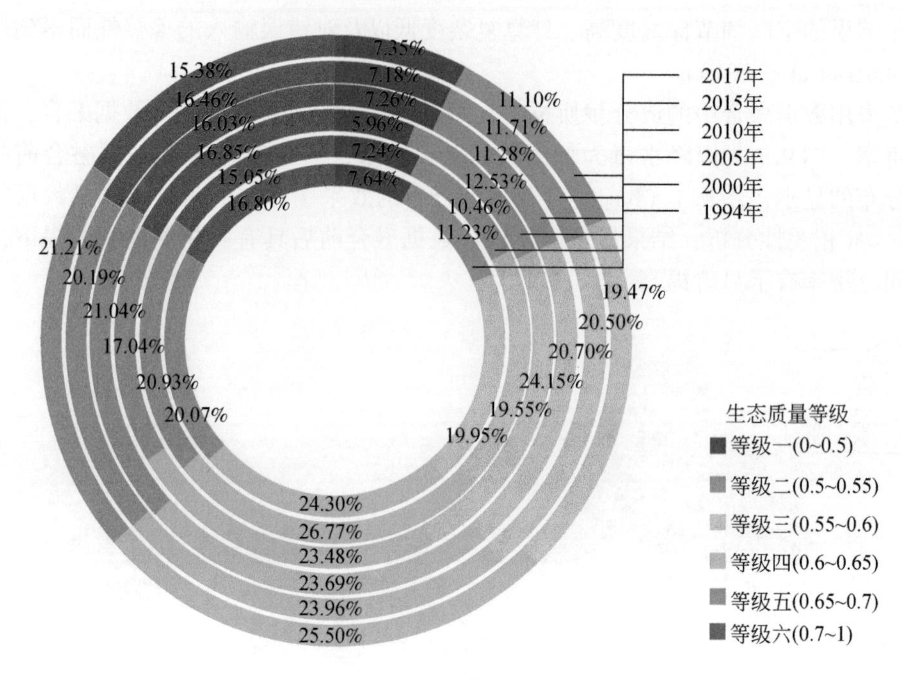

图 9.8　1994 ~ 2017 年拉萨都市圈生态质量分级面积比例

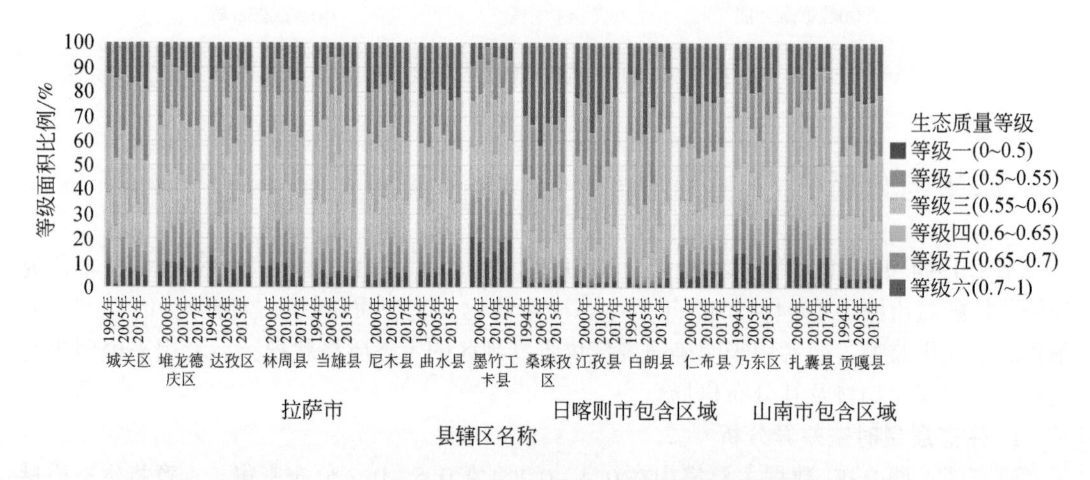

图 9.9　1994 ~ 2017 年拉萨都市圈县级生态质量分级面积比例

2. 生态质量时空变化分析

1994 ~ 2017 年，拉萨都市圈生态质量有改善趋势，生态质量改善比例为 45.98%，变差比例 41.39%，总改善比例高于总变差比例（图 9.10）。基于县辖区的生态质量变化表明，拉萨市生态质量略好于其他区域，且拉萨市林周县、山南市贡嘎县生态质量改善比例较多，拉萨市市辖区、尼木县、当雄县及日喀则市白朗县生态质量变差比例较多（图 9.11）。

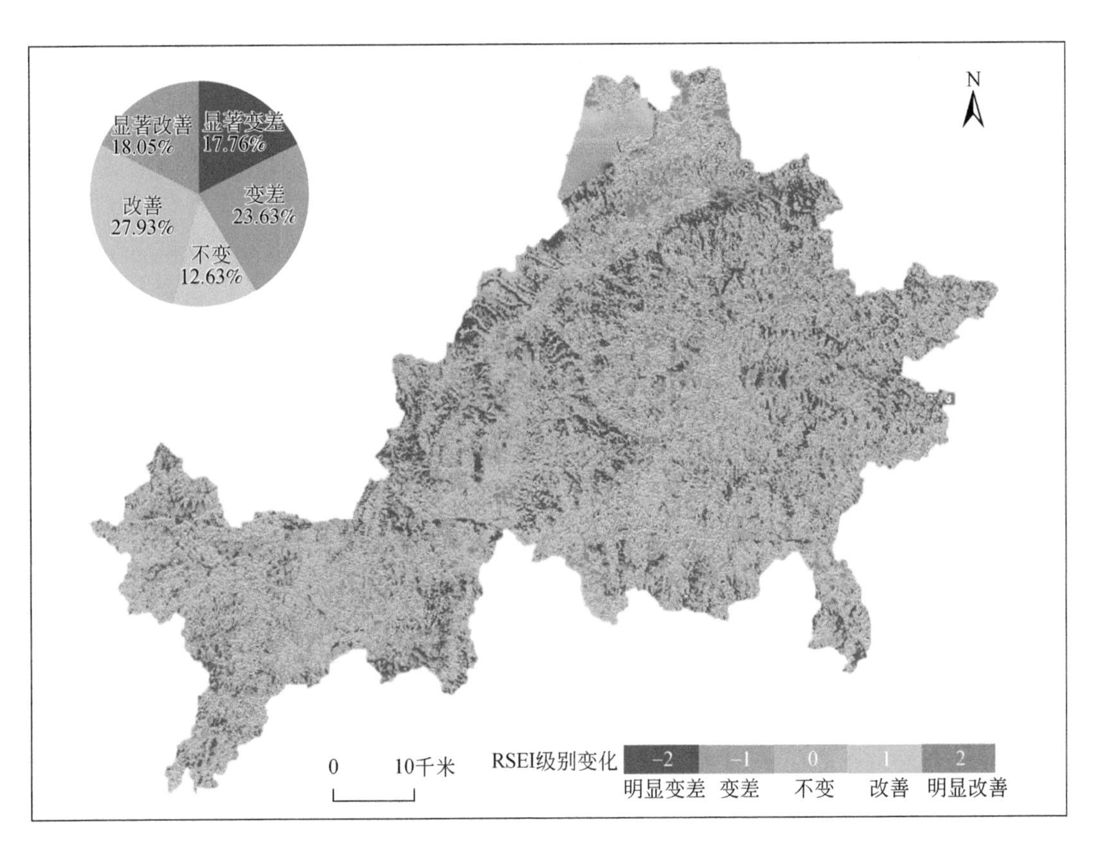

图 9.10 1994～2017 年拉萨都市圈生态质量变化监测

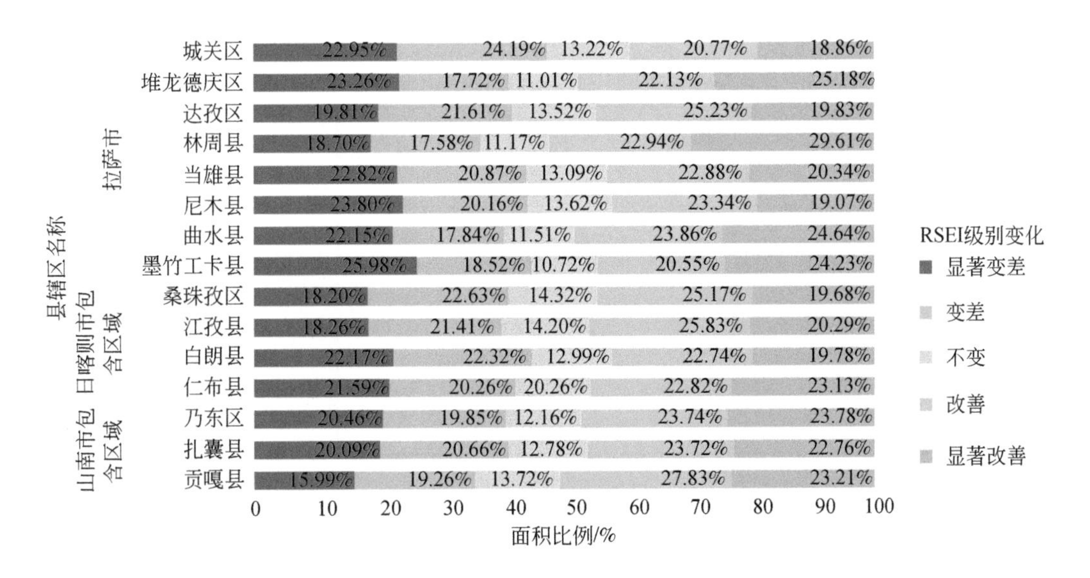

图 9.11 1994～2017 年拉萨都市圈县级生态质量变化监测

3. 生态质量变化的气候驱动力分析

1）气候驱动因子分析

可能性气候驱动因子的初步选择。本章基于两个因素来选择可能影响生态质量变化的气候驱动因子：一是拉萨都市圈周围的气候特征总体表现为雨旱季分明，太阳辐射强，日照时间长且空气稀薄，多大风（史继清等，2018），因此，本章选取生长季 6 ~ 10 月的平均气温、降水量、风速、短波辐射、气压五个气候因子；二是由于干旱对青藏高原的农业生产、生态环境、经济发展产生重要影响（Li et al.，2019），因此，选取可能表征该区域气候干旱情况因子，包括实际蒸散量、帕尔默干旱程度指数（Palmer drought severity index）、气候水分亏缺（climate water deficit）、蒸汽压亏缺（vapor pressure deficit）（Chen et al.，2020；Li et al.，2013；Liu et al.，2019a）。在这些潜在的气候驱动因子中，根据 RSEI 与特定因子的相关性大小，再选择出拉萨都市圈 1994 ~ 2017 年生态质量变化的气候驱动因子。

气候驱动因子的确定方法：本研究用 Pearson 相关性分析来确定拉萨都市圈生态质量的气候驱动因子。基于选取的可能性气候因子，分析它们与生态质量的 Pearson 相关性，将相关系数高于 0.5，且 $P \leqslant 0.01$ 的因子，作为拉萨都市圈生态质量的气候驱动因子。

$$\rho_{X,Y} = \frac{E(XY) - E(X)E(Y)}{\sqrt{E(X^2) - E^2(X)}\sqrt{E(Y^2) - E^2(Y)}} \tag{9.16}$$

式中，E 为数学期望；$\rho_{X,Y}$为 X 和 Y 的 Pearson 相关系数（Cui et al.，2020）。

2）气候驱动因子的分析结果

相对于全局分析，RSEI 与县级尺度相关性分析结果更加显著。县级水平上 RSEI 与可能性气候因子的 Pearson 相关性结果显示，平均气温、气候水分亏缺、降水量、气压、蒸汽压亏缺、风速是拉萨都市圈生态质量的气候驱动因子（表 9.4）。

表 9.4 县级水平上 RSEI 与可能性气候因子的 Pearson 相关性

气候相关性因子	Pearson 相关性	P
平均气温	0.578	0
气候水分亏缺	0.559	0
降水量	0.532	0
气压	0.561	0
蒸汽压亏缺	0.572	0
风速	−0.564	0

3）气候综合驱动分析

主要气候驱动因子和气候综合驱动分布格局的测度方法：在初步确定 RSEI 气候驱动因子的基础上，采用主成分分析方法明确拉萨都市圈生态质量的主要气候驱动因子，分析其气候综合驱动时空分布格局和变化。主成分分析方法不仅能有效地综合各分因子，还能确定其中的主控因子（Hauke and Kossowski，2011）。其特点在于变量之间的相关程度越高，综合效果越好，并且在综合变量的过程中能够去除变量间的相关性（Adar et al.，2020）。因此，采用该方法时不需要因子间去相关处理。

气候驱动因子的主成分分析结果（表 9.5）表明，蒸汽压亏缺和气候水分亏缺是生态质量的主要气候驱动因子，两因子表现出明显的此消彼长状态。蒸汽压亏缺是特定温度下饱和空气压力与实际大气压力之差，通过植被冠层气孔对水蒸气和二氧化碳的大气交换调控影响植被水分胁迫、冠层光合作用、全球碳和气候反馈（Du et al.，2018）。气候水分亏缺是气候干旱胁迫对植物的潜在影响指标（Stephenson，2011）。因此，研究区生态质量变化主要由气候变暖和干旱引起。

表 9.5　1994～2017 年生态质量的气候驱动因子主成分分析结果

指标	1994 年	2000 年	2005 年	2010 年	2015 年	2017 年
平均气温	0.476	0.501	0.494	0.486	0.466	0.482
气候水分亏缺	-0.511	-0.397	-0.486	-0.452	-0.519	-0.468
降水量	-0.048	0.100	-0.009	0.188	0.005	-0.114
气压	-0.372	-0.414	-0.384	-0.390	-0.388	-0.407
蒸汽压亏缺	-0.521	-0.566	-0.551	-0.542	-0.524	-0.539
风速	0.316	0.300	0.261	0.280	0.297	0.280
特征值	0.100	0.088	0.089	0.095	0.103	0.096
特征贡献量/%	76.91	68.25	68.25	73.51	79.64	79.64

气候综合驱动的时空分布格局：气候综合驱动值均分布在 0～1，数值越接近 0，说明所受气候驱动越弱，越接近 1 气候驱动越强，并且该数据集在 0.1～0.6 分布最为密集。因此，将 1994～2017 年 6 期气候综合驱动数据分为 4 个等级来表征其时空分布差异，等级越高，气候综合驱动越强。拉萨都市圈气候综合驱动时空分布特征为自东南向西北逐渐变强，河湖周围地区及平原地区生态质量气候驱动低于高原地区（图 9.12），县辖区拉萨市墨竹工卡县气候综合驱动最高，林周县次之，历年分级等级 4 比例最高；日喀则市桑珠孜区气候综合驱动最低，历年分级等级 1 比例最高（图 9.13）。

气候综合驱动时空变化分析：1994～2017 年，拉萨都市圈生态质量的气候综合驱动有逐渐减弱趋势，其气候综合驱动变弱比例（41.09%）高于变强比重（38.41%）（图 9.14）。气候综合驱动时空变化分布特征：日喀则市包含区域生态质量气候综合驱动显著变强，山南市包含区域气候综合驱动显著变弱；县级地区山南市乃东区气候驱动变弱面积比例最多，日喀则市仁布县变强面积比例最多（图 9.15）。

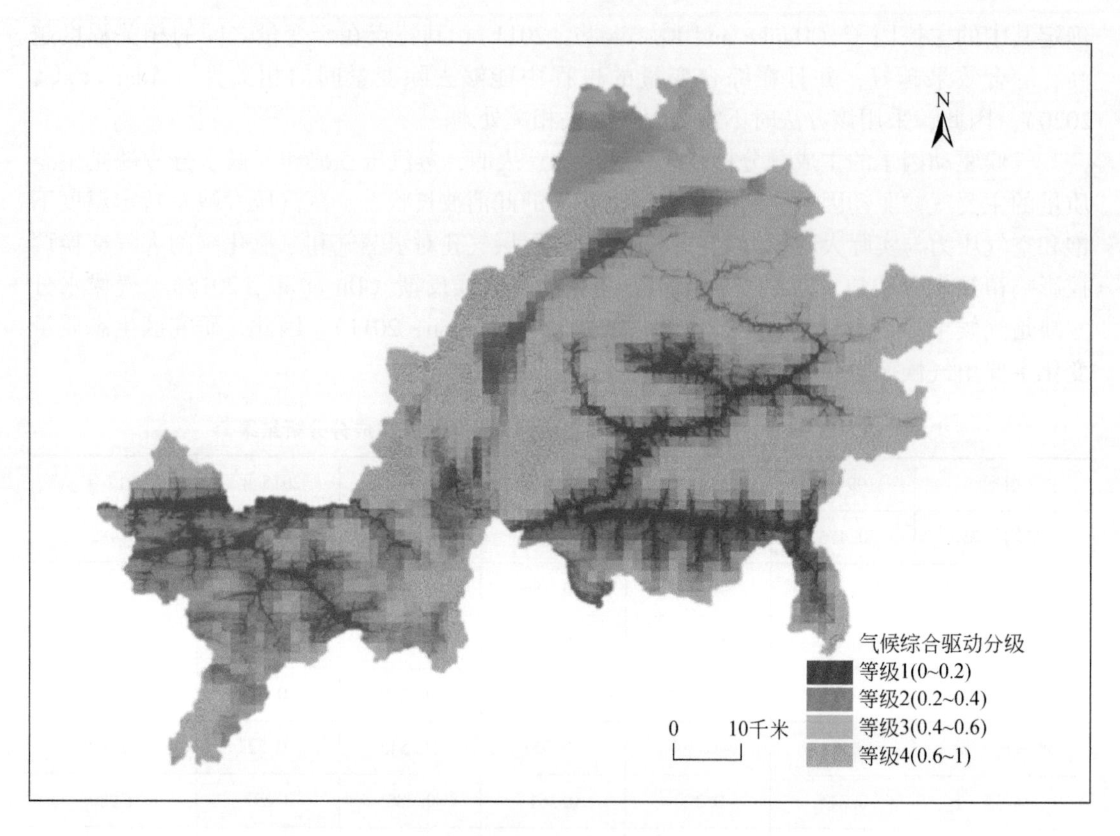

图 9.12　2017 年拉萨都市圈生态质量气候综合驱动分级

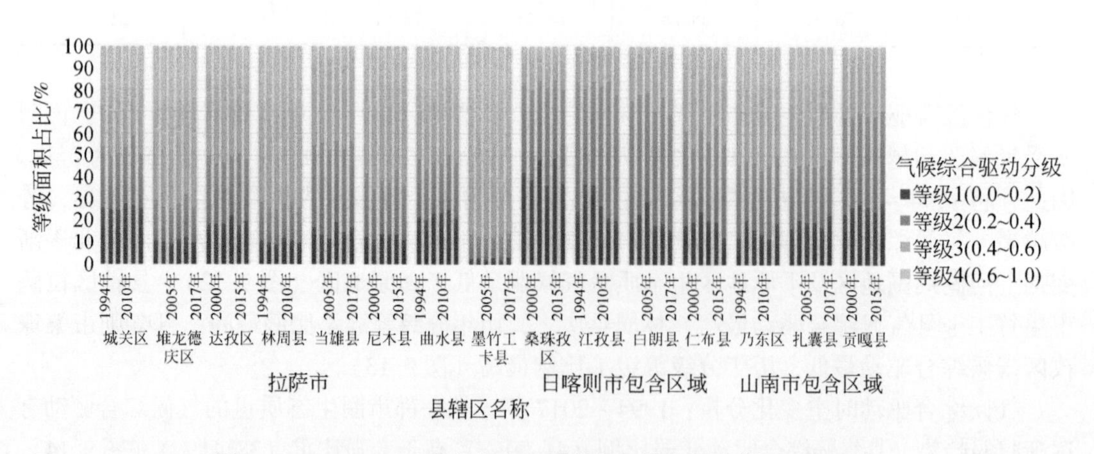

图 9.13　1994 ~ 2017 年县级生态质量气候综合驱动分级面积比例

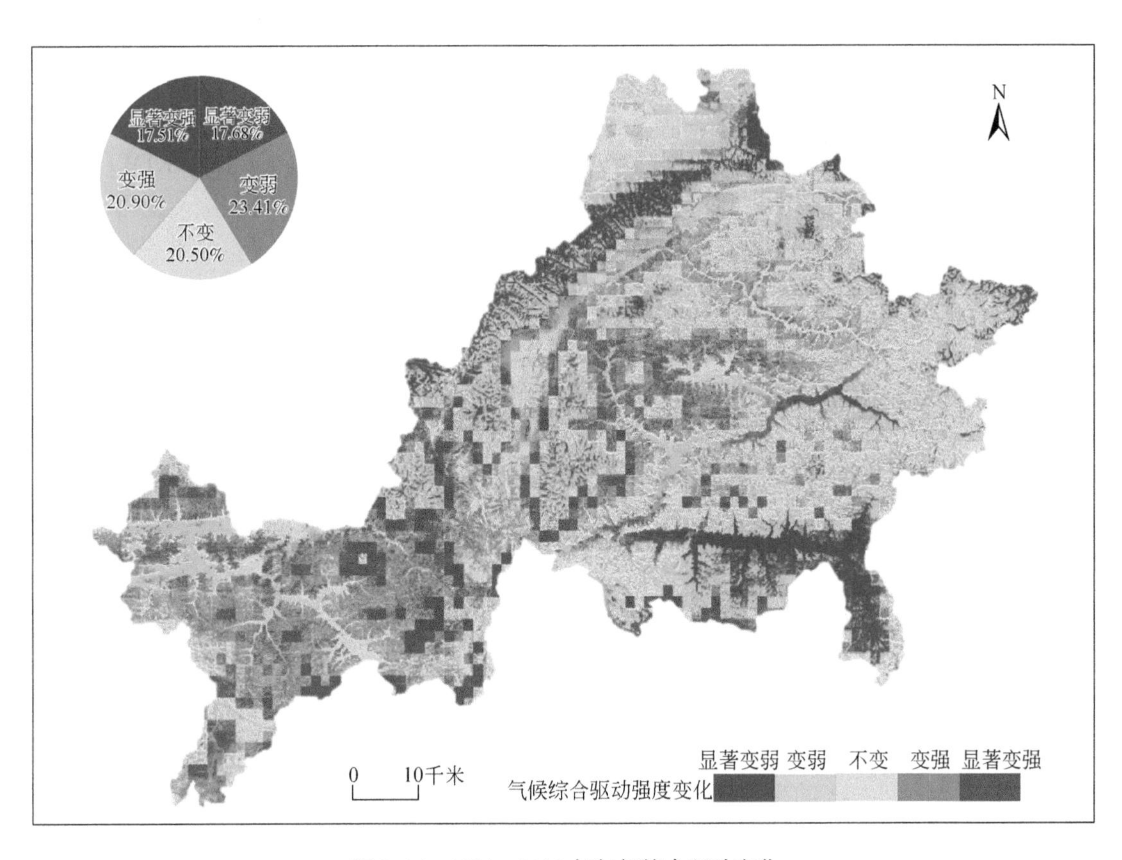

图 9.14　1994 ~ 2017 年气候综合驱动变化

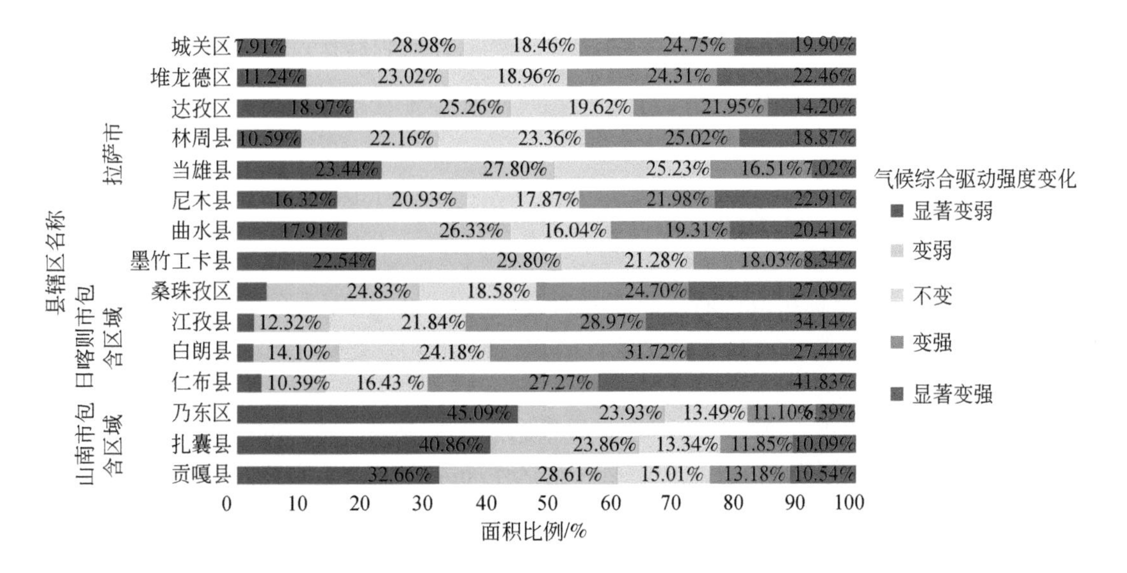

图 9.15　1994 ~ 2017 年生态质量县级气候综合驱动变化

第四节　小　　结

本研究在 GEE 平台高效处理遥感数据的基础上，利用多期 Landsat TM、ETM+、OLI 影像数据，利用像元级最小云量影像合成方法构建目标年份季节合成影像，使用 RSEI，分别在敏感脆弱的三江源地区和人地矛盾突出的拉萨都市圈开展生态质量变化监测研究，明确了两个典型区生态质量时空变化特征，并深入探索了拉萨都市圈生态质量的气候综合驱动格局和变化趋势。主要结论如下。

一、三江源地区的生态环境质量时空分析

（1）三江源地区 1990～2000 年生态环境质量呈快速下降状态，但 2000～2015 年生态环境质量下降速度变缓，并开始呈现变好的趋势。

（2）1990～2015 年三江源地区生态状况呈现出空间分异，自西向东生态状况变差。位于三江源地区西部的格尔木市生态状况最好，其次是中部的玉树州，生态质量优良等级均占主体地位；位于三江源地区西部的黄南州生态状况最差，生态质量较差、差等级占主体地位；果洛州和海南州生态状况中等，生态质量各等级分布较均匀。

（3）三江源地区 1990～2015 年土地利用/覆盖未发生明显变化，说明土地利用/覆盖变化未对三江源地区的生态环境质量产生影响，但是三江源地区的生态环境质量变化趋势与土地利用/覆盖的类型相关。未利用土地类型位于三江源地区的西北部，其生态环境质量先轻度恶化后呈现不变趋势，说明未利用土地可能容易遭到破坏但不容易被改善。林地主要分布于三江源地区的南部和东部，位于南部的林地的生态环境在遭到破坏后呈现出改善的态势，但位于东部的林地的生态环境在遭到破坏后大部分处于不变的态势，可能是分布于三江源地区东部的居民地和耕地在一定程度上影响了生态环境质量改善态势。

二、拉萨都市圈的生态质量时空变化分析

（1）从 RSEI 的指标组成中看，热度是研究区 RSEI 的主控因子，对 RSEI 有抑制作用，从 2010 年开始，热度的影响力度显著增强，说明气候变暖对该区域生态质量影响强烈。

（2）1994～2017 年，拉萨都市圈生态质量总体水平较高，从空间上看，研究区生态质量自东南向西北逐渐降低，日喀则市桑珠孜区生态水平最高，而拉萨市墨竹工卡县最低。研究区生态质量整体有改善趋势，其中，拉萨市林周县、山南市贡嘎县生态质量改善比例多。

（3）干旱对研究区生态环境影响强烈，其中，蒸汽压亏缺和气候水分亏缺是引起生态质量变化的主要气候因子；草地的改良与退化是影响该区域生态质量变化的主要土地利用

转移因子，林地的扩张对生态质量有改善作用。

（4）生态质量的气候综合驱动自东南向西北逐渐变强，平原地区、河湖周围地区气候驱动低于高原地区。从县级行政区划看，拉萨市墨竹工卡县历年气候驱动最强，日喀则市桑珠孜区则最弱。在过去20年拉萨都市圈气候综合驱动有逐渐减弱趋势，其中，日喀则市包含区域气候驱动显著增强，山南市包含区域显著减弱。

参考文献

安果．2008. 青藏高原经济开发的理论视角．西南民族大学学报（人文社科版)，4：30-36.

鲍超，刘若文．2019. 青藏高原城镇体系的时空演变．地球信息科学学报，21（9)：1330-1340.

鲍文，张志良．2004. 青藏高原开发、保护与特色经济发展．世界科技研究与发展，6：53-56.

曹银贵，周伟，乔陆印，等．2013. 青海省 2000—2008 年间城镇建设用地变化及驱动力分析．干旱区资源与环境，27（1)：40-46.

车明怀．2016. 中国边疆西藏段于南亚、印度洋的地缘战略以及在国家大局中的地位．西藏研究，(5)：1-10.

陈德亮，徐柏青，姚檀栋，等．2015. 青藏高原环境变化科学评估：过去、现在与未来．科学通报，60（32)：3025-3035+3021-3022.

陈发虎，安成邦，董广辉，等．2017. 丝绸之路与泛第三极地区人类活动、环境变化和丝路文明兴衰．中国科学院院刊，32（9)：967-975.

陈发虎，刘峰文，张东菊，等．2016. 史前时代人类向青藏高原扩散的过程与动力．自然杂志，38（4)：235-240.

褚昕阳．2020. 青藏高原旅游业发展的生态环境效应研究．金华：浙江师范大学．

崔庆虎，蒋志刚，刘季科，等．2007. 青藏高原草地退化原因述评．草业科学，(5)：20-26.

戴升，申红艳，李林，等．2013. 柴达木盆地气候由暖干向暖湿转型的变化特征分析．高原气象，32（1)：211-220.

丁明军，张镱锂，刘林山，等．2010. 1982—2009 年青藏高原草地覆盖度时空变化特征．自然资源学报，25（12)：2114-2122.

丁生喜，王晓鹏．2013. 环青海湖少数民族地区城镇化开发战略研究．兰州大学学报（社会科学版)，41（2)：127-131.

丁生喜，王晓鹏，秦真凤，等．2015. 基于人口-经济-生态协调发展的青海省新型城镇化研究．生态经济，31（3)：74-77.

董安祥，瞿章，尹宪志，等．2001. 青藏高原东部雪灾的奇异谱分析．高原气象，2：214-219.

段安民，肖志祥，吴国雄．2016. 1979—2014 年全球变暖背景下青藏高原气候变化特征．气候变化研究进展，12（5)：374-381.

段玉珊，王娜．2015. 西藏人口城镇化进程及发展趋势预测．西藏研究，(4)：67-74.

樊江文，邵全琴，刘纪远，等．2010. 1988—2005 年三江源草地产草量变化动态分析．草地学报，18（1)：5-10.

樊杰，王海．2005. 西藏人口发展的空间解析与可持续城镇化探讨．地理科学，4：3-10.

樊杰，徐勇，王传胜，等．2015. 西藏近半个世纪以来人类活动的生态环境效应．科学通报，60（32)：3057-3066.

范科科，张强，孙鹏，等．2019. 青藏高原地表土壤水变化、影响因子及未来预估．地理学报，74（3)：520-533.

方创琳，李广东 . 2015. 西藏新型城镇化发展的特殊性与渐进模式及对策建议 . 中国科学院院刊，(3)：294-305.
方洪宾 . 2009. 青藏高原现代生态地质环境遥感调查与演变研究 . 北京：地质出版社 .
傅小锋 . 2000. 青藏高原城镇化及其动力机制分析 . 自然资源学报，(4)：369-374.
高卿，苗毅，宋金平 . 2021. 青藏高原可持续发展研究进展 . 地理研究，40（1）：1-17.
关兴良，方创琳，罗奎 . 2012. 基于空间场能的中国区域经济发展差异评价 . 地理科学，32（9）：1055-1065.
郭兵，孔维华，姜琳，等 . 2018. 青藏高原高寒生态区生态系统脆弱性时空变化及驱动机制分析 . 生态科学，37（3）：96-106.
国家统计局 . 2018. 中国统计年鉴 . 北京：中国统计出版社 .
侯光良 . 2016. 青藏高原的史前人类活动 . 盐湖研究，24（2）：68-74.
侯光良，曹广超，鄂崇毅，等 . 2016. 青藏高原海拔 4000m 区域人类活动的新证据 . 地理学报，71（7）：1231-1240.
侯光良，许长军，樊启顺 . 2010. 史前人类向青藏高原东北缘的三次扩张与环境演变 . 地理学报，65（1）：65-72.
侯小青，侯光良，王芳芳，等 . 2017. 青藏高原东北缘古降水重建与人类活动 . 青海师范大学学报（自然科学版），33（3）：54-60.
胡最，汤国安，闾国年 . 2012. GIS 作为新一代地理学语言的特征 . 地理学报，67（7）：867-877.
黄麟，刘纪远，邵全琴 . 2009. 近 30 年来长江源头高寒草地生态系统退化的遥感分析——以青海省治多县为例 . 资源科学，31（5）：884-895.
寇勇 . 2020. 中国北方典型积雪区积雪中水溶性离子分布特征及来源研究 . 西安：西北大学 .
乐小虬，杨崇俊，于文洋 . 2005. 基于空间语义角色的自然语言空间概念提取 . 武汉大学学报（信息科学版），30（12）：1100-1103.
李炳元 . 1987. 青藏高原的范围 . 地理研究，6（3）：57-63.
李灿，朱欣焰，呙维，等 . 2015. 扩展 SPARQL 的室内空间语义查询研究 . 地球信息科学学报，17（12）：1456-1464.
李代明 . 2001. 西藏水土流失分布成因、危害及治理难度初步分析 . 西藏科技，1：21-24.
李峰平，章光新，董李勤 . 2013. 气候变化对水循环与水资源的影响研究综述 . 地理科学，33（4）：457-464.
李广东，王振波，刘盛和 . 2015. 西藏区域科技合作与科技援藏的战略思路及对策 . 中国科学院院刊，（3）：333-341.
李国杰，程学旗 . 2012. 大数据研究：未来科技及经济社会发展的重大战略领域——大数据的研究现状与科学思考 . 中国科学院院刊，27（6）：647-657.
李君轶，张妍妍 . 2017. 大数据引领游客情感体验研究 . 旅游学刊，32（9）：8-9.
李林，朱西德，周陆生，等 . 2004. 三江源地区气候变化及其对生态环境的影响 . 气象，(8)：18-22.
李寿 . 2010. 青藏高原草地退化与草地有毒有害植物 . 草业与畜牧，8：30-31.
李四光 . 1953. 中国地质学 . 上海：正风出版社 .
李巍，毛文梁 . 2011. 青藏高原东北缘生态脆弱区城镇体系空间结构研究——以甘南藏族自治州为例 . 冰川冻土，33（6）：1427-1434.
李学龙，龚海刚 . 2015. 大数据系统综述 . 中国科学：信息科学，45（1）：1-44.
李娅，刘亚岚，任玉环，等 . 2019. 城市功能区语义信息挖掘与遥感分类 . 中国科学院大学学报，

36（1）：56-63.
梁汝鹏，李宏伟，李文娟，等. 2013. 空间语义学与地理信息语义服务研究进展. 测绘科学，38（6）：19-22.
林丽，曹广民，李以康，等. 2010. 人类活动对青藏高原高寒矮嵩草草甸碳过程的影响. 生态学报，30（15）：4012-4018.
刘安榕，杨腾，徐炜，等. 2018. 青藏高原高寒草地地下生物多样性：进展、问题与展望. 生物多样性，26（9）：972-987.
刘昌明，刘小莽，郑红星. 2008. 气候变化对水文水资源影响问题的探讨. 科学对社会的影响，2：21-27.
刘荣高，刘洋，徐新良，等. 2017. 近30年青藏高原南缘地理环境状况及变迁研究. 中国科学院院刊，32（9）：1003-1013.
刘世梁，刘芦萌，武雪，等. 2018. 区域生态效应研究中人类活动强度定量化评价. 生态学报，38（19）：14-26.
刘世梁，朱家蔺，许经纬，等. 2018. 城市化对区域生态足迹的影响及其耦合关系. 生态学报，38（24）：8888-8900.
刘帅宾，杨山，王钊. 2019. 基于人口流的中国省域城镇化空间关联特征及形成机制. 地理学报，74（4）：648-663.
刘同德. 2009. 青藏高原区域可持续发展研究. 天津：天津大学.
刘望保，石恩名. 2016. 基于ICT的中国城市间人口日常流动空间格局：以百度迁徙为例. 地理学报，71（10）：1667-1679.
刘先勤，王宁练，徐柏青. 2012. 雪冰中碳质气溶胶含量的测试方法. 冰川冻土，27（2）：249-253.
刘兴元，龙瑞军，尚占环. 2012. 青藏高原高寒草地生态系统服务功能的互作机制. 生态学报，32（24）：7688-7697.
刘瑜. 2016. 社会感知视角下的若干人文地理学基本问题再思考. 地理学报，71（4）：564-575.
刘子川，冯险峰，武爽，等. 2019. 青藏高原城乡建设用地和生态用地转移时空格局. 地球信息科学学报，21（8）：1207-1217.
陆锋，刘康，陈洁. 2014. 大数据时代的人类移动性研究. 地球信息科学学报，16（5）：665-672.
洛桑·灵智多杰. 2005. 青藏高原水资源的保护与利用. 资源科学，27（2）：23-27.
马多尚，卿雪华. 2012. 青藏高原生态旅游发展的现状及对策建议. 西藏大学学报（社会科学版），27（1）：26-33+46.
马凌龙，田立德，蒲健辰，等. 2010. 喜马拉雅山中段抗物热冰川的面积和冰储量变化. 科学通报，55（18）：1766-1774.
马生林. 2004. 青藏高原生物多样性保护研究. 青海民族学院学报，4：76-78.
马耀明，胡泽勇，田立德，等. 2014. 青藏高原气候系统变化及其对东亚区域的影响与机制研究进展. 地球科学进展，29（2）：207-215.
马一帆. 2019. 西宁市旅游资源空间格局研究. 西宁：青海师范大学.
马玉英. 2006. 青藏高原城市化的制约因素与发展趋势分析. 青海师范大学学报（哲学社会科学版），4：22-25.
闵庆文，成升魁. 2001. 西藏的贫困、生态与发展探讨. 资源科学，3：62-67.
聂勇，张镱锂，刘林山，等. 2010. 近30年珠穆朗玛峰国家自然保护区冰川变化的遥感监测. 地理学报，65（1）：13-28.
牛方曲，刘卫东. 2016. 基于互联网大数据的区域多层次空间结构分析研究. 地球信息科学学报，

18（6）：719-726.
牛亚菲 . 1999. 青藏高原生态环境问题研究 . 地理科学进展，（2）：69-77.
牛亚菲 . 2002. 西藏旅游资源与旅游业发展研究 . 资源科学，24（2）：31-36.
潘碧麟，王江浩，葛咏，等 2019. 基于微博签到数据的成渝城市群空间结构及其城际人口流动研究 . 地球信息科学学报，21（1）：68-76.
裴韬，刘亚溪，郭思慧，等 . 2019. 地理大数据挖掘的本质 . 地理学报，74（3）：586-598.
戚伟，刘盛和，周亮 . 2020. 青藏高原人口地域分异规律及“胡焕庸线”思想应用 . 地理学报，75（2）：255-267.
钱拴，毛留喜，侯英雨，等 . 2007. 青藏高原载畜能力及草畜平衡状况研究 . 自然资源学报，（3）：389-397，498.
秦大河 . 2014. 气候变化科学与人类可持续发展 . 地理科学进展，33（7）：874-883.
青藏高原冰川冻土变化对区域生态环境影响评估与对策咨询项目组 . 2010. 青藏高原冰川冻土变化对生态环境的影响 . 自然杂志，32（1）：1-3.
屈晓晖，袁武，袁文，2015. 时空大数据分析技术在传染病预测预警中的应用 . 中国数字医学，10（8）：36-39.
冉斌，邱志军，裘炜毅，等 . 2013. 大数据环境下手机定位数据在城市规划中实践//2013 中国城市规划年会论文集 .
任继周，林慧龙 . 2005. 江河源区草地生态建设构想 . 草业学报，（2）：1-8.
申悦，柴彦威 . 2012. 基于 GPS 数据的城市居民通勤弹性研究：以北京市郊区巨型社区为例 . 地理学报，67（6）：733-744.
施雅风，刘时银 . 2000. 中国冰川对 21 世纪全球变暖响应的预估 . 科学通报，4：434-438.
史晨怡，周春山，余波 . 2018. 援藏与西藏自治区城镇化的耦合协调分析 . 世界地理研究，27（3）：42-54.
史继清，甘臣龙，边多，等 . 2018. 1981—2015 年西藏全区气候季节的变化 . 冰川冻土，40（6）：1110-1119.
宋晓猛，张建云，占车生，等 . 2013. 气候变化和人类活动对水文循环影响研究进展 . 水利学报，44（7）：779-790.
孙鸿烈，郑度，姚檀栋，等 . 2012. 青藏高原国家生态安全屏障保护与建设 . 地理学报，67（1）：3-12.
孙庆龄，李宝林，许丽丽，等 . 2016. 2000—2013 年三江源植被 NDVI 变化趋势及影响因素分析 . 地球信息科学学报，18（12）：1707-1716.
唐红玉，肖风劲，张强，等 . 2006. 三江源区植被变化及其对气候变化的响应 . 气候变化研究进展，（4）：177-180.
陶涛，信昆仑，刘遂庆 . 2007. 全球气候变化对水资源管理影响的研究综述 . 水资源与水工程学报，6：7-12.
童强 . 2005. 论空间语义 . 厦门大学学报（哲学社会科学版），（4）：14-19.
王超，阚瑷珂，曾业隆，等 . 2019. 基于随机森林模型的西藏人口分布格局及影响因素 . 地理学报，74（4）：664-680.
王崇瑞，张辉，杜浩，等 . 2011. 采用 BioSonics DT-X 超声波回声仪评估青海湖裸鲤资源量及其空间分布 . 淡水渔业，41（3）：15-21.
王国庆，张建云，刘九夫，等 . 2008. 气候变化对水文水资源影响研究综述 . 中国水利，2：47-51.
王胡林 . 2018. 改革开放 40 年西藏城镇化发展的回顾与展望 . 西藏研究，（5）：123-132.

王劲峰，徐成东 . 2017. 地理探测器：原理与展望 . 地理学报，72（1）：116-134.
王丽春，焦黎，来风兵，等 . 2019. 基于遥感生态指数的新疆玛纳斯湖湿地生态变化评价 . 生态学报，39（8）：2963-2972.
王录仓，刘海洋，刘清 . 2021. 基于腾讯迁徙大数据的中国城市网络研究 . 地理学报，76（4）：853-869.
王培晓，王海波，傅梦颖，等 . 2018. 室内用户语义位置预测研究 . 地球信息科学学报，20（12）：1689-1698.
王士远，张学霞，朱彤，等 . 2016. 长白山自然保护区生态环境质量的遥感评价 . 地理科学进展，35（10）：1269-1278.
王树新 . 2004. 西藏自治区的人口迁移及迁移人口状况分析 . 人口研究，（1）：60-65.
王振波，梁龙武，褚昕阳，等 . 2019. 青藏高原旅游经济与生态环境协调效应测度及交互胁迫关系验证 . 地球信息科学学报，21（9）：1352-1366.
王振涛 . 2017. 青藏高原的地质特征与形成演化 . 科技导报，35（6）：51-58.
魏辅文，聂永刚，苗海霞，等 . 2014. 生物多样性丧失机制研究进展 . 科学通报，59（6）：430-437.
魏明孔，杜常顺 . 2019. 青藏高原社会经济史 . 北京：社会科学文献出版社 .
魏巍 . 2017. 西藏国庆节期间接待国内外游客 120 万余人次 . http：//www. chinanews. com/sh/2017/10-09/8348479. shtml［2017-10-09］.
魏冶，修春亮，刘志敏，等 . 2016. 春运人口流动透视的转型期中国城市网络结构 . 地理科学，36（11）：1654-1660.
吴必虎，金华荏，张丽 . 1999. 旅游解说系统的规划和管理 . 旅游学刊，（1）：44-46.
吴吉东，王旭，王菜林，等 . 2018. 社会经济数据空间化现状与发展趋势 . 地球信息科学学报，20（9）：1252-1262.
吴江，张秀香，叶玲翠，等 . 2016. 不同时间尺度周期的旅游客流量波动特征研究——以西藏林芝市为例. 地理研究，35（12）：2347-2362.
吴绍洪，尹云鹤，郑度，等 . 2005. 青藏高原近 30 年气候变化趋势 . 地理学报，1：3-11.
吴小芳，龚丹丹 . 2015. 大岭山森林公园特色旅游路线设计及系统开发 . 福建林业科技，42（2）：174-178.
武爽，冯险峰，孔玲玲，等 . 2021. 气候变化及人为干扰对西藏地区草地退化的影响研究 . 地理研究，40（5）：1265-1279.
肖序常，王军 . 1998. 青藏高原构造演化及隆升的简要评述 . 地质论评，4：372-381.
肖序常 . 2006. 开拓、创新，再创辉煌——浅议揭解青藏高原之秘 . 地质通报，Z1：15-19.
谢高地，鲁春霞，冷允法，等 . 2003. 青藏高原生态资产的价值评估 . 自然资源学报，（2）：189-196.
徐涵秋 . 2013. 城市遥感生态指数的创建及其应用 . 生态学报，33（24）：7853-7862.
徐涵秋 . 2013. 区域生态环境变化的遥感评价指数 . 中国环境科学，33（5）：889-897.
徐涵秋 . 2015. 新型 Landsat8 卫星影像的反射率和地表温度反演 . 地球物理学报，58（3）：741-747.
徐燕，周华荣 . 2003. 初论我国生态环境质量评价研究进展 . 干旱区地理，（2）：166-172.
徐志刚，庄大方，杨琳 . 2009. 区域人类活动强度定量模型的建立与应用 . 地球信息科学学报，11（4）：452-460.
许逸超 . 1943. 中国地形研究（上、下册）. 重庆：中国文化服务社 .
薛冰，肖骁，李京忠，等 . 2018. 基于 POI 大数据的城市零售业空间热点分析——以辽宁省沈阳市为例 . 经济地理，38（5）：36-43.
闫立娟，郑绵平，魏乐军 . 2016. 近 40 年来青藏高原湖泊变迁及其对气候变化的响应 . 地学前缘，

23 (4): 310-323.
闫露霞，孙美平，姚晓军，等. 2018. 青藏高原湖泊水质变化及现状评价. 环境科学学报，38 (3): 900-910.
杨成洲. 2019. 高原民族地区人口流动特征与模式研究——基于西藏自治区的考察. 干旱区资源与环境，33 (7): 43-48.
杨嘉，郭铌，黄蕾诺，等. 2008. 西北地区 MODIS- NDVI 指数饱和问题分析. 高原气象，27 (4): 896-903.
杨喜平，方志祥. 2018. 移动定位大数据视角下的人群移动模式及城市空间结构研究进展. 地理科学进展，37 (7): 18-27.
杨洋. 2018. 基于 Landsat TM/OLI 遥感影像的焦作市生态环境监测与评价. 上海：东华理工大学.
杨玉盛. 2017. 全球环境变化对典型生态系统的影响研究：现状、挑战与发展趋势. 生态学报，37 (1): 1-11.
姚檀栋，陈发虎，崔鹏，等. 2017. 从青藏高原到第三极和泛第三极. 中国科学院院刊，32 (9): 924-931.
姚檀栋，戴玉凤. 2015-05-08. 青藏高原环境变化科学评估. 光明日报，10.
姚檀栋，刘时银，蒲健辰，等. 2004. 高亚洲冰川的近期退缩及其对西北水资源的影响. 中国科学辑：地球科学，6: 535-543.
姚檀栋，朱立平. 2006. 青藏高原环境变化对全球变化的响应及其适应对策. 地球科学进展，(5): 459-464.
姚檀栋. 2019. 青藏高原水-生态-人类活动考察研究揭示“亚洲水塔”的失衡及其各种潜在风险. 科学通报，64 (27): 2761-2762.
易嘉伟，杜云艳，涂文娜. 2019. 基于位置大数据的国庆假期青藏高原人群分布时空变化模式挖掘. 地球信息科学学报，21 (9): 1367-1381.
于伯华，吕昌河. 2011. 青藏高原高寒区生态脆弱性评价. 地理研究，30 (12): 2289-2295.
余翠. 2017. 基于能值生态足迹模型的青藏高原地区可持续发展研究. 兰州：兰州大学.
余光明，徐建中，任贾文. 2012. 青藏高原大气气溶胶研究进展. 冰川冻土，34 (3): 609-617.
俞立平. 2013. 大数据与大数据经济学. 中国软科学，(7): 177-183.
张东菊，董广辉，王辉，等. 2016. 史前人类向青藏高原扩散的历史过程和可能驱动机制. 中国科学：地球科学，46 (8): 1007-1023.
张惠芳，刘欢，苏辉东，等. 2019. 1995—2014 年拉萨河流域水环境变化及其驱动力. 生态学报，39 (3): 770-778.
张惠远. 2011. 青藏高原区域生态环境面临的问题与保护进展. 环境保护，(17): 20-22.
张建云，刘九夫，金君良，等. 2019. 青藏高原水资源演变与趋势分析. 中国科学院院刊，34 (11): 1264-1273.
张理茜，蔡建明. 2010. 生态环境脆弱地区城市化发展特征及城市发展路径选择流程研究. 生态环境学报，19 (11): 2764-2772.
张连生. 2009. 青藏高原旅游资源及其评价研究. 西宁：青海师范大学.
张世花，吴春宝. 2007. 青藏高原地区生态环境保护与经济和谐发展的路径选择. 发展，1: 157-158.
张滔，唐宏. 2018. 基于 Google Earth Engine 的京津冀 2001—2015 年植被覆盖变化与城镇扩张研究. 遥感技术与应用，33 (4): 593-599.
张体操，乔琴，钟扬. 2013. 青藏高原生物资源开发的现状与前景. 生命科学，25 (5): 439-443.

张文木 . 2017. 青藏高原与中国整体安全——兼谈青藏高原对“一带一路”关键线路的安全保障作用 . 太平洋学报，25（6）：1-16.
张宪洲，何永涛，沈振西，等 . 2015a. 西藏地区可持续发展面临的主要生态环境问题及对策 . 中国科学院院刊，30（3）：306-312.
张宪洲，杨永平，朴世龙，等 . 2015b. 青藏高原生态变化 . 科学通报，60（32）：3048-3056.
张晓瑞，华茜，程志刚 . 2018. 基于空间句法和 LBS 大数据的合肥市人口分布空间格局研究 . 地理科学，38（11）：1809-1816.
张镱锂，丁明军，张玮，等 . 2007. 三江源地区植被指数下降趋势的空间特征及其地理背景 . 地理研究，3：500-507，639.
张镱锂，李炳元，郑度 . 2002. 论青藏高原范围与面积 . 地理研究，21（1）：1-8.
张永勇，张士锋，翟晓燕，等 . 2012. 三江源区径流演变及其对气候变化的响应 . 地理学报，67（1）：71-82.
张宇，曹卫东，梁双波，等 . 2017. 西部欠发达区人口城镇化与产业城镇化演化进程对比研究——以青海省为例 . 经济地理，37（2）：61-67.
张玉清 . 2002. 青藏铁路建设对青藏高原生态环境的负面影响研究 . 水土保持通报，（4）：50-53.
张彧瑞，马金珠，齐识 . 2012. 人类活动和气候变化对石羊河流域水资源的影响——基于主客观综合赋权分析法 . 资源科学，34（10）：1922-1928.
章芬 . 2015. 西藏民族文化建设的主要成就与启示——纪念西藏自治区成立五十周年 . 西藏发展论坛，4：41-43.
赵彤彤，宋邦国，陈远生，等 . 2017. 西藏一江两河地区人口分布与地形要素关系分析 . 地球信息科学学报，19（2）：225-237.
赵兴国，潘玉君，丁生，等 . 2010. 西藏人地关系研究 . 西藏研究，（5）：104-111.
赵梓渝，魏冶，庞瑞秋，等 . 2017. 中国春运人口省际流动的时空与结构特征 . 地理科学进展，36（8）：952-964.
赵梓渝，魏冶，杨冉，等 . 2019. 中国人口省际流动重力模型的参数标定与误差估算 . 地理学报，74（2）：203-221.
郑伯红，钟延芬 . 2020. 基于复杂网络的长江中游城市群人口迁徙网络空间结构 . 经济地理，40（5）：118-128.
郑度，姚檀栋 . 2006. 青藏高原隆升及其环境效应 . 地球科学进展，5：451-458.
郑度，赵东升 . 2017. 青藏高原的自然环境特征 . 科技导报，35（6）：13-22.
郑度 . 1996. 青藏高原自然地域系统研究 . 中国科学（D 辑：地球科学），4：336-341.
郑然，李栋梁，蒋元春 . 2015. 全球变暖背景下青藏高原气温变化的新特征 . 高原气象，34（6）：1531-1539.
郑宇 . 2015. 城市计算概述 . 武汉大学学报（信息科学版），40（1）：1-13.
钟斌青，刘湘南 . 2011. 基于空间化 PageRank 算法的人口流动空间集聚性分析 . 地理与地理信息科学，27（5）：82-86.
周嘉艺，林志勇，石勇龙，等 . 2017. 基于空间语义的室内导航应用模型研究 . 地理空间信息，15（6）：10-13.
周陆生，李海红，汪青春 . 2000. 青藏高原东部牧区大——暴雪过程及雪灾分布的基本特征 . 高原气象，4：450-458.
朱递，刘瑜 . 2017. 多源地理大数据视角下的城市动态研究 . 科研信息化技术与应用，（3）：9-19.

朱霞，钞振华，杨永顺，等 . 2014. 三江源区“黑土滩”型退化草地时空变化 . 草业科学，31 (9)：1628-1636.

朱玉福，周成平 . 2009. 青藏铁路通车后西藏流动人口探析 . 西北人口，30 (6)：110-114.

Adar M，Najih Y，Gouskir M，et al. 2020. Three PV plants performance analysis using the principal component analysis method. Energy，207：118315.

Aydin G，Hallac I R，Karakus B. 2015. Architecture and implementation of a scalable sensor data storage and analysis system using cloud computing and big data technologies. Journal of Sensors，1-11.

Azar D，Engstrom R，Graesser J，et al. 2013. Generation of fine-scale population layers using multi-resolution satellite imagery and geospatial data. Remote Sensing of Environment，130：219-232.

Baig M H A，Zhang L，Shuai T，et al. 2014. Derivation of a tasselled cap transformation based on Landsat 8 at-satellite reflectance. Remote Sensing Letters，5 (5)：423-431.

Bellard C，Bertelsmeier C，Leadley P，et al. 2012. Impacts of climate change on the future of biodiversity. Ecology Letters，15 (4)：365-377.

Belyi A，Bojic I，Sobolevsky S，et al. 2017. Global multi-layer network of human mobility. International Journal of Geographical Information Science，31 (7)：1381-1402.

Bian L. 2013. Spatial approaches to modeling dispersion of communicable diseases-A review. Transactions in GIS，17：1-17.

Blei D，Ng A，Jordan M. 2003. Latent dirichlet allocation. Journal of Machine Learning Research，3：993-1022.

Cai H，Yang X，Xu X. 2015. Human-induced grassland degradation/restoration in the central Tibetan Plateau：the effects of ecological protection and restoration projects. Ecological Engineering，83：112-119.

Cai L，Xu J，Liu J，et al. 2019. Sensing multiple semantics of urban space from crowdsourcing positioning data. Cities，93：31-42.

Caragea C，Squicciarini A C，Stehle S，et al. 2014. Mapping moods：Geo-mapped sentiment analysis during hurricane sandy. ISCRAM.

Chen B，Zhang X，Tao J，et al. 2014. The impact of climate change and anthropogenic activities on alpine grassland over the Qinghai-Tibet Plateau. Agricultural and Forest Meteorology，189：11-18.

Chen C. 2003. Mapping Scientific Frontiers：the Quest for Knowledge Visualization. New York：Springer-Verlag.

Chen H，Vasardani M，Winter S，et al. 2018. A graph database model for knowledge extracted from place descriptions. ISPRS International Journal of Geo-Information，7 (6)：221.

Chen J，Yan F，Lu Q. 2020. Spatiotemporal variation of vegetation on the Qinghai-Tibet Plateau and the influence of climatic factors and human activities on vegetation trend (2000-2019) . Remote Sensing，12 (19)：3150.

Cheng G，Wu T，2007. Responses of permafrost to climate change and their environmental significance，Qinghai-Tibet Plateau. Journal of Geophysical Research：Earth Surface，112 (F2) .

Cheng G，Zhao L，Li R，et al. 2019. Characteristic，changes and impacts of permafrost on Qinghai-Tibet Plateau. Chinese Science Bulletin，64 (27)：2783-2795.

Cleveland R B，Cleveland W S，McRae J E，et al. 1990. STL：a seasonal-trend decomposition. Journal of Official Statistics，6 (1)：3-73.

Correa Ayram C A，Mendoza M E，Etter A，et al. 2017. Anthropogenic impact on habitat connectivity：a multidimensional human footprint index evaluated in a highly biodiverse landscape of Mexico. Ecological Indicators，72：895-909.

Crist E P. 1985. A TM tasseled cap equivalent transformation for reflectance factor data. Remote Sensing of

Environment, 17 (3): 301-306.

Cui W, Sun Z, Ma H, et al. 2020. The correlation analysis of atmospheric model accuracy based on the pearson correlation criterion. MS&E, 780 (3): 032045.

Degrossi L C, de Albuquerque J P, Rocha R S, et al. 2018. A taxonomy of quality assessment methods for volunteered and crowdsourced geographic information. Transactions in GIS, 22 (2): 542-560.

Demissie M G, Correia G A, Bento C. 2015. Analysis of the pattern and intensity of urban activities through aggregate cellphone usage. Transportmetrica, 11 (6): 502-524.

Devlin J, Chang M W, Lee K, et al. 2018. Bert: pre-training of deep bidirectional transformers for language understanding. arXiv preprint arXiv: 1810.04805.

Dobra A, Williams N E, Eagle N. 2015. Spatiotemporal detection of unusual human population behavior using mobile phone data. PloS one, 10 (3): e0120449.

Dobson J E, Bright E A, Coleman P R, et al. 2000. LandScan: a global population database for estimating populations at risk. Photogrammetric Engineering and Remote Sensing, 66 (7): 849-857.

Du J, Kimball J S, Reichle R H, et al. 2018. Global satellite retrievals of the near-surface atmospheric vapor pressure deficit from AMSR-E and AMSR2. Remote sensing, 10 (8): 1175.

Espejel I, Fischer D W, Hinojosa A, et al. 1999. Land-use planning for the Guadalupe Valley, Baja California, Mexico. Landscape and Urban Planning, 45 (4): 219-232.

Etter A, McAlpine C A, Seabrook L, et al. 2011. Incorporating temporality and biophysical vulnerability to quantify the human spatial footprint on ecosystems. Biological Conservation, 144: 1585-1594.

Fan J, Xu Y, Wang C, et al. 2015. The effects of human activities on the ecological environment of Tibet over the past half century. Chinese Science Bulletin, 60: 3057-3066.

Fang H, Zhao F, Lu Y, et al. 2007. Remote sensing survey of ecological and geological and environmental factors in Qinhai-tibetan plateau. Remote Sensing for Land & Resources, 4: 61-65.

Fischer M M, Reismann M, Scherngell T. 2010. Spatial interaction and spatial autocorrelation//Anselin L, Rey S J. Perspectives on Spatial Data Analysis. Berlin: Springer.

Gao H, Tang J, Hu X, et al. 2015. Content-aware point of interest recommendation on location-based social networks. AAAI Conf. Artif. Intell. Twenty-Ninth AAAI Conf. Artif. Intell. Geographical Information Science, 31 (7): 1381-1402.

Gao S, Janowicz K, Couclelis H. 2017. Extracting urban functional regions from points of interest and human activities on location-based social networks. Transactions in GIS, 21 (3): 446-467.

Gao S, Wang Y, Gao Y, et al. 2013. Understanding urban traffic-flow characteristics: a rethinking of betweenness centrality. Environment and Planning B: Planning and Design. 40 (1): 135-153.

Gao W, Zhang Q, Lu Z, et al. 2018. Modelling and application of fuzzy adaptive minimum spanning tree in tourism agglomeration area division. Knowledge-Based Systems, 143: 317-326.

Getis A. 1991. Spatial interaction and spatial autocorrelation: a cross-product approach. Environment and Planning A, 23 (9): 1269-1277.

Ghamisi P, Rasti B, Yokoya N, et al. 2019. Multisource and multitemporal data fusion in remote sensing: a comprehensive review of the state of the art. IEEE Geoscience and Remote Sensing Magazine, 7 (1): 6-39.

Gong Y, Lin Y, Duan Z. 2017. Exploring the spatiotemporal structure of dynamic urban space using metro smart card records. Computers, Environment and Urban Systems, 64: 169-183.

Han-Qiu X U. 2005. A study on information extraction of water body with the modified normalized difference water index (MNDWI) . Journal of Remote Sensing, 5: 589-595.

Hauke J, Kossowski T. 2011. Comparison of values of Pearson's and Spearman's correlation coefficient on the same sets of data. Quaestiones Geographicae, 30 (2): 87-93.

Hofmann T. 1999. Probabilistic latent semantic indexing. Proceedings of the 22nd Annual International ACM SIGIR Conference on Research and Development in Information Retrieval, 51 (2): 211-218.

Horanont T, Phithakkitnukoon S, Leong T W, et al. 2013. Weather effects on the patterns of people's everyday activities: a study using GPS traces of mobile phone users. PloS one, 8 (12): e81153.

Hu C, Huo L, Zhang Z, et al. 2019. Automatic Cloud Removal from Multi-Temporal Landsat Collection 1 Data Using Poisson Blending//IGARSS 2019- 2019 IEEE International Geoscience and Remote Sensing Symposium. IEEE: 1661-1664.

Hu X Q, Li H, Bao X G. 2017. Urban population mobility patterns in Spring Festival Transportation: Insights from Weibo data//2017 International Conference on Service Systems and Service Management. IEEE: 1-6.

Hu X, Xu H. 2019. A new remote sensing index based on the pressure-state-response framework to assess regional ecological change. Environmental Science and Pollution Research, 26 (6): 5381-5393.

Hu Y, Ye X, Shaw S L. 2017. Extracting and analyzing semantic relatedness between cities using news articles. International Journal of Geographical Information Science, 31 (12): 2427-2451.

Huang C, Wylie B, Yang L, et al. 2002. Derivation of a tasselled cap transformation based on Landsat 7 at-satellite reflectance. International Journal of Remote Sensing, 23 (8): 1741-1748.

Huang K, Zhang Y, Zhu J, et al. 2016. The influences of climate change and human activities on vegetation dynamics in the Qinghai-Tibet Plateau. Remote Sensing, 8 (10): 876-893.

Huete A, Didan K, van Leeuwen W, et al. 2010. MODIS vegetation indices//Ramachandran B, Justice C O, Abrams M J. Land Remote Sensing and Global Environmental Change. New York: Springer.

Jain A K. 2010. Data clustering: 50 years beyond k-means. Pattern Recognition Letters, 31 (8): 651-666.

Jia T, Ji Z. 2017. Understanding the functionality of human activity hotspots from their scaling pattern using trajectory data. ISPRS International Journal of Geo-Information, 6 (11): 341.

Jin X Y, Jin H J, Iwahana G, et al. 2020. Impacts of climate-induced permafrost degradation on vegetation: a review. Advances in Climate Change Research, 12 (1): 29-47.

Jones K R, Allan J R, Maxwell S L, et al. 2018. One-third of global protected land is under intense human pressure. Science, 360: 788-791.

Kerkman K, Martens K, Meurs H. 2017. A multilevel spatial interaction model of transit flows incorporating spatial and network autocorrelation. Journal of Transport Geography, 60: 155-166.

Kolda T G, Bader B W. 2009. Tensor Decompositions and Applications. Siam Review, 51 (3): 455-500.

Kryvasheyeu Y, Chen H, Obradovich N, et al. 2016. Rapid assessment of disaster damage using social media activity. Science Advances, 2 (3): e1500779.

Kuhn W. 2005. Geospatial semantics: why, of what, and how? Lecture Notes in Computer Science, 3: 1-24.

Kwan M, Lee J. 2004. Geovisualization of human activity patterns using 3D GIS: a time geographic approach. Spatially Integrated Social Science, 27, 721-744.

Lansley G, Longley P A. 2016. The geography of Twitter topics in London. Computers, Environment and Urban Systems, 58: 85-96.

Le Q V, Mikolov T. 2014. Distributed representations of sentences and documents//Proceedings of the 31st International Conference on International Conference on Machine Learning, PMLR, 32 (2): 1188-1196.

Li A, Xia C, Bao C, et al. 2019. Using MODIS land surface temperatures for permafrost thermal modeling in Beiluhe Basin on the Qinghai-Tibet Plateau. Sensors, 19 (19): 4200.

Li C S, Zhuang Y L, Wang Z F, et al. 2018a. Mapping human influence intensity in the Tibetan Plateau for conservation of ecological service functions. Ecosystem Services, 30: 276-286.

Li H, Liu L, Shan B, et al. 2019. Spatiotemporal variation of drought and associated multi-scale response to climate change over the Yarlung Zangbo River Basin of Qinghai-Tibet Plateau, China. Remote Sensing, 11 (13): 1596.

Li S, Wang Z, Zhang Y, 2017a. Crop cover reconstruction and its effects on sediment retention in the Tibetan Plateau for 1900-2000. Journal of Geographical Sciences, 27 (7): 786-800.

Li S, Wu J, Gong J, et al. 2018b. Human footprint in Tibet: assessing the spatial layout and effectiveness of nature reserves. Science of the Total Environment, 621: 18-29.

Li T, Shen H, Yuan Q, et al. 2017. Estimating ground-level PM2. 5 by fusing satellite and station observations: a geo-intelligent deep learning approach. Geophysical Research Letters, 44 (23): 11985-11993.

Li X L, Gao J, Brierley G, et al. 2013. Rangeland degradation on the Qinghai-Tibet plateau: implications for rehabilitation. Land degradation & development, 24 (1): 72-80.

Li Z, Wang C, Emrich C T, et al. 2018. A novel approach to leveraging social media for rapid flood mapping: a case study of the 2015 South Carolina floods. Cartography and Geographic Information Science, 45 (2): 97-110.

Lin J Y, Wu Z F, Li X. 2019. Measuring inter-city connectivity in an urban agglomeration based on multi-source data. International Journal of Geographical Information Science, 33 (5): 1062-1081.

Liu J, Xu X, Shao Q. 2008. Grassland degradation in the "three- river headwaters" region, Qinghai province. Journal of Geographical Sciences, 18 (3): 259-273.

Liu X, Yang W, Zhao H, et al. 2019. Effects of the freeze- thaw cycle on potential evapotranspiration in the permafrost regions of the Qinghai-Tibet Plateau, China. Science of the Total Environment, 687: 257-266.

Liu Y, Sui Z, Kang C, et al. 2014. Uncovering patterns of inter- urban trip and spatial interaction from social media check-in data. PLoS One, 9 (1): e86026.

Liu Y, Wang F, Xiao Y, et al. 2012. Urban land uses and traffic 'source- sink areas': evidence from GPS-enabled taxi data in Shanghai. Landscape and Urban Planning, 106 (1): 73-87.

Liu Y, Zheng Y, Liang Y, et al. 2016. Urban water quality prediction based on multi-task multi-view learning// Proceedings of the 25th International Joint Conference on Artificial Intelligence.

Longley P A, Adnan M. 2016. Geo- temporal Twitter demographics. International Journal of Geographical Information Science, 30 (2): 369-389.

Ma T, Lu R, Zhao N, et al. 2018. An Estimate of Rural Exodus in China Using Location- Aware Data. PLoS ONE, 13 (7): e0201458.

Ma T, Pei T, Song C, et al. 2019. Understanding geographical patterns of a city's diurnal rhythm from aggregate data of location-aware services. Transactions in GIS, 23.

Ma T. 2018. Quantitative responses of satellite- derived nighttime lighting signals to anthropogenic land- use and land-cover changes across china. Remote Sensing, 10 (9): 1447.

Mao X F, Wei X Y, Xia J X. 2012. Evaluation of ecological migrants' adaptation to their new living area in Three-River Headwater Wetlands, China. Procedia Environmental Sciences, 13: 1346-1353.

Marsh R M. 1988. Sociological explanations of economic growth. Studies in Comparative International Development,

23 (4): 41-76

Memon I, Chen L, Majid A, et al. 2015. Travel recommendation using geo-tagged photos in social media for tourist. Wireless Personal Communications, 80: 1347-1362.

Mikolov T, Chen K, Corrado G, et al. 2013. Efficient estimation of word representations in vector space. Computer Science.

Mingyue C, Junbang W, Shaoqiang W, et al. 2019. Temporal and spatial distribution of evapotranspiration and its influencing factors on Qinghai-Tibet Plateau from 1982 to 2014. Journal of Resources and Ecology, 10 (2): 213-224.

Mitchell L, Frank M R, Harris K D, et al. 2013. The geography of happiness: connecting twitter sentiment and expression, demographics, and objective characteristics of place. PloS one, 8 (5): e64417.

Mørup M, Hansen L K, Arnfred S M. 2008. Algorithms for sparse non-negative Tucker decompositions. Neural Computation, 28 (8): 2112-2131.

Naaman M, Zhang A X, Brody S, et al. 2012. On the study of diurnal urban routines on Twitter. Proceedings of the International AAAI Conference on Web and Social Media, 6 (1): 258-256.

Ni J. 2000. A simulation of biomes on the Tibetan Plateau and their responses to global climate change. Mountain Research and Development, 20 (1): 80-89.

Niu Y, Yang S, Zhou J, et al. 2019. Vegetation distribution along mountain environmental gradient predicts shifts in plant community response to climate change in alpine meadow on the Tibetan Plateau. Science of the Total Environment, 650: 505-514.

Obu J, Westermann S, Bartsch A, et al. 2019. Northern Hemisphere permafrost map based on TTOP modelling for 2000-2016 at 1 m2 scale. Earth-Science Reviews, 193: 299-316.

Ogden C K, Richards I A, et al. 1989. The meaning of meaning: a study of the influence of language upon thought and the science of symbolism. Nature, 111 (2791): 566.

Page L, Brin S, Motwani R, et al. 1999. The PageRank citation ranking: bringing order to the web. Stanford InfoLab.

Page, Lawrence, Brin, et al. 1998. The PageRank citation ranking: bringing order to the web. Stanford Digital Libraries Working Paper.

Pang G, Wang X, Yang M. 2017. Using the NDVI to identify variations in, and responses of, vegetation to climate change on the Tibetan Plateau from 1982 to 2012. Quaternary International, 444: 87-96.

Pei T, Sobolevsky S, Ratti C, et al. 2014. A new insight into land use classification based on aggregated mobile phone data. International Journal of Geographical Information Science, 28 (9): 1988-2007.

Peters M E, Neumann M, Iyyer M, et al. 2018. Deep contextualized word representations//Proceedings of the 2018 conference of the North American Chapter of the Association for Computational Linguistics: Human Language Technologies, Volume 1 (Long Papers).

Radford A, Narasimhan K, Salimans T, et al. 2018. Improving language understanding by generative pre-training. Technical report.

Ratti C, Sobolevsky S, Calabrese F, et al. 2010. Redrawing the Map of Great Britain from a Network of Human Interactions. PLoS one, 5.

Resch B, Usländer F, Havas C. 2018. Combining machine-learning topic models and spatiotemporal analysis of social media data for disaster footprint and damage assessment. Cartography and Geographic Information Science, 45 (4): 362-376.

Rogers E M. 2001. The digital divide. Convergence 7, 96-111.

Rosner B. 1983. Percentage points for a generalized ESD many- outlier procedure. Technometrics, 25 (2): 165-172.

SadeghJamali, Per Jönsson, Eklundh L, et al. 2015. Detecting changes in vegetation trends using time series segmentation. Remote Sensing of Environment, 156: 182-195.

Sagl G, Loidl M, Beinat E. 2012. A visual analytics approach for extracting spatio- temporal urban mobility information from mobile network traffic. ISPRS International Journal of Geo-Information, 1 (3): 256-271.

Salton G, Buckley C. 1988. Term-weighting approaches in automatic text retrieval. Information Processing & Management, 24 (5): 513-523.

Sanderson E W, Jaiteh M, Levy M A, et al. 2002. The human footprint and the last of the wild: the human footprint is a global map of human influence on the land surface, which suggests that human beings are stewards of nature, whether we like it or not. BioScience, 52 (10): 891-904.

Schneider C M, Belik V, T Couronné, et al. 2013. Unravelling daily human mobility motifs. Journal of The Royal Society Interface, 10 (84): 20130246.

Senaratne H, Mobasheri A, Ali A L, et al. 2017. A review of volunteered geographic information quality assessment methods. International Journal of Geographical Information Science, 31 (1): 139-167.

Seto K C, Reenberg A, Boone C G, et al. 2012. Urban land teleconnections and sustainability. Proceedings of the National Academy of Sciences, 109 (20): 7687-7692.

Sforzi F. 1991. La delimitazioni dei sistemi urbani: definizione, concetti e metodi//Bertuglia C, La Bella A. Isistema Urbani, Franco Angeli, Milan.

Sigl M, Abram N, Gabrieli J, et al. 2018. 19th century glacier retreat in the Alps preceded the emergence of industrial black carbon deposition on high-alpine glaciers. The Cryosphere, 2018, 12 (10): 3311-3331.

Silveira P, Dentinho T P, 2018. A spatial interaction model with land use and land value. Cities, 78: 60-66.

Song X, Zhang Q, Sekimoto Y, et al. 2014. Prediction of human emergency behavior and their mobility following large-scale disaster//Proceedings of the 20th ACM SIGKDD International Conference on Knowledge Discovery and Data Mining.

Sorokin P A, Merton R K. 1937. Social time: a methodological and functional analysis. American Journal of Sociology, 42 (5): 615-629.

Steiger E, de Albuquerque J P, Zipf A. 2015. Spatiotemporal analyses of twitter data- systematic literature review. Transactions in GIS, 19: 809-834.

Steiger E, Westerholt R, Resch B, et al. 2015. Twitter as an indicator for whereabouts of people? Correlating Twitter with UK census data. Computers Environment & Urban Systems, 54 (NOV.): 255-265.

Stephenson N L. 2011. The climatic water balance in an ecological context//AGU Fall Meeting Abstracts.

Stevens F R, Gaughan A E, Linard C, et al. 2015. Disaggregating census data for population mapping using Random forests with remotely-sensed and ancillary data. PLoS one, 10 (2): e0107042.

Sun L, Axhausen K W. 2016. Understanding urban mobility patterns with a probabilistic tensor factorization framework. Transportation Research Part B Methodological, 91: 511-524.

Sun Y, Wang S, Li Y, et al. 2019. Ernie: enhanced representation through knowledge integration. arXiv preprint arXiv: 1904. 09223.

Šćepanović S, Mishkovski I, Hui P, et al. 2015. Mobile phone call data as a regional socio-economic proxy indicator. PloS one, 10 (4): e0124160.

Thomas B. 1956. International movements of capital and labour since 1945. Int' l Lab. Rev, 74: 225.

Tiru M, Kuusik A, Lamp M, et al. 2010. LBS in marketing and tourism management: measuring destination loyalty with mobile positioning data. Journal of Location Based Services, 4 (2): 120-140.

Tu W, Cao J, Yue Y, et al. 2017. Coupling mobile phone and social media data: a new approach to understanding urban functions and diurnal patterns. International Journal of Geographical Information Science, 31 (12): 2331-2358.

Ullman E L. 1954. Geography as spatial interaction. Annals of Association of the American Geographers, 44: 283-284.

van Diggelen F, Enge P. 2015. The world's first GPS MOOC and worldwide laboratory using smartphones// Proceedings of the 28th international technical meeting of the satellite division of the institute of navigation.

van Zanten B T, van Berkel D B, Meentemeyer R K, et al. 2016. Continental- scale quantification of landscape values using social media data. Proceedings of the National Academy of Sciences, 113 (46): 12974-12979.

Venter O, Sanderson E W, Magrach A, et al. 2016. Global terrestrial Human Footprint maps for 1993 and 2009. Scientific Date, 3 (1): 1-10.

Vu H Q, Li G, Law R. 2019. Discovering implicit activity preferences in travel itineraries by topic modeling. Tourism Management, 75: 435-446.

Walden-Schreiner C, Leung Y F, Tateosian L. 2018. Digital footprints: Incorporating crowdsourced geographic information for protected area management. Applied Geography, 90: 44-54.

Wang J F, Li X H, Christakos G, er al. 2010. Geographical detectors- based health risk assessment and its application in the neural tube defects study of the Heshun Region, China. International Journal of Geographical Information Science, 24 (1-2): 107-127.

Wang J, Gao F, Cui P, et al. 2014. Discovering urban spatio- temporal structure from time- evolving traffic networks//Asia-Pacific Web Conference.

Wang M Y, Xu H Q. 2018. Temporal and spatial changes of urban impervious surface and its influence on urban ecolo-gical quality: A comparison between Shanghai and New York. The Journal of Applied Ecology, 29 (11): 3735-3746.

Wang S, Guo F, Fu X, et al. 2014. A study of the spatial patterns of tourist sightseeing based on volunteered geographic information: The case of Jiuzhai Valley. Tour. Trib.

Wang T, Wu T, Wang P, et al. 2019. Spatial distribution and changes of permafrost on the Qinghai-Tibet Plateau revealed by statistical models during the period of 1980 to 2010. Science of the Total Environment, 650: 661-670.

Wang X H, Fu X F. 2004. Sustainable management of alpine meadows on the Tibetan Plateau: problems overlooked and suggestions for change. AMBIO: A Journal of the Human Environment, 33 (3), 169-171.

Wang Y, Gu Y, Dou M, et al. 2018. Using spatial semantics and interactions to identify urban functional regions. ISPRS International Journal of Geo-Information, 7 (4): 130.

Watson J E M, Dudley N, Segan D B, et al. 2014. The performance and potential of protected areas. Nature, 515 (7525): 67.

Weaver S D, Gahegan M. 2010. Constructing, visualizing, and analyzing a digital footprint. Geographical Review, 97 (3): 324-350.

Wild B, Andersson A, Bröder L, et al. 2019. Rivers across the Siberian Arctic unearth the patterns of carbon release from thawing permafrost. Proceedings of the National Academy of Sciences, 116 (21): 10280-10285.

Wilson R, zu Erbach-Schoenberg E, Albert M, et al. 2016. Rapid and near real-time assessments of population displacement using mobile phone data following disasters: The 2015 Nepal earthquake. PLoS currents, 8.

Wu J, Duan D, Lu J, et al. 2016. Inorganic pollution around the Qinghai-Tibet Plateau: an overview of the current observations. Science of the Total Environment, 550: 628-636.

Xing Y, Jiang Q, Li W, et al. 2009. Landscape spatial patterns changes of the wetland in Qinghai-Tibet Plateau. Ecol. Ecology and Environmental Science, 18: 1010-1015.

Xu H. 2006. Modification of normalised difference water index (NDWI) to enhance open water features in remotely sensed imagery. International Journal of Remote Sensing, 27 (14): 3025-3033.

Xu H. 2008. A new index for delineating built - up land features in satellite imagery. International Journal of Remote Sensing, 29 (14): 4269-4276.

Xu J, Li A Y, Li D, et al. 2017. Difference of urban development in China from the perspective of passenger transport around Spring Festival. Applied Geography, 87: 85-96.

Xu W, Pimm S L, Du A, et al. 2019. Transforming Protected Area Management in China. Trends in Ecology & E-volution, 34 (9): 762-766.

Xu X, Lu C, Shi X, et al. 2008. World water tower: An atmospheric perspective. Geophysical Research Letters, 35: 1-5.

Xu Y, Shaw S L, Zhao Z, et al. 2015. Understanding aggregate human mobility patterns using passive mobile phone location data: a home-based approach. Transportation, 42 (4): 625-646.

Yan J, Wu Y, Zhang Y. 2011. Adaptation strategies to pasture degradation: gap between government and local nomads in the eastern Tibetan Plateau. Journal of Geographical Sciences, 21 (6): 1112-1122.

Yang J Y, Wu T, Pan X Y, et al. 2019. Ecological quality assessment of Xiongan New Area based on remote sensing ecological index. Chinese journal of applied ecology, 30 (1): 277-284.

Yang W, Mu L. 2015. GIS analysis of depression among Twitter users. Applied Geography, 60: 217-223.

Yang X, Fang Z, Xu Y, et al. 2016. Understanding Spatiotemporal Patterns of Human Convergence and Divergence Using Mobile Phone Location Data. ISPRS International Journal of Geo-Information, 5 (10): 177.

Yao H, Wu F, Ke J, et al. 2018. Deep multi-view spatial-temporal network for taxi demand prediction// Proceedings of the AAAI Conference on Artificial Intelligence.

Yao T, Thompson L, Yang W, et al. 2012. Different glacier status with atmospheric circulations in Tibetan Plateau and surroundings. Nature Climate Change, 2 (9): 663-667.

Yao Y, Liu X, Li X, et al. 2017. Mapping fine-scale population distributions at the building level by integrating multisource geospatial big data. International Journal of Geographical Information Science, 31 (6): 1220-1244.

Yasunari T, Niles D, Taniguchi M, et al. 2013. Asia: proving ground for global sustainability. Curr Opin Environ Sustain, 5 (3): 288-292.

Yi J, Du Y, Tu W. 2019. Spatiotemporal pattern of population distribution in the Qinghai-Tibet Plateau during the National Day holidays: based on geospatial big data mining. Journal of Geo-information Science, 21 (9): 1367-1381.

Yin J, Wang J. 2016. A text clustering algorithm using an online clustering scheme for initialization//Proceedings of the 22nd ACM SIGKDD International Conference on Knowledge Discovery and Data Mining, ACM.

Yu C, Zhang Y, Claus H, et al. 2012. Ecological and environmental issues faced by a developing tibet. Environmental Science & Technology, 46: 1979-1980.

Yuan W, Zheng Y, Piao S, et al. 2019. Increased atmospheric vapor pressure deficit reduces global vegetation growth. Science Advances, 5 (8): 1396.

Yue H, Liu Y, Li Y, et al. 2019. Eco-environmental quality assessment in China's 35 major cities based on remote sensing ecological index. IEEE Access, 7: 51295-51311.

Yun H, Wu Q, Zhuang Q, et al. 2018. Consumption of atmospheric methane by the Qinghai-Tibet Plateau alpine steppe ecosystem. Cryosphere, 12 (9): 2803-2819.

Zhang J, Zheng Y, Qi D, et al. 2016. DNN-based prediction model for spatial-temporal data//Proceedings of the 24th ACM SIGSPATIAL International Conference on Advance in Geographic Information Systems.

Zhang J, Zheng Y, Qi D. 2017. Deep spatio-temporal residual networks for citywide crowd flows prediction//31st AAAI Conference on Artificial Intelligence.

Zhang L, Yang L, Lin H, et al. 2008. Automatic relative radiometric normalization using iteratively weighted least square regression. International Journal of Remote Sensing, 29 (2): 459-470.

Zhang S Y, Li X Y. 2018. Soil moisture and temperature dynamics in typical alpine ecosystems: a continuous multi-depth measurements-based analysis from the Qinghai-Tibet Plateau, China. Hydrology Research, 49 (1): 194-209.

Zhang Y L, Wu X, Qi W, et al. 2015b. Characteristics and protection effectiveness of nature reserves on the Tibetan Plateau, China. Resources Science, 70 (7): 1027-1040.

Zhao G, Liu J, Kuang W, et al. 2015. Disturbance impacts of land use change on biodiversity conservation priority areas across China: 1990-2010. Journal of Geographic Science, 25: 515-529.

Zhao H D, Liu S L, Dong S K, et al. 2015a. Analysis of vegetation change associated with human disturbance using MODIS data on the rangelands of the Qinghai-Tibet Plateau. The Rangeland Journal, 37 (1): 77-87.

Zhi Y, Li H, Wang D, et al. 2016. Latent spatio-temporal activity structures: a new approach to inferring intra-urban functional regions via social media check-in data. Geo-spatial Information Science, 19 (2): 94-105.

Zhong C, Batty M, Manley E, et al. 2016. Variability in Regularity: Mining Temporal Mobility Patterns in London, Singapore and Beijing Using Smart-Card Data. PLoS one. 11 (2): e0149222.

Zhou B, Liu L, Oliva A, et al. 2014. Recognizing City Identity via Attribute Analysis of Geo-tagged Images// European Conference on Computer Vision. Springer International Publishing.